INNOVATIVE PRODUKTIONSTECHNOLOGIEN FÜR KRISTALLINE SILICIUM-SOLARZELLEN

Dissertation

zur Erlangung des Titels
Doktor-Ingenieur
des Fachbereiches Elektrotechnik
der FernUniversität – Gesamthochschule – in Hagen

von
Diplom-Physiker Ralf Preu
geb. in Stuttgart-Degerloch

Hagen 2000

Eingereicht:	30.09.2000
Mündliche Prüfung:	18.12.2000
1. Berichterstatter:	Prof. Dr.-Ing. Roland Schindler
2. Berichterstatter:	Prof. Dr. rer. nat. Wolfgang Fahrner

Ralf Preu

INNOVATIVE PRODUKTIONSTECHNOLOGIEN FÜR KRISTALLINE SILICIUM-SOLARZELLEN

ibidem-Verlag
Stuttgart

Die Deutsche Bibliothek - CIP-Einheitsaufnahme:

Ein Titeldatensatz für diese Publikation ist bei
Der Deutschen Bibliothek erhältlich

∞

Gedruckt auf alterungsbeständigem, säurefreien Papier
Printed on acid-free paper

ISBN: 3-89821-127-4

Printed in Germany

Inhaltsverzeichnis

1 Einleitung

Die photovoltaische Stromerzeugung ist eine aus ökologischen Gründen anzustrebende Technologie für die Energiebereitstellung. Ausgehend vom gesellschaftlichen Ziel, eine lebensgerechte Umwelt zu erhalten, leitet sich die große Bedeutung einer Erhöhung des Anteils regenerativer Energieträger am Energiemix ab. Auf Grund des enormen Potentials der solaren Lichtquelle kann die effiziente Nutzung der Photovoltaik einen signifikanten Beitrag zur Senkung der Umweltbelastung leisten. Der Reduktion der Wattpeak-Herstellungskosten[1] photovoltaischer Module kommt eine zentrale Bedeutung für eine beschleunigte Verbreitung der Photovoltaik zu.

Mehr als 85% der weltweit verkauften Module basieren auf der Herstellung kristalliner Siliciumsolarzellen[1]. In Abbildung 1-1 ist dargestellt, wie sich die Herstellungskosten photovoltaischer Module auf die assoziierten Technologiebereiche verteilen. Mehr als zwei Drittel der Kosten entfallen auf die Solarzelle. Die Entwicklung von neuen Produktionstechnologien zur kostengünstigen Herstellung hocheffizienter Solarzellen kann also einen signifikanten Beitrag zur Reduktion der Kosten eines photovoltaischen Moduls beitragen und stellt das Ziel der vorgelegten Arbeit dar.

Die im Rahmen dieser Arbeit durchgeführten Untersuchungen beschränken sich auf die Solarzellentechnologie, d.h. als Ausgangsmaterial werden kristalline Siliciumscheiben betrachtet, während das Endprodukt die charakterisierte Solarzelle darstellt. Als Solarzellenstrukturen werden nur solche betrachtet, die einen im wesentlichen parallel zur Oberfläche verlaufenden und nicht unterbrochenen pn-Übergang aufweisen.

---

[1] Die Leistung eines photovoltaischen Moduls wird bei Normbedingungen spezifiziert, die idealisierten Arbeitsbedingungen im Freien entsprechen (Bestrahlungsstärke 1000 W/m^2, 25°C Modultemperatur, spektrale Verteilung entsprechend dem Normspektrum AM1.5 und senkrechter Lichteinfall). Deshalb hat sich die Bezeichnung ‚Wattpeak' (kurz ‚W_P') als Einheit für diese ‚Spitzenleistung' im Sprachgebrauch etabliert.

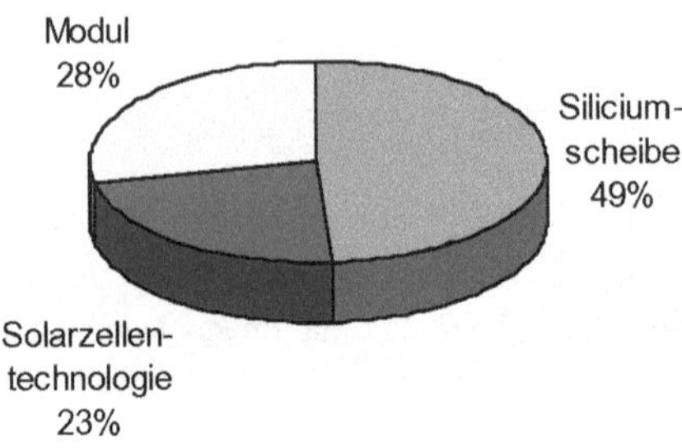

Abbildung 1-1 Verteilung der einzelnen Kosten eines photovoltaischen Moduls aus kristallinem Silicium (vgl. Kapitel 3.3.2).

Der Aufbau der Arbeit gliedert sich wie folgt:

Das zweite Kapitel beinhaltet eine allgemeine Einführung in die Physik und Technologie der Solarzelle zum besseren Verständnis der in den folgenden Kapiteln dargestellten Untersuchungen der Solarzellenprozesse.

Das dritte Kapitel stellt die verwendete Arbeitsmethodik vor. Es wird insbesondere auf das im Rahmen der Arbeit weiterentwickelte Schema zur Bewertung von Produktionstechnologien für die Photovoltaik eingegangen. Dieses Kapitel ist wesentlich für den Zusammenhang und die Motivation der durchgeführten technologischen Untersuchungen.

Die Kapitel 4-6 beschreiben die Untersuchung von drei neuen Technologien, die ein großes Potential zur Reduktion der Wattpeakkosten von Solarzellen besitzen.

In Kapitel 4 wird ein Ansatz zur Herstellung selektiver Emitter[2] verfolgt, der auf schnellen Diffusionsprozessen basiert. Hinter dieser Technologie steht die Idee, auch unter Verwendung des industriell verbreiteten Siebdruckverfahrens zur Herstellung des Vorderseitenkontaktes die Emittereigenschaften hocheffizienter Solarzellen zu erreichen. Zur Erzeugung des Emitters wird das schnelle thermische Heizen unter Einsatz einer kurzwelligen Strahlungsquelle

---

[2] Die Bezeichnung *selektiv* wird für einen Emitter verwendet, der in seiner lateralen Ausdehnung entlang der Oberfläche der Solarzelle Unterschiede in Art oder Höhe der Dotierung aufweist.

verwendet, um die Diffusionszeiten kurz halten zu können. Kurze Diffusionszeiten bieten offensichtliche Vorteile bezüglich der Umsetzung von Prozessen im industriellen Rahmen. So kann u.a. ein hoher Durchsatz in Fließfertigung erreicht werden. Dies hilft, den Handhabungsaufwand der Siliciumscheiben zu reduzieren und somit Kosten zu sparen. Die Selektivität des Emitters wird durch den Siebdruck mit phosphorhaltigen Pasten erreicht.

In Kapitel 5 wird eines neues Verfahren zur Herstellung von dünnen Siliciumnitridschichten untersucht. Siliciumnitridschichten werden auf Grund ihrer vorzüglichen Eigenschaften als Antireflex-, Oberflächen- und Volumenpassivierungsschicht in zunehmendem Maße in der Solarzellentechnologie eingesetzt. Das hier untersuchte Verfahren basiert auf dem Zerstäuben (engl. *Sputtern*) von Siliciumblöcken mittels Edelgasionen unter Beigabe eines im Plasma reaktiven Gases (hier Stickstoff). Durch den Einsatz von Magneten wird der Ionisierungsgrad des Plasmas und somit die Abscheiderate erhöht. Das *Neue* an der, auch in der Photovoltaik prinzipiell bekannten, Magnetron-Sputtertechnologie ist die Verwendung von paarweise mit einer Mittelfrequenz-Wechselspannung beaufschlagten Magnetrons. Dieses Verfahren vermeidet die Bildung von elektrischen Überschlägen bei der Abscheidung elektrisch isolierender Schichten und ermöglicht so eine hohe Prozeßstabilität und hohe Abscheideraten. Auf der Basis dieser vielversprechenden Eigenschaften wird im Rahmen der Arbeit geprüft, ob sich das Doppel-Magnetron-Sputtern auch für die Herstellung funktioneller Schichten in der Solarzellentechnologie eignet.

In Kapitel 6 werden neue, laserunterstützte Verfahren zur punktuellen Kontaktierung einer passivierten Solarzellenrückseite vorgestellt. Dünne dielektrische Schichten werden seit über 10 Jahren erfolgreich zur Passivierung der Rückseite hocheffizienter Solarzellen eingesetzt [2]. In die industrielle Fertigung hat dieses Konzept aber, insbesondere auf Grund der kostenintensiven Strukturierungsmethoden zur Kontaktherstellung, noch keinen Einzug gefunden. Im Rahmen dieser Arbeit werden zwei neue Ansätze verfolgt, die durch den Einsatz von Laserstrahlung eine Kontaktformierung ermöglichen.

Die erste Methode beruht auf dem lokalen Entfernen der passivierenden, dielektrischen Schicht durch thermisches Verdampfen der Schicht selbst oder des darunterliegenden Siliciums (‚Laserablation'). Die Kontaktierung erfolgt durch anschließendes Aufbringen einer Aluminiumschicht und Sintern. Für eine Kontaktformierung entsprechend der zweiten Methode wird die Aluminiumschicht direkt auf die noch ungeöffnete dielektrische Schicht gebracht. Die Kontaktformierung erfolgt dann durch das lokale Aufschmelzen des Silicium/Dielektrikum/Aluminium-Verbundes mittels Laserstrahlung (‚Laserfeuern'). Eine weiteres Kontaktsintern entfällt.

Für die technologischen Kapitel 4-6 wird durchgehend die gleiche, nachfolgend beschriebene Struktur verwendet.

Im ersten Unterkapitel wird dargestellt, in welcher Weise die Technologie zu einer Kostenreduktion beitragen kann. Im zweiten und dritten Unterkapitel werden die wichtigsten Grundlagen für den Einsatz der Verfahren im Rahmen der Solarzellentechnologie und die bekannten Alternativen bereitgestellt. Es wird weiterhin dargelegt, warum die Technologie a priori ein vergleichsweise hohes Kostenreduktionspotential aufweist bzw. aufweisen kann. Im vierten Unterkapitel werden die verwendeten Apparaturen vorgestellt. Die weiteren Unterkapitel dienen der Darstellung der durchgeführten Arbeiten, d.h. Entwicklung, Simulation und Charakterisierung der jeweiligen Prozesse. Die Kapitel schließen mit einem Ausblick auf die potentielle Umsetzung in eine Produktionsanlage und einer abschließenden Bewertung der Technologie.

In Kapitel 7 werden die Ergebnisse zusammengefaßt und ein Gesamtausblick gegeben.

2 Grundlagen der Solarzellentechnologie

Wie in der Einleitung bereits erwähnt, beschränkt sich die vorliegende Arbeit auf die Untersuchung von Solarzellen aus kristallinem Silicium. Die Einschränkung wird durch die betrachtete Zellstrukturen noch weiter eingeschränkt. Es werden nur Zellen des Typs n^+p und Verwandte betrachtet, d.h. Zellen, die eine im wesentlichen parallel zu den Oberflächen verlaufende und zusammenhängende Raumladungszone besitzen. Für diesen Typ werden im folgenden die physikalischen Grundlagen bereitgestellt. Aus diesen Grundlagen werden dann die Konsequenzen für die Zielsetzung in der Solarzellentechnologie abgeleitet. Für ausführlichere Darstellungen des Themas sei auf die einschlägige Literatur verwiesen [3-7], die z.T. auch die Basis dieses Kapitels bildet.

2.1 Prinzip einer Solarzelle

In Abbildung 2-1 ist die Struktur der einfachsten Form der Solarzelle des Typs n^+p dargestellt. Dieser Typ ist nicht nur die Grundlage für über 90% aller bisher produzierten Solarzellen, sondern auch für die effizientesten bisher hergestellten Si-Solarzellen. Die Solarzelle ist im wesentlichen eine Diode mit einem relativ dünnen Emitter (n-leitend, Dicke d: 0,2 bis 2 μm) und einer relativ dicken Basis (p-leitend, d: 50 bis 400 μm). Der Emitter befindet sich dabei auf der dem Licht zugewandten Seite. Trifft Licht auf die Solarzelle, so werden im Halbleitermaterial Elektron-Loch-Paare generiert. Diffundieren die Minoritätsladungsträger zur Raumladungszone (RLZ) des pn-Übergangs, so werden sie durch das elektrische Feld über diesen transportiert und werden zu Majoritäten, womit ihre Rekombinationswahrscheinlichkeit um mehrere Größenordnungen sinkt.

Die Vorderseite der Zelle ist mit einem Kontaktgrid versehen, das nur einen kleinen Teil der lichtabsorbierenden Oberfläche abdeckt. Die Basis wird im einfachsten Fall ganzflächig kontaktiert. Zur Reduktion der Reflexionsverluste wird eine Antireflexschicht auf die Vorderseite aufgebracht.

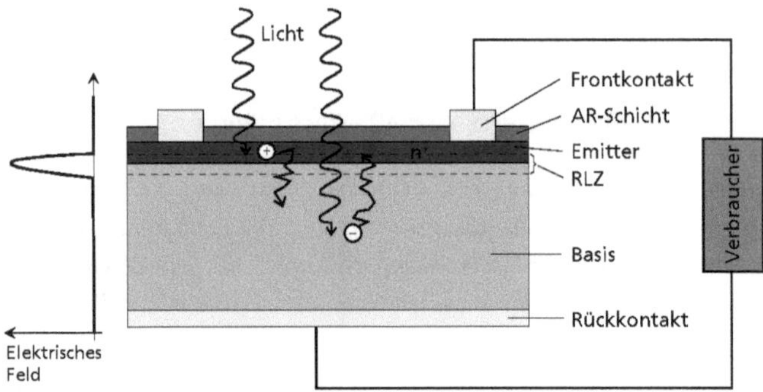

Abbildung 2-1 Schematische Darstellung einer Solarzelle. Durch das elektrische Feld der Raumladungszone werden die Minoritätsladungsträgerpaare endgültig getrennt (Abb. aus [8]).

2.2 Strom-Spannungs-Kennlinie

Die Charakterisierung der Solarzelle findet insbesondere über ihre Strom-Spannungs-Kennlinie statt. Die Ableitung des theoretischen Kennlinienverlaufs erfolgt durch die Anwendung der halbleiterphysikalischen Grundgleichungen, basierend auf den folgenden Annahmen [3]:

- Auf Grund des vergleichsweise großen Abstands der Fermienergie zu Valenz- und Leitungsband kann die Boltzmann-Statistik anstelle der exakten Fermi-Dirac-Statisitik zur Berechnung der Besetzungsdichte der Bänder verwendet werden.
- In den n- und p-Bereichen außerhalb der RLZ herrscht Ladungsneutralität und in der RLZ ist der Beitrag der freien Ladungsträgerdichte so klein, daß nur die Dichte der ionisierten Dotieratome relevant ist.
- In der RLZ ist der Unterschied zwischen Drift- und Diffusionsterm des Ladungsträgerstroms klein im Vergleich zu den Strömen selbst.
- Auch in der RLZ ist die Minoritätsladungsträgerdichte viel kleiner als die Majoritätsladungsträgerdichte.
- In den quasi neutralen Bereichen fließen die Ladungsträger überwiegend durch den Diffusions- und nicht durch den Driftmechanismus.

Durch Addition des unter Beleuchtung erzeugten Photostrom I_L läßt sich das Diodenverhalten entsprechend dem Ein-Dioden-Modell ableiten:

$$I(V) = I_0 \cdot \left(e^{\frac{V}{V_T}} - 1 \right) - I_L \tag{2.1}$$

wobei

$$V_T = \frac{q}{k_B T} \tag{2.2}$$

die sogenannte thermische Spannung bezeichnet ($V_{300K} \approx 26$ mV, q: Elementarladung, k_B: Boltzmannkonstante, I_0: Sättigungsstromdichte).

Werden entsprechend dem in Abbildung 2-2 dargestellten Ersatzschaltbild weiter die Beiträge für das nicht-ideale Verhalten, beruhend auf

- Verlusten durch parasitäre Serien- und Parallelwiderstände (R_S und R_P),
- sowie durch Rekombination in der RLZ, beschrieben durch eine zweite Diode mit Sättigungsstromdichte I_{02} und Diodenqualitätsfaktor n_2,

berücksichtigt, so ergibt sich das Zwei-Dioden-Modell. Dieses stellt das wichtigste Hilfsmittel zur Interpretation der Dioden-Kennlinien im Dunkeln (I_L=0) und unter Beleuchtung (I_L>0) dar:

$$I(V) = I_{01} \cdot \left(e^{\frac{V - IR_S}{n_1 V_T}} - 1 \right) + I_{02} \cdot \left(e^{\frac{V - IR_S}{n_2 V_T}} - 1 \right) + \frac{V - IR_S}{R_P} - I_L \tag{2.3}$$

wobei der Lichtstrom I_L durch die Generation und Sammlung der Ladungsträger bestimmt ist.

Die Bestrebung, die Einschränkung der oben genannten Annahmen zu reduzieren, führt auf die Verwendung numerische Methoden zur Berechnung der Halbleiter-Kennlinien.

Die Strom-Spannungs-Kennlinie einer Solarzelle ist für den beleuchteten und den unbeleuchteten Fall in Abbildung 2-3 dargestellt[3]. Der Photostrom verschiebt die Kennlinie aus dem 1. in den 4. Quadranten.

---

[3] Für die Strom-Spannungs-Kennlinie im Beleuchtungsfall wird im weiteren die gebräuchliche Abkürzung Hell-Kennlinie und für den unbeleuchteten Fall der Begriff Dunkel-Kennlinie verwendet.

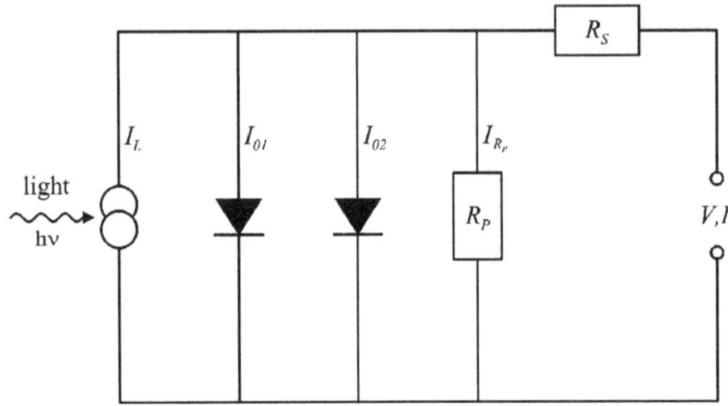

Abbildung 2-2 Ersatzschaltbild für eine reale Solarzelle nach dem 2-Diodenmodell. Die zweite Diode dient der Modellierung der Rekombination in der Raumladungszone.

Für eine beleuchtete Solarzelle läßt sich aus der Strom-Spannungs-Kennlinie der Arbeitspunkt maximaler Leistung ableiten. Über diesen definiert sich der Wirkungsgrad η der Solarzelle, der unter normierten Bedingungen (STC: engl. *standard testing conditions*) im Labor bestimmt wird. Zur Interpretation der Solarzelle werden weiterhin die Kurzschlußstromdichte I_{sc}, die Leerlaufspannung V_{oc} und der Füllfaktor *FF* verwendet[4]. Der Zusammenhang ist über

$$\eta = \frac{I_{MPP} V_{MPP} A}{P_{STC}} = \frac{I_{sc} V_{oc} FF}{G_{STC}} \qquad (2.4)$$

gegeben. Dabei sind, I_{MPP} und V_{MPP} Stromdichte und Spannung im Punkt maximaler Leistung, G_{STC} ist die Bestrahlungsstärke unter STC-Bedingungen (1000 W/m^2), A die Zellfläche und P_{STC} die sich daraus ergebende auf die Zellfläche eingestrahlte Leistung. Eine ausführliche Interpretation der Diodenkenndaten und Zellparameter findet sich z.B. in den Arbeiten von Glunz und Beier [9,10].

[4] Es werden die üblichen aus dem Englischen stammenden Abkürzungen verwendet: I_{sc} für den Kurzschlußstrom (engl. *short circuit current*) und V_{oc} für die Leerlaufspannung (engl. *open circuit voltage*).

signifikant zur Ladungsträgergeneration beiträgt. Bei 3,4 eV (ca. 380 nm) erfolgt der erste direkte Band-Band-Übergang. Es ist ein deutlicher Anstieg des Absorptionskoeffizienten auf über 10^6/cm zu beobachten.

Der größte Teil des kurzwelligen blauen und vor allem des ultravioletten Lichtes wird also bereits in den ersten "Nanometern" direkt unterhalb der Oberfläche absorbiert. Auf der anderen Seite gelangt auf Grund der begrenzten Dicke der Zelle ein Teil des infraroten Lichtes unabsorbiert bis zur Rückseite und kann dort den photovoltaisch aktiven Bereich verlassen. Je dünner die Zelle, desto ausgeprägter werden diese Verluste.

Der Teil des Lichtes, der nicht durch die oben beschriebenen optischen Mechanismen verlorengegangen ist, führt durch Absorption zur Generation eines Ladungsträgerpaares. Die weiteren möglichen Verluste werden dem elektrischen Bereich zugeordnet und im nächsten Abschnitt behandelt.

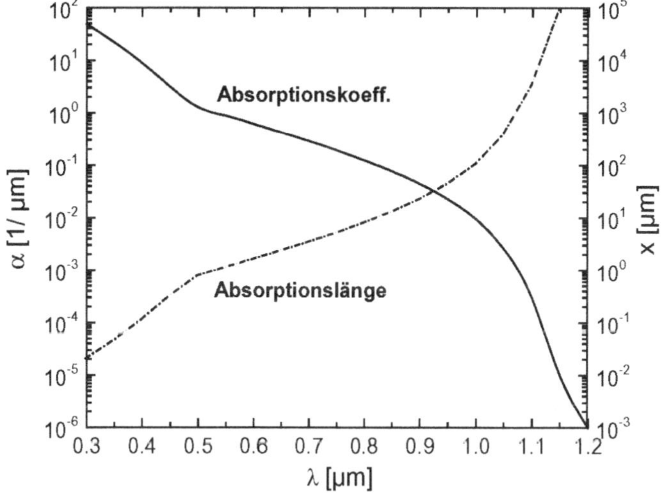

Abbildung 2-5 Absorptionskoeffizient von Silicium (nach Daten von Green in [5]). Von langen zu kurzen Wellenlängen hin ergibt sich in den Bereichen um 1200 nm bzw. 380 nm eine deutliche Zunahme des Absorptionkoeffizienten auf Grund des erstmaligen Auftretens von indirekten bzw. direkten Bandübergängen (Mehr-Phononen-Prozesse ausgenommen).

2.3.2 Rekombinations- und Widerstandsverluste

Nach der Generation der Ladungsträgerpaare treten noch weitere Verluste auf, die vor allem der Rekombination von Ladungsträgern und ohmschen Widerständen zuzuordnen sind. Diese Verlustmechanismen sind im Überblick in Abbildung 2-6 schematisch dargestellt.

Im Sinne einer Leistungsoptimierung stellt sich zunächst die Aufgabe, daß die Minoritätsladungsträger im jeweiligen Material lange genug "leben" müssen, um in den quasi-neutralen Gebieten per Diffusion zur Raumladungszone zu gelangen. Die Lebensdauer τ der Ladungsträger wird durch verschiedene Rekombinationsmechanismen – Störstellen-, Auger- und strahlende Rekombination – begrenzt, die im folgenden kurz dargestellt sind (für eine ausführliche Darstellung vgl. [9,13])

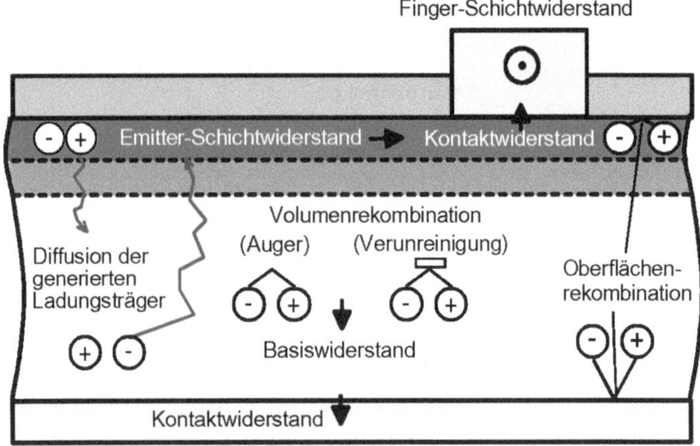

Abbildung 2-6 Die wichtigsten Rekombinations- und Widerstands-Verlustmechanismen in der Solarzelle (die Pfeile geben die jeweilige Richtung des Majoritätsstroms an). Die Minoritätsladungsträger können im Volumen und an den Oberflächen rekombinieren. Der gesamte Stromverlauf durch die Solarzelle unterliegt Widerstandsverlusten (nach [12]).

Strahlende Rekombination

Die Strahlende Rekombination ist der Umkehrprozeß der optischen Generation. Ein Elektron und ein Loch rekombinieren unter der Emission eines Photons. Die Rekombinationsrate dieses Prozesses ist deshalb proportional zum Produkt der Ladungsträgerdichten n (Elektronen) und p (Löcher). Die zugehörige Lebensdauer τ_{rad} ergibt sich in erster Ordnung zu (vgl. z.B. [3]):

$$\tau_{rad} = \frac{1}{B(n_0 + p_0 + \Delta n)} \tag{2.5}$$

Dabei bezeichnet B den Rekombinationskoeffizient, n_0 bzw. p_0 sind die Ladungsträgerdichten von Elektronen bzw. Löchern im thermischen Gleichgewicht und Δn ist die Überschußladungsträgerdichte der Elektronen. Bei einem indirekten Halbleiter wie Silicium muß zur Impulserhaltung zusätzlich ein Phonon am Prozeß teilnehmen. Deshalb sinkt hier analog zur Absorption die Rekombinationswahrscheinlichkeit und B ist sehr klein (ca. 10^{14} cm^3/s bei Raumtemperatur). Im Bereich der kristallinen Silicium-Solarzellentechnologie hat die strahlende Rekombination deswegen kaum eine Bedeutung.

Band-Band-Augerrekombination

Bei der Band-Band-Augerrekombination wird die Überschußenergie des Rekombinationsprozesses an einen weiteren Ladungsträger (Elektron oder Loch) abgegeben (vgl. Abbildung 2-7). Für die Auger-Lebensdauer τ_{Auger} in n-dotiertem Material ergibt sich:

$$\tau_{Auger} = \frac{1}{C_n n^2 + C_p n \Delta n} \tag{2.6}$$

wobei C_n bzw. C_p die Augerkoeffezienten für Elektronen bzw. Löcher sind. Für p-dotiertes Material gilt ein analoger Ausdruck. Aus Gleichung (2.6) lassen sich die entsprechenden Werte für Hoch- und Niederinjektion ableiten. Im Niederinjektionsfall wurde bei der Bestimmung der Augerkoeffizienten festgestellt, daß die gemessene Lebensdauer signifikant unter der auf Grund von Gleichung (2.6) erwarteten liegt. Der ermittelte Unterschied wird auf die Coulomb-Wechselwirkung der Elektronen und Löcher mit ihrer Umgebung zurückgeführt [14]. Die Augerrekombination ist in Silicium der dominierende intrinsische Rekombinationsprozeß.

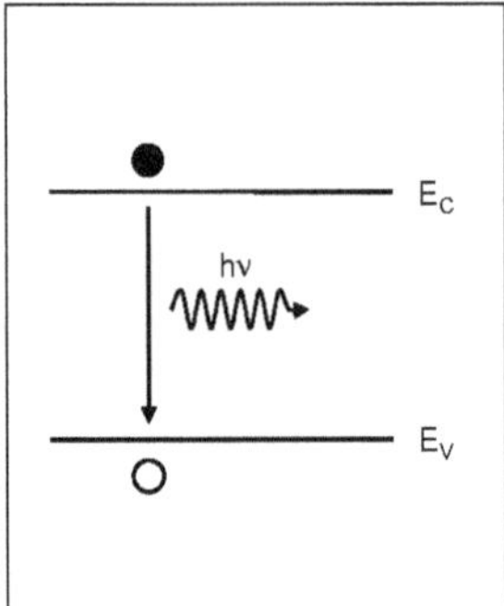

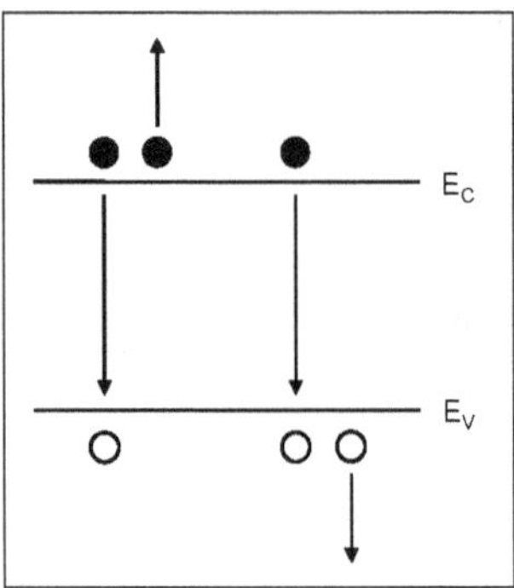

Abbildung 2-7 Schematische Darstellung der intrinsischen Rekombinationsmechanismen: strahlende Rekombination (links) und Band-Band-Augerrekombination (rechts) (aus [15]).

Rekombination über Störstellen

Verunreinigungen, Versetzungen und andere Störstellen bilden erlaubte Zustände im eigentlich verbotenen Energiebereich der Bandlücke des Halbleiters. In Abbildung 2-8 sind die möglichen Wechselwirkungen der Ladungsträger mit diesen Störstellen dargestellt. Dabei werden Löcher oder Elektronen an den Störstellen eingefangen oder von diesen emittiert. Shockley, Read und Hall entwickelten, auf der Basis einiger vereinfachender Annahmen, die fundamentale Theorie zur Rekombination über Störstellen und leiteten einen Ausdruck für die assoziierte Lebensdauer τ_{SRH} ab:

$$\tau_{SRH} = \frac{\sigma_p^{-1}(n_0 + n_1 + \Delta n) + \sigma_n^{-1}(p_0 + p_1 + \Delta n)}{v_{th} N_t (n_0 + p_0 + \Delta n)} \tag{2.7}$$

mit

$$n_1 = N_C \, e^{-\frac{E_C - E_t}{kT}} , \quad p_1 = N_C \, e^{-\frac{E_t - E_V}{kT}} \tag{2.8}$$

Hierbei ist E_t das Energieniveau der Störstelle, σ_p und σ_n sind die Einfangquerschnitte für Elektronen und Löcher, v_{th} die mittlere thermische Geschwindigkeit der Ladungsträger ($v_{th,300K} \approx 10^7$ cm/s) und N_t die Störstellendichte.

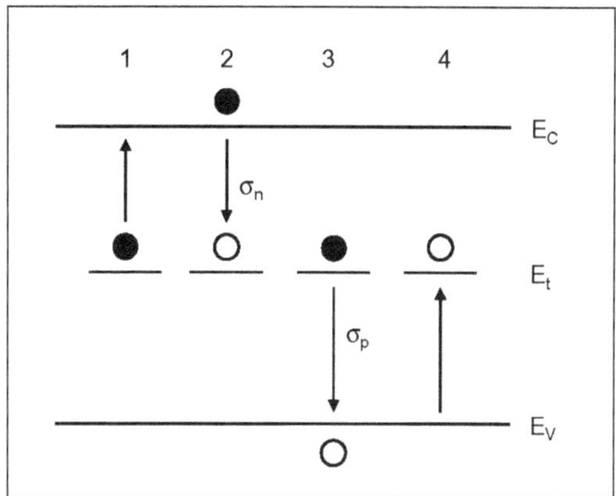

Abbildung 2-8 Die fundamentalen Wechselwirkungen von Ladungsträgern mit einer Störstelle, die einen Zustand im verbotenen Band erzeugt (1: Elektronen-Emission; 2: Elektronen-Einfang; 3: Löcher-Einfang; 4: Löcher-Emission).

Diffusionslänge

Die gesamte Lebensdauer im Volumen des Siliciums τ_{Vol} ergibt sich aus den einzelnen Komponenten zu:

$$\frac{1}{\tau_{Vol}} = \frac{1}{\tau_{rad}} + \frac{1}{\tau_{Auger}} + \frac{1}{\tau_{SRH}} \tag{2.9}$$

Die Minoritätsträgerlebensdauer τ_e und die Diffusionslänge L_e sind über die dotierkonzentrationsabhängige Diffusionskonstante D_e verknüpft:

$$L_e = \sqrt{D_e \tau_e} \tag{2.10}$$

Die Diffusionslänge beschreibt also den mittleren Weg, den ein Ladungsträger, hier das Elektron, vor seiner "Vernichtung" zurücklegen kann[6]. Für die Löcher gilt ein analoger Formalismus. Üblicherweise wird bei der Angabe der Diffusionslänge eines Materials implizit angenommen, daß es sich um die Diffusionslänge der Minoritäten handelt.

---

[6] Zur Herstellung von Zellen mit einem Wirkungsgrad größer 19% sollte die Diffusionslänge in der Basis der Solarzelle mindestens doppelt so groß wie deren Dicke sein [5].

Oberflächenrekombination

Die Oberflächen der Solarzelle zeichnen sich, wegen des abrupten Abbruchs der Kristallsymmetrie, durch eine besonders hohe Dichte an Störstellen aus. Die Energieniveaus dieser Störstellen liegen zumeist in der Bandlücke und sind kontinuierlich über diese verteilt. Zur quantitativen Beschreibung wird die Oberflächenrekombinationsgeschwindigkeit (ORG) S eingeführt. Durch Integration über die Zustände in der Bandlücke, unter Verwendung des SRH-Formalismus und der Annahme einer flachen Bandstruktur ergibt sich:

$$S = \int_{E_V}^{E_C} \frac{(n_0 + p_0 + \Delta n_S) v_{th} D_{it}}{\sigma_p^{-1}(n_0 + n_1 + \Delta n_S) + \sigma_n^{-1}(p_0 + p_1 + \Delta n_S)} dE \tag{2.11}$$

wobei $\Delta n_s = n_s - n_o = p_s - p_0 = \Delta p_s$ die Überschußladungsträgerdichten an der Oberfläche sind und $D_{it} = dN_t/dE$ die Grenzflächenzustandsdichte ist. Durch eine Hochdotierung nahe der Oberfläche oder feste Ladungen, die direkt an der Oberfläche eingebaut sind, wird die Bedingung der flachen Bandstruktur verletzt und $\Delta n_s = \Delta p_s$ gilt nicht mehr. Für diesen Fall wird eine effektive ORG S_{eff} eingeführt, die die Veränderung der Überschußladungsträgerdichten berücksichtigt [13].

Widerstandsverluste

Weitere wichtige Verluste ergeben sich aus dem ohmschen Widerstand, den der jeweilige Majoritätsstrom auf seinem Weg zu den äußeren Kontakten erfährt. Der Gesamtwiderstand R_s setzt sich dabei aus den Widerständen in Basis R_{Basis} und Emitter $R_{Emitter}$, sowie den Kontakt- bzw. Leitungswiderständen an bzw. in den Vorder- ($R_{C,VS}$ bzw. $R_{C,RS}$) und Rückseitenkontakten ($R_{L,VS}$ bzw. $R_{L,RS}$) zusammen:

$$R_s = R_{Basis} + R_{Emitter} + R_{C,VS} + R_{C,RS} + R_{L,VS} + R_{L,RS} \tag{2.12}$$

Fließen Leckströme am Rand oder im Volumen über den pn-Übergang der Solarzelle, so werden diese mit einem Parallelwiderstand R_p im Zwei-Dioden-Modell berücksichtigt.

Verringerung des Bandabstands

Die Wechselwirkung von freien Ladungsträgern untereinander und zwischen den freien Ladungsträgern und den Dotieratomen führen zu einer Verringerung des Bandabstandes (engl. *Band-Gap-Narrowing*, BGN) und somit der Leerlaufspannung einer Solarzelle. Das BGN wird insbesondere für hochdotierte Emitter kritisch, da hier die Wechselwirkungseffekte auf Grund der hohen freien Ladungsträgerdichte zunimmt. Gerade für den kritischen Bereich einer Emitteroberflächenkonzentration oberhalb von 10^{20} cm^{-3} konnten die bis vor wenigen Jahren entwickelten Modelle keine zufriedenstellende Beschreibung geben. Unter der Verwendung eines auf der Fermi-Dirac-Statisik basierenden Modells von Schenk [16] haben Altermatt [17] und Schumacher [18] die Verringerung der Bandlücke bei hochdotierten Solarzellenemittern berechnet. In guter Übereinstimmung mit experimentell ermittelten Werten ergibt sich z.B. bei einer Dotierkonzentration von 10^{20} cm^{-3} eine Verringerung des Bandabstandes um ca. 100 mV.

2.4 Zellkonzepte

Zur Erzielung eines hohen Wirkungsgrades gilt es, die dargestellten Verluste zu minimieren. Im folgenden werden die grundlegenden technologischen Optimierungsprobleme diskutiert und die gängigen Zellkonzepte vorgestellt. Die hierfür eingesetzten Technologien sind Inhalt der folgenden Kapitel.

2.4.1 Methoden zur Verbesserung des Wirkungsgrades

Der maximale theoretische Wirkungsgrad einer Solarzelle aus kristallinem Silicium liegt bei ca. 29%. Die beste bisher hergestellte Zelle hat einen Wirkungsgrad von 24,8%. Für diese hocheffizienten Zellen wird hochwertiges und teures monokristallines Float-Zone(FZ)-Material verwendet. Industriell gefertigte Solarzellen aus multikristallinem Silicium erreichen zur Zeit Wirkungsgrade von maximal 15%, unter Verwendung monokristallinen Czochralski-Materials bis 17%. Ausgehend von den in Kapitel 2.3 dargestellten Verlustmechanismen, die bei einer realen Solarzelle auftreten, ergeben sich nun die verschiedenen Zellkonzepte. Mit unterschiedlichem technologischen Aufwand wird versucht, die Auswirkungen auf die Leistung der Solarzelle zu minimieren. Dabei werden im wesentlichen die folgenden Strategien angewendet:

Die Verluste durch Reflexion sind besonders hoch im blauen und ultravioletten Spektralbereich, da dort der reelle Anteil des Brechungsindex n von 3,5 bis auf über 6 ansteigt [19]. Eine polierte und unbeschichtete Siliciumscheibe hat für das solare Spektrum einen gewichteten Reflexionsgrad von über 30%. Da die Zellen nach dem Verlöten im Modul noch hinter einer Glasscheibe (n=1,5) eingekapselt werden, eignen sich als Antireflexschichten insbesondere breitbandig absorptionsfreie Materialien mit einem Brechungsindex im Bereich 2-2,3. Mit einlagigen Antireflexschichten lassen sich die gewichteten Reflexionsverluste auf ca. 10% verringern. Eine weitere oder alternative Verbesserung der Lichteinkopplung ergibt sich durch die Verwendung einer Oberflächentextur.

Eine Methode, um die Verluste durch Durchstrahlung an der Rückseite der Solarzelle zu minimieren, wäre, die Zelle möglichst dick zu machen. Aus Kostengründen sollten die Zellen aber aus materialsparenden und somit dünnen Siliciumschichten hergestellt sein. Deshalb werden gut spiegelnde und texturierte Rückseitenoberflächen verwirklicht, um den Weg der Photonen durch die Scheibe zu vergrößern und somit das Licht einzufangen. Prinzipiell ist es möglich, für das infrarote Licht einen effektiven Lichtweg von mehr als dem 30-fachen der Solarzellendicke zu erreichen [20].

An den Oberflächen der Vorder- und Rückseite tritt vor allem Störstellenrekombination durch Kristalldefekte auf, da den Oberflächenatomen Partner im Kristall fehlen. Die Methoden zur Reduktion der Rekombinationsrate beruhen darauf, entweder die Dichte der Störstellen zu reduzieren oder im Oberflächenbereich, durch den Einbau eines elektrischen Feldes, die Dichte eines der Ladungsträger zu reduzieren (vgl. Kapitel 5.2.3).

Die Rekombinationsverluste im Volumen von Basis und Emitter werden durch die Störstellenrekombination an Verunreinigungen und Versetzungsdefekten sowie die Augerrekombination durch Hochdotierung dominiert. Besonders hohe Konzentrationen treten im Emitter auf. Da dort auf Grund der hohen Absorption im kurzwelligen Lichtbereich gleichzeitig besonders viele Ladungsträger generiert werden, führt eine hohe Emitterdotierung zu hohen Rekombinationsverlusten. Darüber hinaus führt auch das erhöhte BGN zu einer Reduktion des Potentials hochdotierter Emitter. Fundamental für eine große Ladungsträgerlebensdauer und somit eine hohe Qualität der Solarzelle ist weiterhin eine geringe Verunreinigung des Volumens mit Elementen, die Störstellen in der Mitte der Bandlücke bilden.

Die Konzeption der Vorderseitenkontaktierung resultiert aus der Minimierung der assoziierten Verlustterme. Dabei kann ohne Beschränkung der Allgemeinheit davon ausgegangen werden, daß sich der Emitter unter dem Kontakt (n^{++}) und neben dem Kontakt (n^{+}) unterscheidet. Die wichtigsten Verlustterme sind im einzelnen:

δP_{El}^{Kont}	ohmsche Leitungsverluste im Kontakt (Finger und Bus),
$\delta P_{El}^{n^{++},Kont}$	Widerstandsverluste im Emitterbereich unter den Kontakten und am Kontakt selbst,
$\delta P_{rek}^{n^{++},Kont}$	Verluste durch Rekombination im Emitterbereich unter den Kontakten,
$\delta P_{El}^{n^{+}}$	ohmsche Leitungsverluste im Emitter neben den Kontakten,
$\delta P_{rek}^{n^{+}}$	Rekombinationsverluste im Emitter neben den Kontakten,
δP_{Opt}^{Kont}	Abschattungsverluste durch den Kontakt (Finger und Bus),

die sich zu einem relativen Vorderseitenkontaktverlust δP_V summieren:

$$\delta P_V = \delta P_{El}^{Kont} + \delta P_{El}^{n^{++},Kont} + \delta P_{El}^{n^{+}} + \delta P_{Opt}^{Kont} + \delta P_{rek}^{n^{++},Kont} + \delta P_{rek}^{n^{+}} + \ldots \tag{2.13}$$

Gleichungen zur Berechnung bzw. Abschätzung der einzelnen Verlustterme finden sich bei Sterk [21] und Huljic [22].

Zur Reduktion der elektrischen Verluste würde es sich anbieten, sehr breite Kontaktfinger zu verwenden. Die Kontaktfläche an der Vorderseite ist aber gleichzeitig Abschattungsfläche, deshalb wird versucht die Breite der Finger möglichst klein zu halten. Außer der Abschattung an der Vorderseite spielt auch die erhöhte Rekombinationsgeschwindigkeit an den Halbleiter-Metall-Kontaktflächen eine wichtige Rolle. Deshalb wird idealerweise nur direkt unter den Kontakten ein sehr hochdotierter Bereich in der Solarzelle verwirklicht, um den Kontaktwiderstand klein zu halten. Die nicht zu kontaktierende Oberfläche wird dann gerade hoch genug dotiert, um den Ansprüchen an den Schichtwiderstand zu genügen.

Die Leitungswiderstandsverluste in den Kontaktfingern und im Sammelbus sind Funktionen des spezifischen Widerstandes des Metalls, des Leiterquerschnittes und wiederum des Stromes und somit der Kontaktfingerdichte. Der spezifische Widerstand des Leiters sollte gering gewählt werden. Der Leiterquerschnitt sollte ein hohes *aspect ratio* (dt. Höhe-zu-Breite-Verhältnis) aufweisen, damit eine geringe Abschattungsfläche erreicht werden kann. Außerdem wirkt sich eine hohe Kontaktfingerdichte wegen des niedrigen Stromes günstig auf die Zelleigenschaften aus.

Für die Rückseite der Solarzelle läßt sich ein analoger Formalismus definieren. Dabei wird versucht die Reflexion an der Siliciumoberfläche zu maximieren, im Gegensatz zur Minimierung an der Vorderseite. Die Widerstandsverluste in der Basis sind in erster Linie vom spezifischen Widerstand des Materials und der Struktur des Rückseitenkontaktes abhängig.

2.4.2 Back Surface Field-Zelle

Der Großteil der industriell hergestellten Solarzellen hat einen spezifischen Aufbau, der in Abbildung 2-9 schematisch dargestellt ist.

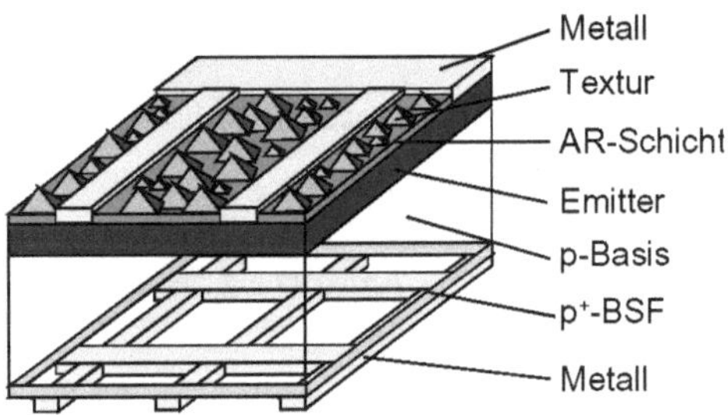

Abbildung 2-9 Schema einer BSF-Zelle. Dieses Zellkonzept stellt den Standard für industriell hergestellte Solarzellen dar. Die Rückseite ist mit einem ganzflächigen Back-Surface-Field versehen. Die dargestellte pyrimidale Texturierung der Vorderseite ist nur für monokristallines Material typisch [12].

Die Zelle hat einen lateral homogenen, hochdotierten Emitter, der an der Oberfläche mit einem siebgedruckten, silberhaltigen Kontaktgitter versehen wird. Außerdem wird auf die Oberfläche eine dünne Antireflexschicht aus Siliciumnitrid oder Titandioxid aufgebracht. Bei monokristallinen Zellen wird zudem eine Oberflächentextur verwendet, die auf einfache Art durch naßchemisches Ätzen hergestellt werden kann. An der Rückseite der Solarzelle weist die Zelle eine mit Aluminium, das heißt p-dotierte Schicht (engl. *Back Surface Field*, BSF) auf, mit Hilfe derer, die effektive ORG reduziert wird. Außerdem wird ein Gitter oder mehrere Punkte aus einer Silber-Aluminium-Legierung aufgebracht, um eine anschließende Kontaktierung im Lötverfahren zu ermöglichen. Die wesentlichen Gründe für die weite Verbreitung dieser Zellstruktur sind:

- Einfache und kostengünstige Herstellungsverfahren sind bekannt und erprobt.
- Der hochdotierte Emitter und das Aluminium-BSF dienen zur Reduktion der effektiven ORG an Vorder- und Rückseite. Außerdem kann durch die Prozesse die mittlere Diffusionslänge verunreinigter Materialien zum Teil beträchtlich erhöht werden.
- Die Antireflexschicht und gegebenenfalls die Vorderseitentextur tragen zu einer Verbesserung der Lichteinkopplung in die Solarzelle bei.

Mit dieser Zellstruktur werden bis zu 15% auf multikristallinem Material und 16% auf Czochralski-gezogenem Material erreicht.

2.4.3 PERC- und PERL-Zelle

Ein alternativer Zelltyp mit höherem Leistungspotential wird durch den Einsatz von passivierenden, dielektrischen Schichten möglich. Mit diesen Schichten aus Siliciumdioxid und Siliciumnitrid kann eine deutlich niedrigere effektive ORG als durch eine Hochdotierung der oberflächennahen Region erreicht werden. Dies setzt allerdings eine relativ niedrige Dotierung nahe der Oberfläche voraus. Ein Beispiel für den Einbau dieser Passivierungsschichten in eine Zelle stellt die PERC-Zelle (engl. *Passivated Emitter and Rear Cell*) dar, die auf der linken Seite von Abbildung 2-10 dargestellt ist. Beide Oberflächen sind mit einer passivierenden Schicht aus Siliciumdioxid versehen, die nur punktuell für eine Kontaktierung geöffnet sind. Der Emitter weist eine niedrige Oberflächenkonzentration und einen hohen Schichtwiderstand auf. Um auf Grund des hohen Schichtwiderstands keine hohen Widerstandsverluste bzw. hohe Abschattungsverluste zu verursachen, werden die Kontakte schmal und hoch, sowie mit geringem Abstand zueinander aufgebracht. Mit diesem Zelltyp wurde auf hochwertigem FZ-Silicium-Material bereits ein Zellwirkungsgrad von 22% erreicht [23].

Die höchsten Rekombinationsverluste treten bei der PERC-Zelle durch die hohe Rekombination an den Silicium-Metall-Kontakten auf. Bei der PERL bzw. LBSF-Zelle (engl. Passivated Emitter and Rear, Locally diffused bzw. Local Back Surface Field)[7] wird deshalb der Bereich unter den Vorder- und Rückseitenkontakten mit einer Hochdotierung versehen (Abbildung 2-10, rechts), die auch zu verbesserten Kontaktwiderstandswerten führt. Die Hochdotierungsbereiche werden durch zusätzliche Diffusions- und Maskierungsschritte hergestellt und bei der Kontaktierung muß auf diese Bereiche justiert werden. Mit dem PERL-Solarzellenprozeß wurde auf FZ-Silicium ein Zellwirkungsgrad von über 24% erreicht [24]. Die Verwirklichung des PERL-Konzeptes ist aber mit einem erheblichen technologischen Aufwand verbunden. Deshalb konzentrieren sich die aktuellen Entwicklungsbemühungen auf die wesentlich einfachere PERC-Struktur (vgl. Kapitel 6.3).

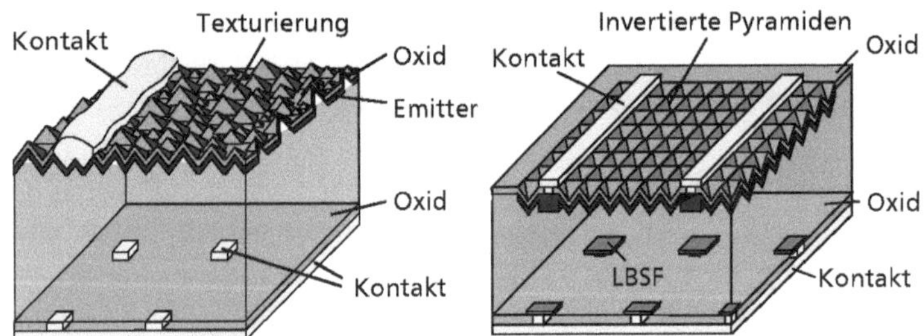

Abbildung 2-10 Schematische Darstellung der RP-PERC- (links) und der LBSF-Zelle (rechts). Beide Zelltypen sind durch passivierte Oberflächen an Vorder- und Rückseite ausgezeichnet. Die aufwendigere LBSF-Zelle weist zudem hochdotierte Bereiche unter den Kontakten und eine photolithographisch erzeugte Vorderseitentextur auf (Abb. aus [8]).

[7] Die Bezeichnung PERL ist von der Gruppe von Prof. Martin Green an der University of New South Wales für eingeführt worden. Am Fraunhofer ISE wird für diese Struktur die Bezeichnung LBSF verwendet.

2.4.4 Grabenkontakt-Zelle

Obwohl die PERC- und die PERL-Struktur ein deutlich höheres Wirkungsgradpotential als die industrielle BSF-Zelle aufweisen, sind mit diesen Verfahren noch keinen nennenswerten Mengen an Solarzellen für terrestrische Anwendungen hergestellt worden. Ein Zellkonzept, das die Idee einer passivierten Zelloberfläche nutzt, ist die Grabenkontakt-Zelle, die von Wenham und Green eingeführt wurde. Nach einer Siliciumdioxid-Passivierung der Oberfläche, werden mittels Laserablation Gräben in die Vorderseite eingebracht (LGBC-Zelle, engl. *Laser Grooved Buried Contact*). Die geöffnete Oxidschicht dient hier als Maske für eine nachfolgende Tiefdiffusion zur Bildung eines selektiven Emitters (vgl. Kapitel 4.2). In die Gräben werden dann die Metallkontakte eingebracht. Die Rückseite ist mit einem Aluminium-BSF versehen, d.h. die gesamte Struktur stellt eine Mischung aus den beiden zuvor dargestellten Ansätzen zur Reduktion der ORG dar. Die Grabenkontakt-Zelle ist zur Zeit die einzige von der BSF-Zelle prinzipiell verschiedene Struktur, die zur Herstellung von kristallinen Siliciumsolarzellen in industriellem Maßstab herangezogen wird.

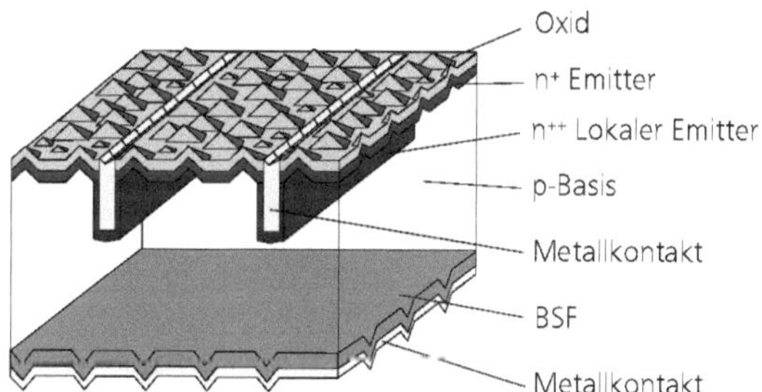

Abbildung 2-11 Schematische Abbildung der Grabenkontakt-Solarzelle. Durch die in Gräben eingebrachten Kontakte können die Abschattungsverluste sehr klein gehalten werden (Abb. aus [8]).

2.4.5 Sonstige Zellkonzepte

Alle oben dargestellten Zellkonzepte weisen einen nicht unterbrochenen, nahe an der Oberfläche der Vorderseite verlaufenden pn-Übergang auf. Es gibt einige alternative Ansätze, Solarzellen herzustellen, die wichtigsten davon sind die Klasse der Rückseitenkontaktzellen und die sogenannte MIS-Solarzelle. Für einen Überblick über diese Zellkonzepte sei auf [8] verwiesen.

3 Methodik

Bei der Entwicklung von neuen Technologien sollten die eingesetzten Ressourcen möglichst effizient genutzt werden. Deshalb wird in dieser Arbeit der Versuch unternommen, eine methodische Vorgehensweise für die Technologieinnovation in der Solarzellenherstellung zu entwickeln und auf ihre Verwendbarkeit zu prüfen. In diesem Kapitel wird diese Arbeitsmethodik vorgestellt und somit das strukturelle Gerüst für die sich anschließenden, technologisch ausgerichteten Kapitel gebildet.

3.1 Einleitung

Auf Grund der Vielzahl der Produktionstechnologien, die zur Herstellung kristalliner Siliciumsolarzellen in Frage kommen, bedarf es eines methodischen Ansatzes, um eine Priorisierung durchführen zu können. Eine Erörterung der ökonomischen Daten ist hierbei unumgänglich, da die Herstellungskosten pro Leistungseinheit schließlich das dominierende Kriterium für die produktionstechnische Umsetzung der Technologien darstellen. Es wird eine Methodik verwendet, deren Grundlagen am Fraunhofer-Institut für Produktionstechnologie (IPT) entwickelt worden sind [25,26]. Für die vorliegende Problemstellung, d.h. ein adäquates Vorgehen bei der Suche nach ‚innovativen' Produktionstechnologien für kristalline Silicium-Solarzellen' zu definieren, wurde die Methodik im Rahmen dieser Arbeit weiterentwickelt[8]. In Tabelle 3-1 ist ein Stufenplan für die vorgeschlagene Vorgehensweise dargestellt, die auch entsprechende Verweise darauf gibt, in welchen Teilen der Arbeit die einzelnen Stufen vertieft untersucht werden.

Die erste Stufe des Ansatzes ist die Ist-Analyse der in Entwicklung und Produktion eingesetzten Technologien. In Kapitel 3.2 wird eine Übersicht über die wichtigsten Produktionstechnologien für die Solarzellenherstellung

[8] Dies Ausarbeitung der Methodik erfolgte teilweise in Zusammenarbeit mit dem IPT.

gegeben. Als hilfreiches Werkzeug für die Analyse dient die sogenannte ‚Prozeßelementemethode‘ [25]. Jeder einzelne Prozeßschritt wird durch ein Prozeßelement repräsentiert. Dieses Prozeßelement oder eine Zusammenfassung mehrerer Prozeßelemente wird mit allen für eine Bewertung notwendigen Informationen (Prozeßparameter, Kostendaten etc.) hinterlegt. Einzelne Prozeßelemente werden dann zu einem Standardprozeß zusammengefaßt, der als Beispiel für eine komplette Prozeßkette verwendet wird. Auf der Basis dieses Standardprozesses und der zu jedem Prozeßschritt hinterlegten Technologie- und Kostendaten werden die eingesetzten Produktionstechnologien technisch und wirtschaftlich bewertet (vgl. Kapitel 3.3).

Als nächster Schritt werden Ideen und Konzepte für neue Prozeßschritte und innovative Technologien gesammelt bzw. erarbeitet und auf der Basis des Wissensstandes bezüglich der Umsetzungswahrscheinlichkeit und des Kostenreduktionspotentials bewertet und priorisiert. Die Ideensammlung ist ein kreativer Prozeß, für den selbst nur schwer eine methodische Vorgehensweise definiert werden kann. Es hat sich aber bewährt, in einem Expertenkreis ein sogenanntes *‚Brain-Storming‘* durchzuführen, bei dem der Transfer von Problemlösungsmethoden aus verwandten Technologiebereichen eine wichtige Rolle spielt. Einige der in dieser Arbeit weiterverfolgten Technologieansätze basieren auf dem Ideenaustausch in solchen Expertenkreisen (z.B. die Verwendung neuer Ofenkonzepte zur industriellen Umsetzung schneller Diffusionsprozesse, vgl. Kapitel 4.10.1 und die Sputtertechnologie zur Herstellung dünner Schichten, vgl. Kapitel 5). Das Literaturstudium stellt die zweite wichtige Quelle für neue Technologien dar und war der Ausgangspunkt für die anderen im Rahmen der Arbeit untersuchten Verfahren. Auch hier steht oft der Übertrag von, in verwandten Technologiebereichen eingesetzten Verfahren, auf die Photovoltaik im Vordergrund.

Wird die Idee als vielversprechend eingestuft, dann folgt als nächster Schritt die Konzeption, Bewertung und Herstellung eines Prototyps einer Produktionsanlage. An dieser Stelle kann dann der originäre Entwicklungsprozeß für die neue Technologie als abgeschlossen betrachtet werden.

Tabelle 3-1 Methodik zur Bewertung und Priorisierung neuer Produktionstechnologien. Für die im Rahmen der Arbeit vertieft untersuchten Verfahren werden jeweils die Hintergründe explizit und ausführlich in den zugehörigen Kapiteln diskutiert (siehe Referenz).

Stufe	Beschreibung	Referenz
I	Ist-Analyse Produktionstechnologie	Kapitel 3.2
II	Definition Standardprozeß	Kapitel 3.3.1
III	Technische und wirtschaftliche Bewertung	Kapitel 3.3.2
IV	Ideensammlung bzw. Technologierecherche	Kapitel 4.3, 4.4, 5.3, 5.4,
V	Bewertung	Kapitel 3.4, 4.3.8, 5.3.4
VI	Durchführung von Grundlagenversuchen	Kapitel 4.5-4.9, 5.5-5.7, 6.5-6.7
VII	Konzeption Prototyp	Kapitel 4.10, 5.8, 0
VIII	Bewertung und Priorisierung	Kapitel 3.4, Anhang C

3.2 Produktionstechnologien

Die Klassifizierung von Produktionstechnologien für die Solarzellenherstellung wird im folgenden durch die Zuordnung zu den Funktionen, die jeweils übernommen werden sollen, durchgeführt. Zusätzlich erfolgt eine Einteilung nach dem Status der industriellen Reife. Es wird die von Wettling für die Beurteilung der verschiedenen Technologie- bzw. Materialansätze in die Solarzellentechnologie eingeführte Klassifizierung [8] verwendet und erweitert (vgl. Tabelle 3-2).

Tabelle 3-3 gibt eine Übersicht über die wichtigsten Produktionstechnologien in der Solarzellentechnologie und deren Zuordnung zu den einzelnen Funktionen. Die Übersicht basiert auf einer Literaturrecherche und auf Experteninterviews, die im Rahmen des Forschungsprojektes SOLPRO durchgeführt und zusammengefaßt wurden [27]. Es werden nur Technologien betrachtet, von denen zumindest Ergebnisse großer Laborzellen zugänglich sind.

Tabelle 3-2 Definition verschiedener Stadien der Technologieentwicklung. Die verwendeten Bereiche für Zellgröße und Produktionskapazität basieren auf der von Wettling eingeführten Einstufung [8]. Die Einheit kWp/a entspricht einer Produktionskapazität von einem Kilowatt-Spitzenleistung pro Jahr.

Bezeichnung	Kürzel	Solarzellengröße [cm^2]	Produktionskap. [kW_p/a]
Große Labor(einzel)zellen	LZ	≥ 10	< 1
Labor-Pilotfertigung	LP	≥ 10	1-100
Industrie-Pilotproduktion	IP	≥ 100	100-1000
Industrielle Fertigung	IF	≥ 100	> 1000

Die gewählte Einteilung erfolgt über die Funktionen des jeweiligen Verfahrens in Kombination mit dem eingesetzten Material. Die Herstellung einer RLZ bzw. des p-n-Übergangs und die Kontaktierung der Basis und Emitterregion stellen die beiden fundamentalen Funktionen zur Realisation eines photovoltaischen Bauelementes dar. Die Verbesserung der Lichtabsorptionseigenschaften, sowie die Oberflächen- und Volumenpassivierung[9] (OFP, VP) dienen der Veredelung, d.h. der Wirkungsgradsteigerung der Solarzelle.

Die Funktionsgruppen lassen sich wiederum in Einzelfunktionen unterteilen. Zur Bildung des p-n-Übergang gehören die Reinigung der Scheibe, die Belegung mit dem Phosphordotierstoff und die nachfolgende Diffusion in das Siliciummaterial, die Entfernung des Phosphorglas und die Isolation der Kanten. Die Kontaktierung erfolgt an Vorder- und Rückseite. Das Kontaktsintern dient der Verbesserung der Leitungseigenschaften des Kontaktes. Die Verbesserung der Lichtabsorptionseigenschaften läßt sich in die Entspiegelung der Vorderseite und die Verspiegelung der Rückseite unterteilen. Auch für die Passivierung der Oberflächen kann zwischen Verfahren für Vorder- und Rückseite der Solarzelle unterschieden werden.

[9] Unter Passivierung der Oberflächen und des Volumens der Solarzelle werden hier alle Maßnahmen zur Reduktion der Rekombinationsrate in den jeweiligen Bereichen verstanden.

Tabelle 3-3: Produktionstechnologien für die Solarzellenherstellung. Der jeweilige Status der industriellen Umsetzung ist den verwendeten Kürzeln zu entnehmen (vgl. Tabelle 3-2).

Technologie	Materialien	Funktion												
		Reinigung	Belegung	Diffusion	Phosphorglasätzen	Kantenisolation	Kontaktierung VS	Kontaktierung RS	Kontaktsintern	Entspiegelung VS	Verspiegelung RS	OFP VS	OFP RS	Volumenpassiv.
Tauchätzen	KOH	IF				LZ				IF				
	Saure Ätze[10]	IF								IF				
	HF				IF									
Plasmaätzen	SF_6	LZ				IF				LZ				
	Cl_2									IP				
Dampfätzen	HF				IF									
Zerstäubung	$<P_2O_5>_{aq}$		IF											
APCVD	TiO_2									IF				
	SiO_x: P_y		LP											
Siebdruck	P-Paste		LP											
	Ag-Paste						IF							
	Al-Paste												IF	IF
	Ag/Al-Paste							IF						
Aufdampfen	TiPdAg						IP							
	Al							IF			IF			
PECVD	SiN_x:H									IF		IF		IF
Tampondruck	Al-Paste							IF						
Rohrofen	$POCl_3$, PH_3			IF										IF
	O_2											IF	IF	
Durchlaufofen	O_2/N_2			IF					IF					
RTP	O_2/N_2			LZ									LP	
Galvanik	AgCN						LP							
Sägen										IP				
Spin-On	SiO_x: P_y		LZ											

[10] Zum Sägeschaden- und Texturätzen werden auch saure Ätzen (nicht HF) eingesetzt.

3.3 Standardprozeß

In der industriellen Praxis sind eine Vielzahl verschiedener Solarzellenprozesse im Einsatz. Der Austausch von einzelnen Prozeßschritten kann in Abhängigkeit von der Materialqualität und den anderen eingesetzten Prozeßschritten zu unterschiedlichen Ergebnissen führen. Trotzdem gibt es für eine technische und ökonomische Bewertung keine Alternative zur Definition und Analyse eines, als Referenz dienenden, Standardprozesses. Dieser kann entweder den genauen Ablauf einer spezifischen realen Produktion wiedergeben oder aber, wie im folgenden, eine sinnvolle Verknüpfung aus industriell eingesetzten Prozessen sein. Die aus der Analyse dieses Standardprozesses abgeleiteten Schlußfolgerungen sind jeweils auf ihre Anwendbarkeit zu überprüfen, es sollten aber allgemeingültige Aussagen abgeleitet werden können.

3.3.1 Standardprozeß für siebdruckkontaktierte Solarzellen

Als Grundlage für die Bewertungen wird ein Standardprozeß für multikristalline Siliciumscheiben (1 Ωcm, p-leitend, 125x125x0,33 mm^3) definiert. Eine schematische Darstellung des Prozesses ist in Abbildung 3-1 dargestellt, ein ausführlicher Prozeßplan findet sich in [27].

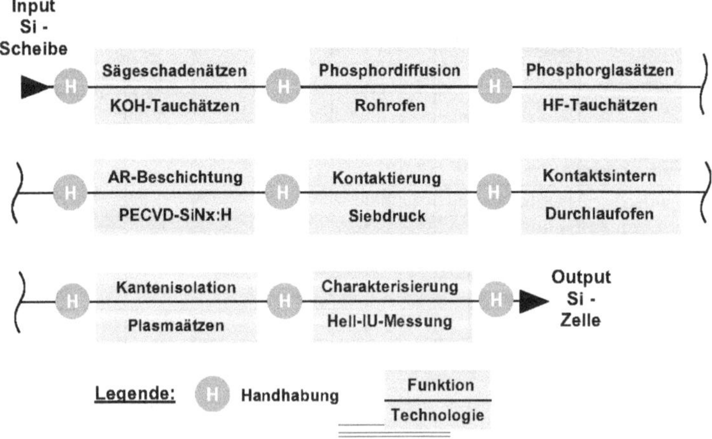

Abbildung 3-1 Schematische Darstellung des gesamten Standardprozesses.

Als Eingangsschnittstelle wird die im Stapel angelieferte Siliciumscheibe betrachtet. Als erster Handhabungsschritt erfolgt das Vereinzeln der Scheiben, die zu Horden von typischerweise 25 Stück in einen chemikalienbeständigen Träger einsortiert werden. Diese Träger werden in Körben gesammelt und mittels einer automatisierten Hebevorrichtung durch die Behälter einer Tauchbeckenanlage transportiert. Ziel dieses Prozesses ist die Entfernung von Verunreinigungen des Scheibenmaterials, die sich beim Sägen und beim Transport in oberflächennahen Regionen angelagert haben, und das Abtragen der defektreichen Schicht (‚Sägeschadenätzen'). Hierzu werden die Scheiben ca. 10 Minuten in 80°C heißer, dreißig prozentiger Kalilauge geätzt ($2\ KOH+Si+H_20 \rightarrow K_2SiO_3+2H_2\uparrow$). Dabei werden 10-15 µm Silicium von den Oberflächen abgetragen, so daß sich die Scheibendicke auf ungefähr 300 µm reduziert. Zur Entfernung der Ätzrückstände werden die Scheiben dann durch eine kaskadenartig angeordnete Strecke von typischerweise drei Becken mit deionisiertem Wasser transportiert und anschließend getrocknet[11]. Die Träger werden manuell den Körben entnommen und zur Diffusionsanlage transportiert.

In der Peripherie der Diffusionsanlage werden die Scheiben in der automatisierten Anlage aus den chemikalienbeständigen Trägern entnommen und in hitzebeständige Quarzträger umgehordet[12]. Die Quarzträger werden dann auf den Quarzbooten abgestellt und in den 820-900°C heißen Vierstock-Rohrofen eingefahren. Dort erfolgt eine Phosphorsilikatglas-Belegung der insgesamt ca. 250 Scheiben mit $POCl_3$ als Quelle und unter Zugabe von Sauerstoff. In der zweiten Phase wird die Zufuhr von $POCl_3$ abgestellt und der Phosphor tiefer in das Silicium hineingetrieben. Die Quarzboote werden wieder ausgefahren, und die Träger entnommen. Die Gesamtprozeßzeit liegt im Bereich von 60 Minuten.

[11] Nach dem eigentlichen Sägeschadenätzen wird oft zusätzlich ein sogenannter Ätzstop in HCl durchgeführt, um das Nachätzen durch verschleppte Kalilauge zu vermeiden.

[12] Zum Zeitpunkt der Definition des Standardprozesses wurden im Bereich der Photovoltaik noch keine automatisierten Handhabungsautomaten für die Phosphordiffusion im Mehrstockofen eingesetzt. Diese sind deshalb weder im Referenzprozeß noch in der zugehörigen Kostenkalkulation berücksichtigt.

Danach erfolgt eine erneute Umhordung in ätzchemikalienbeständige Scheibenträger. Diese werden analog zum Verfahren beim Sägeschadenätzen durch eine zweiten Ätzstrecke transportiert. Das Ätzbecken enthält hier fünfzig prozentige Flußsäure und dient dem zirka einminütigen Entfernen des Phosphorsilikatglases (‚Phosphorglasätzen'). Die Scheiben werden wieder gespült und getrocknet.

Als nächster Prozeßschritt folgt die Antireflexbeschichtung mit Siliciumnitrid in einer rohrofenähnlichen PECVD-Anlage (vgl. Abbildung 3-2). Zur Vorbereitung der Antireflexbeschichtung werden die Scheiben (ca. 150 Stück) manuell in ein Graphitboot einsortiert. Die in Längs- oder Querrichtung ausgerichteten Graphitelektroden weisen einen Abstand von, typischerweise, knapp 13 mm auf und haben zwei kleine Halterungen, in die die Scheiben eingeführt werden müssen. Die Graphitboote werden dann in das Quarzrohr eingefahren. Der Prozeß gliedert sich in einen Spülvorgang mit Stickstoff, das Erwärmen der Substrate auf eine Prozeßtemperatur von ca. 350°C bei gleichzeitiger Evakuierung des Reaktionsraumes, Zündung des Plasmas, Zufuhr der Prozeßgase Ammoniak und Silan und die Abscheidung der Schicht. Nach dem Erreichen der gewünschten Schichtdicke von ca. 65-75 nm wird die Abscheidung durch das Abschalten der Generationsquelle und erneutes Spülen beendet. Das Graphitboot wird ausgefahren und die Scheiben werden entnommen. Der gesamte Bestückungs- und Entnahmevorgang ist sehr personalintensiv und schwer zu automatisieren. Durch die komplizierte Handhabung der Siliciumscheiben ergibt sich eine hohe Bruchrate. Der gesamte Vorgang dauert etwa 40 Minuten.

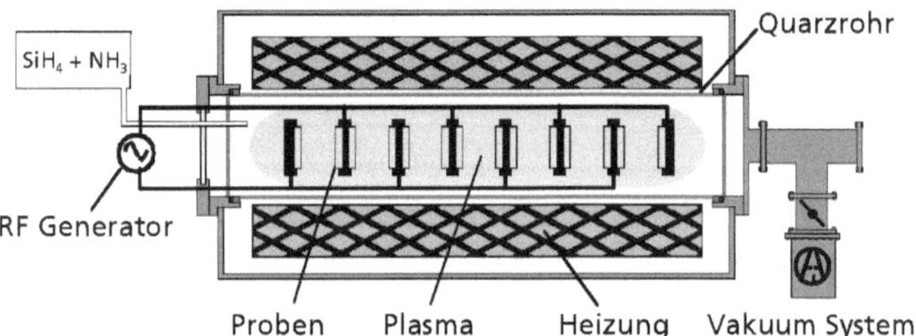

Abbildung 3-2 Schematische Darstellung einer PECVD-Rohranlage zur Siliciumnitridbeschichtung (aus [28]). Die Siliciumscheiben werden für die Beschichtung in die Halterung der Graphitelektroden eingelegt.

Es folgt die Kontaktierung der Vorder- und Rückseite, sowie die Herstellung des BSF. Diese Schritte werden standardmäßig im Siebdruckverfahren durchgeführt. Auf der Vorderseite wird eine silberhaltige Paste mittels Siebdruck aufgebracht. Durch die weiteren Bestandteile werden die rheologischen und benetzenden Eigenschaften der Paste, sowie ein günstiges Eindring- bzw. Ätzverhalten bei der Kontaktbildung eingestellt. Die in der Siebdruckschablone geschlossenen Bereiche dienen als Maskierung, um die gewünschte Kontaktstruktur auf der Scheibenoberfläche abzubilden (vgl. auch Kapitel 4.5.1). Die Paste wird nach dem erfolgten Druck in einem Durchlauftrockenofen für ungefähr fünf bis zehn Minuten getrocknet. Dann wird die Scheibe gewendet, und es werden – wiederum im Siebdruckverfahren – mehrere Kontaktpunkte einer aluminium- und silberhaltigen Paste gedruckt und erneut getrocknet. Die Scheibenrückseite wird schließlich in einem weiteren Schritt, mit Ausnahme der Kontaktpunkte, ganzflächig mit einer aluminiumhaltigen Paste bedruckt. Das Drucken der Silber-Aluminium-Punkte ist notwendig, um bei der später folgenden Modulverschaltung die Lötverbindung zu den Zellverbindern zu verbessern.

Die Scheiben werden dann automatisch auf das Band eines sogenannten Sinterofens übergeben. Dieser ist in mehrere Bereiche unterteilt. Im ersten Bereich werden erneut die leicht flüchtigen Bestandteile der noch nicht getrockneten Aluminiumpaste bei ca. 150°C entfernt. Im zweiten Bereich werden die schwer flüchtigen organischen Bestandteile durch die Zugabe von Sauerstoff bei ca. 400°C verbrannt. Dann erfolgt ein schnelles Erhitzen auf eine maximale Temperatur im Bereich von 700-800°C mit einem ebenfalls schnellen sich anschließenden Abkühlen. Dieser Prozeßschritt wird auch als *Feuern* der Kontakte bezeichnet. Die steile Temperaturrampe wird durch die Verwendung von Infrarotstrahlern erreicht.

Auf der Vorderseite wird während der Hochtemperaturphase der eigentliche Kontakt zwischen den gedruckten Leiterbahnen und dem Halbleiter gebildet. Die glashaltigen Bestandteile der Paste dienen dazu das Siliciumnitrid anzuätzen, dadurch können die Silberkugeln und –flocken in den oberflächennahen Bereich des Siliciums eindringen. Außerdem wird die nach dem Trocknen sehr poröse Leiterbahn verdichtet. Deshalb wird auch oft der Begriff *Kontaktsintern* verwendet.

Während der Hochtemperaturphase wird gleichzeitig der Rückseitenkontakt und das sogenannte *Back Surface Field* (BSF) gebildet, da sich Silicium und Aluminium oberhalb des eutektischen Punktes (T=577°C) vermischen. Dadurch wird die bei der Phosphordiffusion hergestellte n-Dotierung kompensiert und eine p-dotierte Schicht gebildet. Die Übergabe der Scheiben erfolgt im gesamten Bereich der Kontaktformierung vollautomatisch bei einer Taktzeit von ca. 3 Sekunden.

Anschließend erfolgt die Kantenisolation der Zellen. Hierzu werden diese, im Wechsel mit dünnen Silikonscheiben, gestapelt und dann in einen Mikrowellenplasmareaktor gelegt. Dort wird nach mehrmaligem Spülen und anschließendem Evakuieren ein Plasma gezündet. Als Prozeßgas wird Schwefelhexafluorid verwendet und die nach der Dissoziation freigesetzten Fluorradikale und –ionen führen zu einem kontrollierten Ätzen der Kanten. Die Silikonscheiben dienen dazu zu verhindern, daß das Plasma zwischen die, auf Grund der Vorderseitenkontakte nicht völlig dicht liegenden, Scheiben gelangt und zu einer Beschädigung der Antireflexschicht führt. Nach dem Prozeßende wird die Kammer wieder gespült und der Zellstapel entnommen. Die Zellen werden dann automatisch vereinzelt und einem Hell-Kennlinienmeßplatz zugeführt. Hier wird während eines kurzen Blitzes die Strom-Spannungs-Kennlinie der Solarzelle gemessen und der Wirkungsgrad der Zellen bestimmt. Die Zellen werden in mehrere Leistungsklassen verteilt, damit bei der später folgenden Modulverschaltung eine sinnvolle Gruppierung der Zellen erfolgen kann.

Für diesen Prozeß wird nach einer zweijährigen Anlaufzeit von einem mittleren Zellwirkungsgrad von 14% ausgegangen.

3.3.2 Kostenanalyse

Die ökonomische Bewertung erfolgt durch Berechnung der Prozeßkosten. Hierfür wurde in Zusammenarbeit mit dem Fraunhofer IPT ein Kalkulationsprogramm entwickelt, mit dem auch der Deckungsbeitrag und die Amortisationszeit als weitere ökonomischen Größen einer Solarzellenfertigung kalkuliert werden können.

Die Berechnungen basieren auf einer jährlichen Produktionskapzität von ca. 9 Mio. Siliciumscheiben. Die für den Standardprozeß ermittelten Kostendaten sind in Tabelle 3-4, nach Prozeßschritten unterteilt, dargestellt.

Tabelle 3-4 Kosten des Standardprozesses für multikristalline Siliciumsolarzellen (125x125 mm^2) nach Prozeßschrittanteilen. Die Handhabungskosten sind soweit möglich den einzelnen Prozeßschritten zugeordnet. Die Kosten für die Siliciumscheibe dominieren die Gesamtkosten.

Prozeßschritt	Kosten pro Zelle [DM]	Kosten pro Wp [DM]	Kosten-anteil [%]
Sägeschadenätzen	0,22	0,10	2,5
Phosphordiffusion	0,56	0,26	6,2
Phosphorglasätzen	0,18	0,08	2,0
Antireflexbeschichtung	0,59	0,27	6,5
Metallisierung	0,55	0,25	6,1
Sintern der Kontakte	0,06	0,03	0,6
Kantenisolation	0,03	0,01	0,3
Zellencharakterisierung	0,06	0,03	0,7
Handhabung	0,03	0,01	0,3
Gemeinkosten	0,42	0,19	4,7
Basisrohstoff (Scheibe)	6,12	2,80	68,2
Zinsen	0,16	0,07	1,8
Gesamt	8,97	4,10	100

Besonders hohe Kostenanteile entfallen, auf Grund hoher Handhabungskosten inklusive des relativ hohen Verlustes durch Bruch, auf die Antireflexbeschichtung und die Phosphordiffusion[13]. Bei der Metallisierung entstehen hohe Kosten durch den Materialverbrauch, insbesondere für die ganzflächig aufgetragene Aluminiumpaste .

[13] Tatsächlich machen in der durchgeführten Kalkulation die Materialkosten für die Phosphordiffusion etwa die Hälfte der berechneten Kosten für diesen Prozeßschritt aus. Dabei werden die bei der durchgeführten Befragung ermittelten Preise eines Dotierstoffhersteller verwendet. Diese erscheinen m.E. relativ hoch, bzw. evtl. werden bei den Solarzellenherstellern auch günstigere Dotierstoffe niederer Reinheit eingesetzt.

Besonders auffallend ist, daß die Materialkosten der Siliciumscheibe einen sehr hohen Anteil von 68% der Herstellungskosten ausmachen. In [29] wurde für einen vergleichbaren Prozeß ein noch höherer Wert gefunden. Auf Grund dieses hohen Kostenanteils ist das Kostenreduktionspotential von Alternativtechnologien gegeben. Nur ein relativ geringer Kostenanteil kann durch eine Reduktion der Prozeßschrittkosten selbst beeinflußt werden.

Ein Ansatz, die Dicke der eingesetzten Siliciumscheiben von 300 auf 150 µm zu reduzieren und dabei nur die notwendigsten Modifikationen an der Zelltechnologie durchzuführen, wurde in [30] untersucht. Dabei wurde besonders auf die verringerte zu erwartende mechanische Ausbeute eingegangen. Es ergab sich ein bereits beachtliches Kosteneinsparungspotential von 12-20%.

Die Verwirklichung von hohen Ausbeuten bei der Prozessierung von dünnen Siliciumscheiben beruht insbesondere auf der Reduktion von thermischen und mechanischen Belastungen. Als besondere Risikofaktoren sind dabei alle aufwendigen Handhabungsvorgänge zu nennen, insbesondere das Ein-, Um- und Aushorden der Siliciumscheiben beim Tauchätzen und bei der Rohrofendiffusion, die Bestückung der Graphitboote bei der Silicumnitridbeschichtung sowie die thermischen Belastungen in den Hochtemperaturzyklen, vor allem bei der Legierung des Aluminium-BSFs.

Für die weitere Betrachtung ist es wichtig, den ungefähren Mehrwert abzuschätzen, der durch die Erhöhung des Zellwirkungsgrades erreicht wird. Für Zellen mit einem höheren Wirkungsgrad ergeben sich mit relativ geringen Mehrkosten auch Module höheren Wirkungsgrades, da die Modulkosten fast ausschließlich flächen- bzw. stückzahlproportional anzusetzen sind[14]. Eine Kalkulation der Kosten der reinen Modulfertigung wurde im Rahmen der Arbeit nicht vorgenommen. Little and Nowlan berechneten die Gesamtkosten zur Herstellung photovoltaischer Module auf der Basis einer 25 MWp-Jahresproduktionskapzität. Sie kommen auf einen Anteil von 28% der Kosten der reinen Modulfertigung zu den gesamten Herstellkosten. Dieser Anteil wird auch im Rahmen dieser Arbeit für der Kostenbewertung verwendet.

---

[14] Die Kosten für Zellverbinder sind nur schwach leistungsabhängig

Die entsprechende Kostenverteilung ist in Abbildung 1-1 dargestellt. Darüber hinaus kommen auch bei der Aufständerung der Module flächenproportionale Kosten hinzu, dies erhöht zusätzlich den Mehrwert durch einen Zugewinn im Wirkungsgrad[15].

3.4 Bewertung und Priorisierung innovativer Technologien

Die Bestrebung, die Herstellungskosten photovoltaischen Stromes durch eine Veränderung der eingesetzten Produktionstechnologien zu reduzieren, kann in zwei Bereiche unterteilt werden:

- Optimierung bereits im Einsatz befindlicher Technologien (kurzfristig)
- Einführung neuer Technologien (mittel- bis langfristig)

Stehen mehrere Alternativen zur Verfügung, so sollten Kriterien eingeführt werden, um eine Bewertung durchführen zu können, auf deren Basis eine Entscheidung getroffen wird. Zur Definition einer geeigneten Methodik sollte aber vorab berücksichtigt werden, für wen die Bewertung durchgeführt wird. Im Bereich der Produktion von Solarzellen kann im wesentlichen in drei Interessengruppen unterschieden werden:

- Für den Solarzellenproduzenten stellt die erreichbare Kostenersparnis die Motivation für die Entwicklung einer neuen Technologie dar. Darüber hinaus sind spezielle Marktanreize durch spezifische Eigenschaften des Produktes von Interesse.
- Für den Hersteller von Produktionsanlagen wird das Ausmaß, in dem die Technologientwicklung zur Sicherung von Umsatz und Gewinn beitragen kann, ein entscheidendes Kriterium sein. Die Anzahl der potentiellen Kunden für eine auf der Technologie basierenden Produktionsanlage stellt deshalb, neben dem Deckungsbeitrag pro Anlage, die für die Entscheidung fundamentale Information dar.

---

[15] Eine Erhöhung des Wirkungsgrades um 1% relativ kompenisiert deshalb eine Erhöhung der Herstellungskosten um ca. 1,4-1,7% relativ. Etwas anders sind die Verhältnisse bei Anwendungen mit stark flächenproportionalem Nutzen z.B. photovoltaischen Fassadenverkleidungen oder Schallschutzwänden.

- Für Forschungseinrichtungen wird die Entwicklung einer neuen Technologie selbst ein wesentliches Ziel sein. Die Finanzierung der Entwicklung erfolgt über eine der beiden zuvor erwähnten Gruppen oftmals mit Unterstützung durch die öffentliche Hand. D.h. aber auch, daß die Bewertung der Rentabilität von Forschungsanstrengungen eng an die Interessenlage dieser beiden Gruppen geknüpft ist.

Für eine dezidierte Bewertung ist eine Betrachtung des jeweiligen Marktes sinnvoll. Im Rahmen dieser Arbeit wurden allerdings keine Marktanalysen durchgeführt. An Stelle dessen wird versucht, eine Bewertung auf die Kostenseite zu reduzieren. Dies entspricht im wesentlichen der Sichtweise eines entwickelnden Solarzellenproduzenten, der von einem festen Preis-pro-Leistungseinheit-Verhältnis ausgeht. In vielen Industriebereichen, wie z.B. der Mikroelektronik sind aber die Anlagenhersteller die treibenden Kräfte bei der Entwicklung neuer Technologien. Dies liegt nicht zuletzt in den hohen notwendigen Entwicklungsinvestitionen begründet, die nur schwer von einem Nutznießer der Entwicklung alleine getragen werden können.

Bewertungsportfolio

Die im Rahmen dieser Arbeit verwendete Bewertungsmethodik basiert auf der Portfoliotechnik [31-33]. Diese wird in der Ökonomie als Methode zur Strategieplanung eingesetzt [34].

Idealerweise läßt sich für die Bewertung eine eindimensionale Zielfunktion definieren, die jeder Technologiealternative einen Präferenzwert zuordnet. Eindimensionale Abbildungen erfolgen meist auf eine monetäre Größe.

Auch im vorliegenden Fall kann das Potential einer Technologieoptimierung oder -alternative monetär bewertet werden. Als sinnvolle Größe bietet sich hierbei das Kostenreduktionspotential an. Die wichtigsten Kriterien ergeben sich aus der im vorhergehenden Abschnitt geführten Diskussion:

- Kostenreduktion α_η auf Grund der relativen Zunahme des Wirkungsgrades bei Anwendung der neuen Technologie im Vergleich zum Wirkungsgrad des Standardprozesses.
- Kostenreduktion α_A auf Grund der relativen Abnahme des Ausschusses im Vergleich zum Ausschuß des Standardprozesses unter Verwendung günstigeren Materials, insbesondere dünner Siliciumscheiben.

- Kostenreduktion α_{PK} auf Grund der relativen Abnahme der Prozeßkosten bei Verwendung der neuen Technologie im Vergleich zu den Kosten unter Verwendung der Standardtechnologie.

Das Kostenreduktionspotential α läßt sich dann zu

$$\alpha = g_\alpha(\alpha_\eta + \alpha_A + \alpha_{PK}) \quad (3.1)$$

zusammensetzen. Dabei kann durchaus eine oder mehrere der Größen α_i mit i aus $\{\eta, A, PK\}$ negativ sein. Allerdings stellt $\alpha > 0$ eine notwendige Bedingung für eine sinnvolle Technologiealternative dar.

Eine alleine auf dem Kostenreduktionspotential basierende Bewertung erscheint aber nicht adäquat. Bei gleichem Kostenreduktionspotential wird eine geringfügige Optimierung einer Maschine oder eines Prozesses mit geringem Entwicklungsaufwand sicherlich eher umgesetzt als zum Beispiel die Entwicklung eines neuen Maschinenkonzeptes. Durch die Einführung einer zweiten Bewertungsfunktion mit der Präferenzgröße ‚Umsetzungswahrscheinlichkeit' β kann diesem Sachverhalt entsprochen werden. Die ‚Umsetzungswahrscheinlichkeit' läßt sich analog zum Kostenreduktionspotential aus mehreren Erwartungsgrößen zusammensetzen:

- β_t beschreibt den Anteil der Umsetzungswahrscheinlichkeit, der sich auf die voraussichtlich für Forschung und Entwicklung aufzubringende Zeit bis zur Umsetzung der Technologieidee zurückführen läßt.
- β_K beschreibt den Anteil der Umsetzungswahrscheinlichkeit, der sich auf die zu erwartenden finanziellen Aufwendungen für Forschung und Entwicklung bezieht.
- β_R beschreibt die Wahrscheinlichkeit, daß die Technologiealternative überhaupt umgesetzt werden kann.

Die Gewichtung dieser Größen erfolgt über eine Funktion g_β :

$$\beta = g_\beta(\beta_T, \beta_K, \beta_R) \quad (3.2)$$

Eine Entscheidung kann dann in Abhängigkeit von α und β getroffen werden. Als sinnvolle Normierung auf Grund der allgemeinen Definition der Wahrscheinlichkeit und der maximalen relativen Kostenreduktion wird gefordert:

$$0 \leq \alpha, \beta \leq 1. \quad (3.3)$$

D.h. α=0 bzw. α=1 entsprechen den Grenzfällen, daß keine Kostenreduktion möglich ist bzw. die Kosten im Vergleich zum Standardprozeß verschwinden und β=0 bzw. β=1 entsprechen den Grenzfällen, daß eine Umsetzung ausgeschlossen wird bzw. sofort ohne weitere Forschungs- und Entwicklungsmaßnahmen möglich ist. Verdichtet man α und β zu einer Variablen χ mit

$$\chi = \sqrt{(1-\alpha)^2 + (1-\beta)^2} \tag{3.4}$$

so lassen sich unter Einführung zweier Schranken x und y drei Fallunterscheidungen mit einer Zuordnung zu verschiedenen Handlungsmustern ableiten :

$\chi < x$ hohes Kostenreduktionspotential und hohe Umsetzungswahrscheinlichkeit; die Idee wird weiterverfolgt,

$x < \chi < y$ mittleres Kostenreduktionspotential und mittlere Umsetzungswahrscheinlichkeit; die Idee muß vor einer Weiterverfolgung nochmals geprüft werden, z.B. wenn sich äußere Einflüsse geändert haben,

$\chi > y$ niedriges Kostenreduktionspotential und niedrige Umsetzungswahrscheinlichkeit; die Idee wird verworfen.

Dieser Zusammenhang ist in Abbildung 3-3 für x=0,5 und y=1 graphisch dargestellt. Die Positionierung in einem solchen ‚Bewertungsportfolio' erfolgt dynamisch, d.h. neue Erkenntnisse führen zu einer Neueinstufung.

Die quantitative Bestimmung der Parameter in den Gleichungen (3.1-3.4) stößt in der produktionstechnologischen Praxis oft auf erhebliche Probleme. Deshalb erfolgt die Positionierung in solchen Portfolios meist relativ zwischen zu vergleichenden Alternativen [34]. Wird eine innovative Technologie im Vergleich zu den standardmäßig eingesetzten und alternativen Technologien als mit hohem Potential bei hoher Umsetzungswahrscheinlichkeit bewertet, so wird ihre Weiterentwicklung vorangetrieben.

Im Rahmen eines Forschungsprojektes (‚SOLPRO') wurde, im Bereich der Solarzellenherstellung, die Bewertung von über 70 Technologien qualitativ mit der Portfoliotechnik durchgeführt [27]. Im Anhang C werden Gewichtungsfunktionen eingeführt, mit denen eine quantitative Analyse möglich ist und die für die Bewertung der in den Kapiteln 4-6 dargestellten Technologien eingesetzt wurde. Für ein Beispiel, bei dem die Methodik in einem anderen Industriebereich quantitativ angewendet wird, sei auf [25] verwiesen.

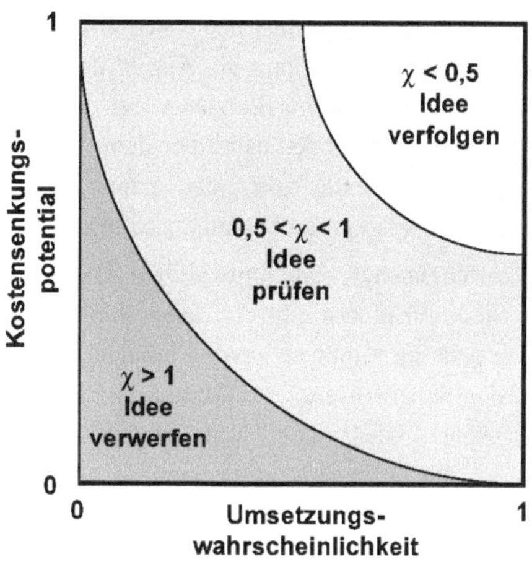

Abbildung 3-3 Portfolio zur Bewertung von Technologiealternativen. Die Einschätzung einer Technologie bezüglich der beiden Parameter Potential bzw. Umsetzungswahrscheinlichkeit dienen zur Ableitung der Handlungsrichtlinien.

3.5 Zusammenfassung und Ausblick

In diesem Kapitel wurde die verwendete Arbeitsmethode für die Suche nach innovativen Produktionstechnologien und deren Bewertung vorgestellt. Als wichtiges Zwischenergebnis läßt sich festhalten, daß in der Solarzellentechnologie bereits eine Vielzahl von Produktionstechnologien zur Verfügung steht. Aus der technischen und wirtschaftlichen Analyse auf der Basis eines Referenzprozesses können allgemeine Richtlinien für die Vorauswahl von Produktionstechnologien abgeleitet werden:

1. Durch die Einführung neuer Solarzellenprozesse muß der Wirkungsgrad im Vergleich zum Stand der Technik erhalten oder erhöht werden.
2. Zur Reduktion der hohen Kosten für die Siliciumscheiben stehen zwei Wege zur Verfügung:
    - Verwendung dünner Siliciumscheiben (unter 200 µm). Zur Erzielung einer hohen mechanischen Ausbeute sind deshalb kritische mechanische Belastungen bei der Prozessierung zu unterlassen. Dies

erfordert zum einen den Ersatz des heute verbreiteten ganzflächigen Aluminium-BSF. Zum anderen muß die Anzahl der kritischen Handhabungsschritte reduziert werden. Letzteres legt die industrielle Umsetzung eines Durchlaufprozesses nahe, bei dem die Siliciumscheibe während des ganzen Prozesses von unten unterstützt wird und eine Beanspruchung der brüchigen Kanten auf ein Minimum reduziert wird.

- Verwendung kostengünstiger Siliciumscheiben. Die Entwicklung von hochwertigen Siliciumbändern gibt ebenfalls Anlaß zu der Hoffnung, daß die Kosten deutlich reduziert werden können, da der Sägeschritt zum Trennen der Scheiben aus dem Block entfällt und somit auch Material eingespart wird. Die Materialqualität dieser Bänder (identifiziert über die Diffusionslänge) liegt meist deutlich unter der von Siliciumscheiben, die durch Sägen aus blockgegossenen multikristallinem oder tiegelgezogenem Cz-Material hergestellt werden. Die Verwendung dünner Scheiben reduziert aber die Anforderungen an die Diffusionslänge des Materials. Deshalb werden besonders große Anstrengungen unternommen, sehr dünne Bänder zu ziehen.

3. Reduktion der Prozeßkosten. Obwohl dies natürlich eine allgemeine Anforderung an einen Prozeß ist, gibt es zwei Stellhebel, die besonders berücksichtigt werden müssen:
   - Reduktion der gesamten Prozeßzeit zur Reduktion der Anlagen- und Ausschußkosten
   - Verwendung von automatisierten Durchlaufprozessen zur Reduktion der Personal- und Ausschußkosten.

In Kapitel 3.4 wurde ein Formalismus eingeführt, mit dem Technologien bzgl. zwei, der für eine F&E-Entscheidung wichtigsten, Kriterien (Kostenreduktionspotential und Umsetzungswahrscheinlichkeit) bewertet werden.

Die Einführung der hier dargestellten Methodik soll helfen, die wesentlichen Kriterien für die Umsetzbarkeit und das Potential einer Technologie fortlaufend während der voranschreitenden Forschungs- und Entwicklungstätigkeit zu überprüfen. Die in den folgenden Kapiteln untersuchten Technologiealternativen sind diejenigen, die im Rahmen der Analyse auf Stufe V (Tabelle 3-1) mit einem besonders hohen Kostenreduktionspotential bewertet wurden. Sie wurden deshalb einer experimentellen Grundlagenuntersuchung unterzogen.

4 Schnelles thermisches Prozessieren zur Herstellung selektiver Emitter

Die meisten industriell hergestellten Solarzellen werden im Siebdruckverfahren kontaktiert. Dies erfordert bislang die Verwendung von hochdotierten Emittern, um für diese Kontakte hinreichend gute elektrische Bedingungen erreichen zu können. Solche hochdotierten und lateral homogenen Emitter werden heute industriell grundsätzlich mit zeitintensiven Diffusionsprozessen hergestellt[16]*. Durch den Einsatz von selektiven Emittern können die an hocheffiziente Solarzellen gestellten Anforderungen (niedriger Rekombinationsstrom und guter elektrischer Kontakt) entkoppelt werden. Darüber hinaus sind produktionstechnisch deutlich kürzere Prozeßzeiten anzustreben, um Ausschuß-, Anlagen- und Energiekosten zu reduzieren. Der im Rahmen der Arbeit untersuchte Ansatz ist das schnelle thermische Prozessieren von gedruckten Phosphordotierstoffen zur Herstellung selektiver, für siebgedruckte Kontakte geeignete Emitter. Nach einer ausführlicheren Motivation des Konzeptes erfolgt eine Übersicht über die bisher verfolgten Ansätze zur technischen Umsetzung selektiver Emitter und eine Zusammenfassung der physikalischen Grundlagen der Diffusionstechnologie. Im weiteren werden die verwendeten Apparaturen und Prozesse sowie die umfangreichen Voruntersuchungen vorgestellt. Schließlich werden die ersten Ergebnisse zu den hergestellten Solarzellen dargestellt und analysiert. In einem Ausblick wird ein neues Ofenkonzept zur industriellen Umsetzung solcher Prozesse vorgestellt.*

4.1 Einleitung

Einen lateral nicht homogen dotierten Emitter bezeichnet man als ‚selektiv'. Ist für die Erzeugung eines selektiven Emitters nur ein Diffusionsschritt

[16] Typische Diffusionszeiten liegen im Bereich 20-60 Minuten.

notwendig, so bezeichnet man diesen als einstufig, bei zwei Diffusionsschritten dementsprechend als zweistufig. Die Verwendung hochdotierter Emitter (n^{++}) unter den Kontakten bei gleichzeitig niedrigerer Dotierung (n^{+}) außerhalb der Kontaktbereiche ermöglicht die Trennung von zwei Anforderungen innerhalb der Solarzellentechnologie:

(a) Zur Vermeidung von Rekombinationsverlusten auf Grund von Auger-Rekombination, Spannungseinbußen auf Grund des BGN, sowie für eine gute Passivierbarkeit des Emitters sollte dieser eine niedrige Oberflächenkonzentration und einen hohen Schichtwiderstand aufweisen ([35-37]).

(b) Zur Absenkung des spezifischen Kontaktwiderstandes, zur Vermeidung hoher effektiver Rekombinationsraten an den Halbleiteroberflächen unter den Kontakten und in der RLZ, sowie für eine ausreichende Querleitfähigkeit sollte der Emitter eine hohe Oberflächenkonzentration und einen niedrigen Schichtwiderstand aufweisen.

Die Kontakte von hocheffizienten Solarzellen werden üblicherweise durch das sequentielle Aufdampfen von Titan, Palladium und Silber, mit anschließender galvanischer Verstärkung im Silbercyanidbad hergestellt. Da die Austrittsarbeit für die Elektronen vom Silicium ins Titan sehr niedrig ist, können deshalb schon bei niedriger Oberflächenkonzentration sehr gute Kontaktwiderstandswerte erreicht werden. Trotzdem werden bei der PERL/LBSF-Struktur unter den Kontakten selektiv hoch und räumlich tief dotierte Emitter eingesetzt, um über die erzeugte Banddeformation eine Reduktion der Minoritätsladungsträgerdichte direkt unter den Kontakten und damit eine geringere Rekombinationsrate zu erreichen [9,21].

Bei industriell hergestellten Solarzellen werden zur Kontaktierung überwiegend siebgedruckte Silberpasten eingesetzt. Zur Erzielung guter spezifischer Kontaktwiderstandswerte im Bereich $\leq 10^{-3}\ \Omega cm^2$ sind nach derzeitigem Wissensstand Oberflächenkonzentrationen in Höhe von mindestens $10^{20}\ cm^{-3}$ bei einer Tiefe der RLZ x_j von mindestens 0,3 µm, bzw. nur langsam abfallender Phosphorkonzentrationen notwendig [38-41]. Auf Grund der assoziierten Zunahme der Rekombinationsströme und des BGN-Effektes weisen die industriell hergestellten Siebdruckzellen nur eine relativ niedrige Leerlaufspannung und Quanteneffizienz für kurzwelliges Licht auf.

In den letzten Jahren haben das Verständnis der Oberflächenpassivierungsmechanismen und der Technologie zur Erzeugung hervorragend passivierender Siliciumnitridschichten große Fortschritte gemacht ([13], siehe auch Kapitel 5.2ff). Stehen aber günstige Passivierungsverfahren zur Verfügung, so kann das Potential selektiver Emitter auch industriell eher ausgenutzt werden [36]. In Folge dessen steigt die Umsetzungswahrscheinlichkeit für selektive Emitter in Verbindung mit der Herstellung von Solarzellen, die im Siebdruckverfahren kontaktiert werden. Dies führte auch dazu, daß in den letzten Jahren eine Vielzahl von Ansätzen zur industriellen Umsetzung von selektiven Emittern getestet wurden. Durch die vergleichsweise ungünstigen physikalischen Eigenschaften von siebgedruckten Kontakten werden allerdings wichtige und teilweise einschränkende Randbedingungen bei der Optimierung vorgegeben. Insbesondere die erreichbaren Werte für den spezifischen Widerstand, die Höhe und Breite der erzeugten Vorderseitenkontakte stellen beim Siebdruckverfahren eine signifikante Begrenzung dar. Eine Potentialabschätzung für selektive Emitter bei Siebdruckkontakten erfolgt deshalb in Kapitel 4.5.

Der Großteil aller hergestellter Solarzellenemitter beruht auf der Diffusion von Phosphor unter thermischen Gleichgewichtsbedingungen. Sinnvolle Prozeßtemperaturen liegen auf Grund der Diffusionskonstanten von Phosphor und der gewünschten Dotierung im Bereich von 800 bis 1000°C. Neben der ursprünglich für die Mikroelektronik entwickelten Rohrofentechnologie (vgl. Kapitel 3.3.1) kommen vermehrt widerstandsbeheizte Durchlaufanlagen zum Einsatz. Die Siliciumscheiben werden auf einem metallischen Kettenband durch die Hochtemperaturzone transportiert. Hierdurch wird die Anzahl der Handhabungsschritte deutlich reduziert und der Materialfluß verbessert.

Allerdings weist diese Technologie auch einige Nachteile auf. Da ein Durchlaufofen aus konstruktiven Gründen im allgemeinen nicht so dicht wie ein konventioneller Rohrofen ist, wird die Phosphorbelegung mit giftigen Gasen wie Phosphin und $POCl_3$ vermieden. Deshalb muß die Belegung mit dem Dotierstoff vorab und außerhalb des eigentlichen Ofens mit geeigneten Beschichtungstechnologien stattfinden (z.B. APCVD, Sprühen, Siebdruck). Desweiteren kann eine Kontaktkontamination der Scheiben durch das Metallband nur unter Einsatz von Trägern aus Quarz oder Silicium vermieden werden. Dies führt zu einem zusätzlichen Logistikaufwand für die Scheibenträger, die wieder zurückgeführt werden müssen. Die Kontamination des

Durchlaufofens mit Metallpartikeln führt nach einigen Jahren automatisch zu einer Lebensdauerreduktion der darin prozessierten Siliciumscheiben. Die hohe thermische Masse des durch Heiz- und Kühlbereich umlaufenden Metallbandes erfordert überdies eine extrem hohe Kühlleistung. Typische Diffusionszeiten für Durchlauföfen liegen im Bereich von 20-40 Minuten. Die daraus resultierende Länge und Breite eines Ofens mit hohem Durchsatz stellt eine große konstruktive Hürde bei der Herstellung solcher Diffusionsanlagen dar. Aus diesen Gründen wäre ein Reduktion der Diffusionzeit auf unter fünf Minuten und die Verwendung von Prozessen, bei denen die Ofenwände kalt bleiben, anzustreben. Deshalb bietet es sich an, die Verwendbarkeit von schnellen thermischen Prozessen in sogenannten Kaltwandöfen für die Herstellung selektiver Emitter zu prüfen. Die zugehörige Technologie wird in Kapitel 4.4 vorgestellt.

4.2 Grundlagen der Diffusion und Oxidation

In der Theorie zur Diffusion von Fremdstoffen in Silicium kann man zwischen der thermodynamischen und der atomistischen Betrachtungsweise unterscheiden. Die Grundlagen der Diffusion werden auf der Basis dieser beiden Betrachtungsweisen vorgestellt. Bei der Phosphordiffusion ergibt sich ein charakteristischer Dotierprofilverlauf, dessen Entstehung aus einem konzentrationsabhängigen Diffusionsverhalten abgeleitet wird. Außerdem werden einige Grundlagen zur thermischen Oxidation vorgestellt.

4.2.1 Thermodynamische Beschreibung der Diffusion

Die thermodynamische Beschreibung der Diffusion erfolgt über die Theorie der irreversiblen Prozesse (vgl. z.B. [42]). Vernachlässigt man äußere Kräfte, so läßt sich eine lineare Beziehung zwischen der Teilchenstromdichte **j** und dem Gradienten der Konzentration C ableiten. Bei kubischen Kristallen mit skalaren Diffusionskoeffizienten läßt sich aus der Erhaltung der Teilchenanzahl das 1. Ficksche Gesetz in der Form:

$$\mathbf{j} = -D \cdot \nabla C \tag{4.1}$$

darstellen. D ist der im allgemeinen konzentrations- und temperaturabhängige Diffusionskoeffizient. Wird nun D nur temperaturabhängig und die Temperatur über den betrachteten Raum als konstant angenommen, so folgt unter Verwendung der Kontinuitätsgleichung das 2. Ficksche Gesetz in vereinfachter Form als:

$$\frac{\partial C}{\partial t} = D \cdot \Delta C \tag{4.2}$$

In der Halbleitertechnologie sind zwei Spezialfälle dieser Differentialgleichung von besonderem Interesse:

Konstante Teilchenanzahl

Bei der Diffusion aus einer erschöpflichen Quelle wird die Teilchenanzahl als konstant angenommen. Die Oberflächenkonzentration nimmt mit der Zeit ab. Das Dotierprofil verläuft gaußförmig und entspricht in eindimensionaler Form der Verteilung:

$$c(x,t) = \frac{C_S}{2\sqrt{\pi D t}} e^{-\frac{x^2}{4Dt}} \tag{4.3}$$

wobei C_S die Oberflächenkonzentration der Dotieratome vor der Diffusion angibt. Diese Randbedingungen sind technologisch annähernd erfüllt für den Fall, daß eine bestimmte Menge an Dotieratomen an der Oberfläche deponiert und dann nicht mehr weiter nachgeführt wird. Dies ist näherungsweise z.B. bei der Belegung mit einem sehr dünnen Phosphorsilikatglas unter $POCl_3$-Atmosphäre gegeben. Das anschließende Eintreiben des Emitters geschieht in diesem Fall unter nicht phosphorhaltiger Atmosphäre.

Konstante Oberflächenkonzentration

Bei der Diffusion aus einer unerschöpflichen Quelle wird die Teilchenanzahl an der Oberfläche C_S als konstant angenommen. Das Dotierprofil wird dann durch die sogenannte komplentäre Fehlerfunktion beschrieben:

$$C(x,t) = C_S \cdot erfc\left(\frac{x}{2\sqrt{Dt}}\right) \tag{4.4}$$

In der Halbleitertechnologie gibt es zwei Anwendungen, die dieser Randbedingung konstanter Oberflächenkonzentration nahe kommen. Im ersten Fall wird die Menge der in das Volumen diffundierenden Dotieratome unbegrenzt und beliebig schnell nachgeführt. Dies ist prinzipiell bei der Diffusion aus der Gasphase ohne Glasbildung bei hinreichender Konvektion gegeben. Auf Grund der im Vergleich zur kondensierten Materie deutlich niedrigeren Konzentration der Teilchen in einem Gas bei Atmosphärendruck spielt dieser Fall in der Solarzellentechnologie nur eine untergeordnete Rolle. Beim zweiten Fall ist die Abnahme der Oberflächenkonzentration vernachlässigbar, da diese durch die Diffusion nur geringfügig reduziert wird. Im allgemeinen wird dieser Fall für die Diffusion aus einem sehr hochdotierten und relativ dicken Phosphorsilikatglas in das Volumen angenommen.

4.2.2 Atomistische Beschreibung der Diffusion

Betrachtet man gemessene Phosphordotierprofile, so weichen diese zum Teil erheblich von den oben beschrieben Lösungen der Diffusionsgleichung ab (vgl. Abbildung 4-1). Zu ihrer Erklärung muß man die vielfältigen atomaren Diffusionsmechanismen analysieren. Von Hu et al. [43] wird eine gute Übersicht über die verschiedenen Modelle gegeben, die bis Anfang der 80er Jahre zur Beschreibung des Diffusionsverhaltens von Phosphor verfolgt worden sind. Im folgenden wird ein neuerer Ansatz dargestellt, der insbesondere dem Modell von Fair und Tsai folgt (vgl. z.B. [44]) und bei einer geringen Anzahl von Parametern eine sehr gute Übereinstimmung modellierter mit gemessenen Diffusionsprofilen ergeben hat [45].

Allgemein kann man die Mechanismen der Dotierstoffdiffusion in drei Klassen unterteilen, die in diesem Ansatz berücksichtigt werden: Diffusion über den Kick-Out-, den Frank-Turnbull- und den Leerstellen-Mechanismus:

Kick-Out-M. (KOM): $A_i \Leftrightarrow A_s + I$,

Frank-Turnbull-M. (FTM): $A_i + V \Leftrightarrow A_s$

Leerstellen-M. (LM): $(A_s—V) \Leftrightarrow A_s + V$

dabei bezeichnen A_i und A_s interstitielle bzw. substitutionelle Fremdatome und I bzw. V sind interstitielle Siliciumatome bzw. Leerstellen. Beim KOM ersetzt ein interstitielles Fremdatom den Platz eines Siliciumatoms, das auf einen Zwischengitterplatz wechselt. Beim FTM besetzt ein interstitielles Fremdatom eine Leestelle. $(A_s—V)$ bezeichnet die Nächste-Nachbarn-Paarbildung in der die substitutionellen Fremdatome durch den Platztausch mit Leerstellen beweglich werden (LM).

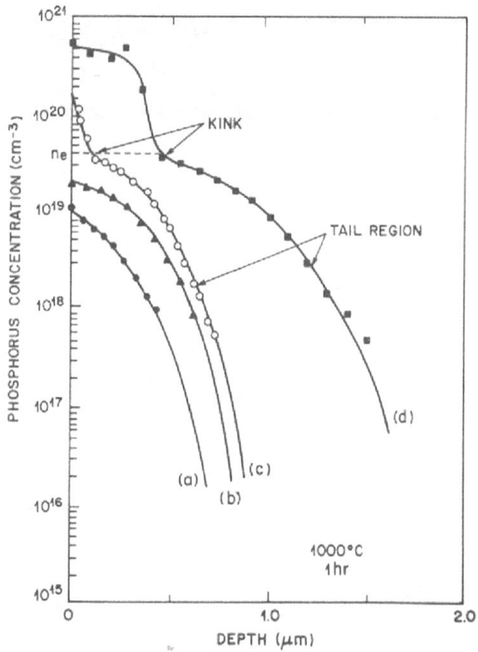

Abbildung 4-1 Elektrische Messung von Phosphordiffusionsprofilen für verschiedene Oberflächenkonzentrationen nach einer einstündigen Diffusion in Silicium bei 1000°C (aus [46], S. 397). Bei zunehmender Oberflächenkonzentration - von (a) nach (d) – beginnt sich der für Phosphor charakteristische ‚*kink and tail*'-Verlauf des Dotierprofils auszubilden (Erklärung im Text).

Diese drei Mechanismen werden wiederum durch die Diffusion der interstitiellen Fremdatome (KOM und FTM), der interstitiellen Siliciumatome (KOM) und der Leerstellen (FTM und LM) begrenzt. Welche dieser Diffusionsmechanismen überwiegt, hängt sowohl von der Temperatur als auch von der Dotierkonzentration und der totalen Punktdefektdichte ab [47].

Die fundamentale Größe zur Trennung wesentlicher Bereiche ist die intrinsische Ladungsträgerkonzentration n_i (bei T=1000°C; $n_i(T) \approx 5\ 10^{18}\ cm^{-3}$). Liegt die Dotierkonzentration unterhalb dieses Wertes (intrinsischer Bereich), so ist der Diffusionskoeffizient konzentrationsunabhängig. Die Diffusion wird durch den Kick-Out-Mechanismus dominiert. Erhöht sich die Dotierkonzentration über n_i (extrinsischer Bereich), so erhöht sich auch die Leerstellendichte deutlich und die Wechselwirkungen zwischen den Verunreinigungen und den Leerstellen gewinnen an Bedeutung. Für die durchgeführten Experimente ist insbesondere die Diffusion im extrinsischen Bereich interessant.

In Abbildung 4-2 ist der aus Experimenten bei konstanter Phosphorkonzentration und bei Diffusion in nur leicht vordotiertem Silicium bestimmte Diffusionskoeffizient dargestellt. Auf Grund der quadratischen Abhängigkeit des Diffusionskoeffizienten von der Dotierkonzentration wird für den Bereich oberhalb einer Konzentration n_e (ca. $1{,}5 \cdot 10^{20}$ cm^{-3} bei 1000°C) die Paarwechselwirkung (LM) der zweifach geladenen Leerstellen V^{2-} mit einem einfach geladenen Phosphoratom P^+ als dominierender Diffusionsmechanismus angenommen (vgl. Abbildung 4-2 untere Kurve, ‚*calculated*'). Diese Bindung zerfällt unterhalb von n_e und setzt dabei große Mengen an Leerstellen frei. Diese diffundieren tiefer in das Siliciumvolumen und führen zu einer verstärkten Diffusion im Bereich vor der Hochdiffusionsfront, der sogenannten ‚tail region'.

Von dieser Betrachtung ausgehend lassen sich die, für verschiedene Oberflächenkonzentrationen N_S dargestellten, Ladungsträgerdichtenprofile in Abbildung 4-1 deuten. Bei $N_S<n_e$ ergibt sich ein erfc-Diffusionsprofil. Für $N_S>n_e$ bildet sich aber der sogenannte ‚*kink and tail*'-Verlauf aus, der auf die oben beschriebenen Mechanismen zurückzuführen ist. Bei einer weiteren Erhöhung der Oberflächenkonzentration wird die Löslichkeitsgrenze für substitutionellen Phosphor überschritten. Diese ist temperaturabhängig und wird in [48] für den Temperaturbereich 750-1050 °C mit

$$C_{el} = (1{,}8 \pm 0{,}2) \cdot 10^{22} \cdot e^{-\frac{(0{,}4 \pm 0{,}01) eV}{kT}} \quad [cm^{-3}] \tag{4.5}$$

angegeben. Überschüssiger Phosphor liegt interstitiell vor und trägt nicht zu den elektrischen Eigenschaften bei. Für die Differenz aus totaler Phosphorkonzentration C_P und der Elektronenkonzentration n wird in [44] für den Bereich 900-1050°C und $n > n_e$ die folgende Beziehung angegeben:

$$C_P - n = K_P n^3 \tag{4.6}$$

wobei $K_P \cong 2{,}04 \cdot 10^{-41}$ cm^6.

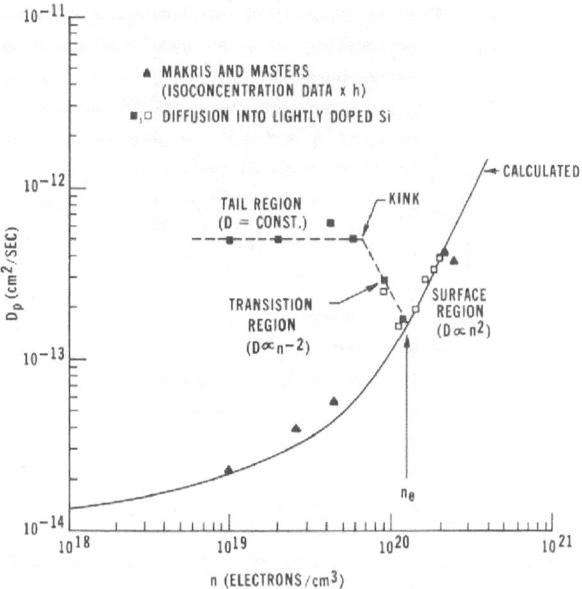

Abbildung 4-2 Extrinsischer Diffusionskoeffizient für Phosphor in Silicium bei 1000°C ([44]).

4.2.3 Beschleunigte Diffusion beim raschen thermischen Prozessieren

In der Literatur findet man einige experimentelle und theoretische Untersuchungen über photophysikalische Effekte und Diffusionsbeschleunigung bei der Bestrahlung mit kurzwelligen Strahlungsquellen ([49-52]). Groh hat Experimente zur Analyse des Einflusses des Strahlungsspektrums auf die Diffusionsgeschwindigkeit durchgeführt [53]. Die Proben wurden zuerst *vordiffundiert* und das Phosphorglas anschließend entfernt. Dann wurden die Emitter bei der jeweils gleichen Diffusionstemperatur und -zeit mit kurzwelliger und langwelliger Strahlungsquelle eingetrieben. Es wurde kein signifikanter Unterschied im Schichtwiderstand für die unterschiedlichen Strahlungsquellen gefunden. Aus diesen Ergebnissen wurde abgeleitet, daß sich die diffusionsbeschleunigenden Mechanismen direkt an der Grenzfläche zwischen Dotierstoff und Siliciumoberfläche abspielen [54].

Peters et al. [55] berichten über die Herstellung eines Solarzellenemitters mit einem Schichtwiderstand von ca. 100 Ω/sq bei einer Diffusionszeit von nur 5 s. Mit aufgedampften Kontakten konnten mit diesem Emitter Zellwirkungsgrade bis zu 17,5% auf Cz-Silicium erreicht werden.

4.2.4 Dünne thermische Oxide

Die Grundlagen der Herstellung thermischer Oxide sind auf Grund der großen Bedeutung für die Halbleitertechnologie gut untersucht (vgl. z.B. [56]). Die Oxidation erfolgt entweder unter einer Sauerstoff- oder Wasserdampfatmosphäre (trockene oder feuchte Oxidation). Das thermisch hergestellte Oxid wächst in das Silicium hinein. Bei diesem Prozeß werden rund 44% des erzeugten Oxid-Volumens ‚verbraucht'. Bei Oxiden unter 20 nm Dicke spricht man von dünnen Oxiden, die besonders in MOS-Strukturen von Bedeutung sind [46].

An dieser Stelle sollen nur zwei Eigenschaften dünner thermischer Oxide erwähnt werden, die im Rahmen dieser Arbeit wichtig sind:

- Die Oxidationsrate nimmt bis zu einer Oberflächenkonzentration des Dotierstoffes von ca. $5\ 10^{19}\ cm^{-3}$ leicht und bei höheren Oberflächenkonzentrationen sehr stark mit zunehmender Dotierung zu [57]. In [58] wurde dieser Effekt vor allem auf die hohe Konzentration von elektrisch aktivem Phosphor zurückgeführt.
- In der Solarzellentechnologie wurden in den letzten Jahren verstärkt die Passivierungseigenschaften dünner, mittels RTP hergestellter Oxide untersucht und in Solarzellenprozessen eingesetzt (vgl. [59-63]). Dabei wurden im Vergleich zur konventionellen Oxidation deutlich höhere Oxidwachstumsraten festgestellt [60,64].

4.3 Alternative Herstellung selektiver Emitter

Tabelle 4-1 und die folgenden Abschnitte geben eine Übersicht über die wichtigsten Strukturierungsmethoden, die bisher im Bereich der Solarzellentechnologie zur Erzeugung selektiver Emitter eingesetzt wurden (vgl. auch [65]). Bei den Methoden 1-4 werden verschiedene Maskierungsverfahren verwendet, um einen Gradienten in der Oberflächenkonzentration des Dotierstoffes herzustellen. Bei den Methoden 5 und 6 erfolgt die Strukturierung durch Gradienten bezüglich der Temperatur bzw. der spektralen Zusammensetzung des eingesetzten Lichtes bei der optischen Prozessierung von Solarzellen. Bei der Methodengruppe 7 wird ein originär tiefer Emitter selektiv zurückgeätzt. Die im Rahmen dieser Arbeit umgesetzte Technologie der selektiven Emitterbildung mittels Siebdrucks von Phosphordotierstoffen gehört zur Methodengruppe 4.

Tabelle 4-1 Übersicht über die wichtigsten Technologien zur Herstellung selektiver Emitter in der Solarzellentechnologie (ROD:Rohrofen-Diffusion; DOD: Durchlaufofen-Diffusion, PL: Photolithographisch, SOD: Spin-On-Dotierstoff)

#	Strukturierungs-Methode	n^+ Diffusion		n^{++} Diffusion		Kontakt	Ref.
		Prozeß	R_{sh} [Ω/sq]	Prozeß	R_{sh} [Ω/sq]		
1	PL-Öffnung der Diff.-Maske	ROD $POCl_3$	150	ROD $POCl_3$	~15	Ti/Pd/Ag aufgedampft	[9]
2	*Buried Contact* in der Diffusionsmaske	ROD P_2O_5	100	ROD $POCl_3$	10	Ni/Cu stromlos abgeschieden	[66]
3	Siebdruck SiO_2	DOD P-Paste	80	DOD P-Paste	40	Ag-Paste siebgedruckt	[67]
4	selektiver P-Pastendruck	ROD P-Paste		ROD P-Paste		Ag-Paste siebgedruckt	[68]
5	Laser-Nachdotierung	ROD-$POCL_3$	60/80	Laser	10	Ag-Paste siebgedruckt	[69]
6	Maskiertes RTP	RTP SOD	150	RTP SOD	60	Ti/Pd/Ag aufgedampft	[70]
7	Emitter etch back	Etch-Back	80-100	ROD-$POCl_3$	30-35	Ag-Paste siebgedruckt	[71]

4.3.1 Photolithographisches Öffnen einer Diffusionsmaske

Diese Methode wird für die Herstellung der PERL-Zelle verwendet (vgl. auch Kapitel 2.4.3) und beruht auf einer sehr aufwendigen Prozeßfolge:

- thermische Oxidation der Oberfläche
- photolithographisches Öffnen der designierten n^{++}-Bereiche

- Rohrofen-Diffusion des hochdotierten Emitters in diesen Bereichen
- Eintreiben des Emitters mittels thermischer Oxidation, um große Emittertiefen zu erreichen
- Entfernen der Diffusionsmaske
- Rohrofen-Diffusion eines schwach (n^+) dotierten Emitters
- Eintreiben des schwach dotierten Emitters mittels thermischer Oxidation

Die Reihenfolge der beiden Diffusionen kann auch umgekehrt werden. Zur Kontaktierung erfolgt eine ebenfalls photolithographisch hergestellte und auf den selektiven Emitter justierte Definition des Vorderseitenkontaktes. Unter Anwendung dieser Methode im PERL- bzw. LBSF-Prozeß wurden die bisher höchsten Silicium-Solarzellenwirkungsgrade erreicht [2,72,73]. In [9,21] wurden ausführliche Studien zur idealen Form und Prozessierung solcher Emitter durchgeführt. Auf Grund der aufwendigen Prozeßfolge kommt diese Technologie für den industriellen Einsatz kaum in Frage.

4.3.2 Grabenkontakt-Solarzellen

Diese patentierte Selektive-Emitter-Methode [74] ist die einzige, die bis zur Fertigstellung dieser Arbeit Einzug in die industrielle Fertigung gehalten hat. Anstelle, wie oben beschrieben, photolithographisch nur die Diffusionsmaske zu öffnen, wird mittels Laser oder mechanisch ein tiefer Graben erzeugt (vgl. auch Kapitel 2.4.4). Dies ermöglicht zusätzlich eine sich an die Diffusion anschließende stromlose galvanische Metallisierung dieses Grabens, um einen Grabenkontakt (engl. *Buried Contact*) mit vorzüglichem Aspektverhältnis herzustellen. Bei dem von Green und Wenham entwickelten Zellprozeß wird zuerst der flache Emitter diffundiert, da das thermische Oxid nach dem Öffnen nicht nur als Diffusionssperre bei der Tiefdiffusion des Grabens, sondern auch als Passivierung dient und nicht mehr entfernt wird. Mit dieser Methode wurde auf FZ-Silicium unter Verwendung eines Al-BSF bzw. mit einem LBSF ein Wirkungsgrad von 20,6% [75] bzw. 21,6% [76] erreicht.

BP Solarex entwickelte ein, in der Zwischenzeit in Produktionsmaßstab umgesetztes, einstufiges Verfahren, bei dem zuerst eine 10 nm dicke Phosphorpentoxid-Schicht und anschließend Siliciumnitrid per CVD aufgebracht werden. Dann werden per Laser die 15 µm breiten und 40 µm tiefen Gräben erzeugt und nachgeätzt. In einer $POCl_3$–Atmosphäre wird dann gleichzeitig die Tiefdiffusion in den Gräben und die flache Diffusion aus der P_2O_5-Schicht erzeugt [66]. In der Produktion wird mit diesem Verfahren ein Wirkungsgrad von ca. 17% auf 143 cm^2 großen Zellen aus 1 Ωcm Cz-Silicium erreicht [77]. Dies stellt im Augenblick den Spitzenwert für Produktionskapazitäten größer als 1 MWp/Jahr dar. Neben der Öffnung durch Laser sind auch mechanische Verfahren zur Grabenerzeugung entwickelt worden [78].

Honsberg et al. berichten [79], daß der Nutzen eines selektiven Emitters bei der LGBC-Struktur bei Material mit mittleren Diffusionslängen unterhalb von ca. 300 µm - wie bei industriellem Cz-Silicium und mc-Silicium gegeben - nicht sehr hoch ist. Der spezifische Kontaktwiderstand bei stromlos abgeschiedenen Kontakten auf einem niedrig dotierten (ca. 100 Ω/sq) ist gering genug, um gute Füllfaktorwerte zu erlauben und die durch eine hohe Dotierung erzeugte Feldeffektpassivierung schlägt sich bei diesen Diffusionslängen noch nicht signifikant im Wirkungsgrad nieder.

4.3.3 Selektiv gedruckte Diffusionssperren

Eine neue Methode ist das Drucken dünner Diffusionssperren auf die Bereiche, unter denen ein flacher Emitter erstellt werden soll. Bultman et al. haben kürzlich die ersten Ergebnisse einer einstufigen Diffusion unter Verwendung einer Siliciumdioxid-haltigen Paste vorgestellt [67]. Zuerst wird die siliciumdioxidhaltige Paste gedruckt und getrocknet. Anschließend wird eine phosphorhaltige Paste gedruckt und getrocknet, und die Diffusion in einem Durchlaufofen durchgeführt. Die Siebdruckkontaktierung muß dann auf die nichtmaskierten und tiefdiffundierten Bereiche erfolgen. Solarzellenergebnisse liegen hierzu noch keine vor.

4.3.4 Selektiv gedruckte Phosphorpaste

Druckt man eine stark phosphorhaltige Paste selektiv auf eine Siliciumscheibe und prozessiert diese dann unter typischen Diffusionsbedingungen, so stellt sich die erwartete Diffusion unterhalb der bedruckten Struktur ein. Darüber hinaus beobachtet man in den nicht bedruckten Bereichen die Ausbildung eines, allerdings dünneren und niedriger dotierten, Emitters. Horzel et al. [68] haben dies auf Niederschlagsbildung flüchtiger, phosphorhaltiger Bestandteile des Dotierstoffes und anschließende Feststoffdiffusion zurückgeführt.

Da dieser Diffusionsprozeß nur je einen Siebdruck- und einen Diffusionsschritt erfordert, ist er für eine industrielle Umsetzung äußerst attraktiv. Auch hier müssen allerdings die Strukturen für den Siebdruck der Kontakte wiedergefunden werden[17]. Mit dieser sogenannten Selbstdotierung sind in der Zwischenzeit hervorragende Wirkungsgradergebnisse von bis zu 18% auf Cz-Silicium und 17% auf mc-Silicium erzielt worden [38]. Es ist allerdings im Augenblick noch nicht klar, ob der Prozeß der Selbstdotierung stabil genug ist, um in einer industriellen Fertigung eingesetzt werden zu können. Instabile Gasstromverhältnisse über die Scheibe können zu starken Schwankungen in der Dotierung führen.

Es wurden auch Solarzellen mittels der Diffusion aus gedruckten Phosphorpasten hergestellt, ohne den oben dargestellten Selbstdotierungs-Mechanismus zu benützen. Eine solche Methode zur einstufigen RTD durch Aufbringen einer Spin-On-Dope nach dem Phosphorpastendruck wurde erst kürzlich von Debarge et al. [81] mit moderaten Ergebnissen auf multikristallinem Silicium vorgestellt.

4.3.5 Laser-Tiefdotierung

Mit kurzen Laserpulsen kann Silicium lokal oberflächennah aufgeschmolzen werden. Dies wird benutzt, um durch die hohe Diffusionsgeschwindigkeit im geschmolzenen Silicium lokal tiefe Emitter zu erzeugen, bei denen sich dann im aufgeschmolzenen Bereich eine nahezu homogene Dotierung erzielen läßt. Vor dem Laser-Tiefdotieren sollte das Phosphorsilikatglas mit einem Hochtemperaturschritt (>800°C) verdichtet werden [69]. Die anschließende Kontaktierung erfolgte mittels Aufdampftechnik oder Siebdruck und erfordert die Justage auf die selektiven Emitterbereiche. Die meisten Anwendungen erfolgten bisher mit frequenzverdoppelten Nd:YAG-Lasern bei einer Wellenlänge von 532 nm [82]. Bei Siebdruckzellen wurden moderate Füllfaktor-Ergebnisse bis zu 72% erzielt [40]. Es ist unklar, ob der Prozeß stabil in eine Produktion umgesetzt werden kann.

---

[17] Für Siebdruckanlagen mit optischer Justierung stellt dies unter Einhaltung gewisser Toleranzen ein lösbares Problem dar [80].

4.3.6 Maskiertes RTP

Schindler et al. [70] berichten über ein Verfahren, mit dem, während der Diffusion in einem lichtbeheizten Ofen, mit Hilfe einer Silicium-Maske ein Gradient in Intensität und spektraler Zusammensetzung des bestrahlenden Halogen-Lichtes erzeugt wird. Es wurden so selektive Emitter mit einer Variation des Schichtwiderstands im Bereich von 60-150 Ω/sq hergestellt. Auf Grund der guten Temperaturleitfähigkeit von Silicium bei Temperaturen oberhalb 700°C fällt es allerdings schwer, hinreichend schmale selektive Emitter herzustellen. Wegen der hohen Divergenz des Lichtes konventioneller, mit Wolfram-Halogen-Lampen ausgerüsteter RTP-Öfen muß zudem für eine gute Auflösung mit geringen Abständen zwischen Maske und Substrat gesorgt werden. Groh [53] konnte zeigen, daß durch die verminderte Konvektion unter den maskierten Bereichen die Temperatur dort lokal erhöht ist. Der Effekt der verminderten Konvektion kann den spektralen Effekt überwiegen.

4.3.7 Zurückätzen eines hoch-dotierten Emitters

Das Zurückätzen eines hoch-dotierten Emitters beinhaltet den Vorteil gegenüber allen bisher aufgeführten Verfahren, daß der selektive Emitter nicht bei der Kontaktierung wieder gefunden werden muß, da die Kontaktstruktur selbst als Maske dienen kann. Zuerst wird ein tiefer Emitter erzeugt und dann die Zelle inklusive Vorder- und Rückseitenkontakte weiterprozessiert. Anschließend wird der Emitter zurückgeätzt, bis der gewünschte Schichtwiderstand eingestellt ist. Der Ätzvorgang kann entweder durch die Verwendung einer Säure oder eines reaktiven Plasmas erreicht werden [83-85].

Diese Methode erfordert einen sehr homogenen Abtrag über die gesamte Vorderseite. Es ist außerdem wichtig, daß die Kontakte durch den Prozeß nicht angegriffen werden und somit der Füllfaktor verschlechtert wird. Darüber hinaus können durch das Ätzen verursachte Rückstände auf der Scheibenoberfläche die Qualität einer sich anschließenden Passivierung beeinträchtigen [86]. Eine Methode, mit der dieses Problem umgangen wird, wurde von Einhaus et al. vorgestellt [87]. Hier wurde nicht die Metallisierung, sondern ein druckbares Ätzresist als Maske für den Rückätzvorgang verwendet. Es wurden bei siebdruckkontaktierten Zellen auf mc-Silicium Füllfaktoren bis 78% erreicht.

4.3.8 Zwischenbewertung

Wie zuvor bereits erwähnt, ist die industrielle Umsetzbarkeit von Herstellungsprozessen selektiver Emitter im Augenblick eng mit den Standardverfahren für die Herstellung des Vorderseitenkontaktes verknüpft. Der Siebdruck einer silberhaltigen Paste stellt dabei das derzeitige Standardverfahren mit dem wohl besten Kosten-Leistungsverhältnis dar. Die industrielle Umsetzbarkeit ist darüber hinaus auch eng mit der Einfachheit der Selektiven-Emitter-Technologie verknüpft. Die Verwendung weniger Handhabungsschritte und robuster Prozesse sind hierfür Grundvoraussetzung. Von den zuvor dargestellten Technologien erfüllt der selektive Siebdruck phosphorhaltiger Dotierstoffpasten diese Kriterien am ehesten. Die Verbindung dieser Technologie mit der raschen thermischen Diffusion sollte darüber hinaus ermöglichen, daß die Prozesse kurz gehalten werden können. Der Kombination der raschen thermischen Diffusion mit dem Phosphorpastensiebdruck wurde deshalb, neben dem in der Einleitung dieses Kapitels dargestellten hohen Potential zur Wirkungsgradsteigerung, eine hohe Umsetzungswahrscheinlichkeit zugeordnet. Die parallel verlaufende Entwicklung gut passivierender Antireflexschichten wirkt sich überdies postitiv aus. Auf Grund dieser Zwischenbewertung erscheint die im folgenden dargestellte Grundlagenuntersuchung zu dieser Technologie naheliegend. Die ersten Ergebnisse einer Kombination des Siebdrucks mit der raschen thermischen Diffusion (RTD) wurden vom Autor bereits in [88] vorgestellt.

4.4 Technologie

Im Rahmen dieser Arbeit wurde die Emitterbildung mittels schneller thermischer Prozessierung aus gedruckten und aufgeschleuderten Phosphordotierstoffen untersucht.

4.4.1 RTP-Diffusionsofen

Die Vorteile einer schnellen thermischen Diffusion bei sogenannten Kaltwandprozessen wurde bereits am Ende des Kapitels 4.1 diskutiert. Der Ausgangspunkt für den Ansatz einer schnellen thermischen Diffusion sind die, in Kapitel 4.2.3 dargestellten, diffusionsbeschleunigenden Effekte, sowie die deutliche Reduktion der Prozeßzeit, die beim Einsatz von Strahlung und kalten Reaktorwänden zum Erhitzen und Abkühlen der Siliciumscheiben erreicht werden können.

Im thermischen Ungleichgewicht und unter Verwendung von hochenergetischen[18] Strahlungsquellen können die Zeiten zum Erhitzen der Siliciumscheiben und für die Diffusion deutlich verringert werden. Liegen die Diffusionszeiten im Bereich von 10^2 s oder darunter, spricht man von schneller thermischer Diffusion (RTD: Rapid Thermal Diffusion). In der Halbleitertechnologie werden schnelle Prozesse auch für die Oxidation (RTO: Rapid Thermal Oxidation), das Sintern und Feuern von Metallkontakten (RTF: Rapid Thermal Firing), das Ausheilen von Kristalldefekten und die Aktivierung von Ionenimplantaten (RTA: Rapid Thermal Annealing) verwendet. Als Strahlungsquellen wurden zuerst vor allem Laser und Elektronenkanonen, erst später die Schwarzkörperstrahlung eines Widerstandsheizers mit hoher Temperatur verwendet. Zusammengefaßt werden diese Prozesse unter dem Begriff Rapid Thermal Processing (RTP) [89].

Als eine wichtige Größe zur Klassifizierung des Energieübertrages auf die Siliciumscheibe dient die thermische Antwortzeit τ_{th}, definiert als:

$$\tau_{th} = d^2 / \kappa, \tag{4.7}$$

wobei d die Dicke der Probe ist. Den Temperatur-Leitwert κ erhält man aus der Wärmeleitfähigkeit λ, der spezifischen Wärmekapazität c und der Dichte des Probenmaterials ρ

$$\kappa = \lambda / c\rho \,. \tag{4.8}$$

Für Siliciumscheiben liegt die thermische Antwortzeit im Bereich von 1 ms [53]. Die Energiedepositionszeiten τ_{dep} verschiedener Strahlungsquellen ergeben drei Prozeßtypen: adiabatische Prozesse, Prozesse mit thermischen Fluß und isotherme Prozesse (vgl. Tabelle 4-2). Die thermische Belastung wird bei isothermen Prozessen relativ klein gehalten. Trotzdem kann definiert in den erwünschten Temperaturbereichen unter Verwendung steiler Temperaturrampen prozessiert werden.

---

[18] In diesem Zusammenhang sind damit Strahlungsquellen mit einem grossen Anteil an Strahlungsenergie oberhalb der Bandlücke von Silicium gemeint.

Tabelle 4-2 Verschiedene Bereiche schneller thermischer Prozesse und die verwendeten Strahlungsquellen ([89,90]).

Bereich	Prozeß	Temperatur-ausgleich	Strahlungsquellen
$\tau_{th} \gg \tau_{dep}$	adiabatisch	sehr gering	gepulst (insb. Laser)
$\tau_{th} \cong \tau_{dep}$	Prozeß mit thermischen Fluß	teilweise	cw-Laser
$\tau_{th} \ll \tau_{dep}$	isotherm	vollständig	inkohärente Schwarzkörperstrahler

Für die Emitterdiffusion in der industriellen Solarzellenfertigung könnte RTP aus mehreren Gründen Vorteile gegenüber den konventionellen Prozessen bieten:

- Beschleunigte Diffusion durch photophysikalische und photochemische Prozesse möglich.
- Der höhere Energieübertrag durch die Strahlungsheizung, bei gleichzeitig kalten Wänden, kann die Prozeßzeit zum Aufheizen deutlich reduzieren.
- Durchlaufanlagen können somit kompakter und mit geringerem finanziellen Aufwand gebaut werden.
- In der Produktion läst sich durch eine reduzierte Gesamtprozeßzeit schneller auf ein ‚Weglaufen des Prozesses' reagieren.
- Die Prozesse können z.B. durch größere Temperaturgradienten variabler gestaltet werden. Viele Materialdefekte werden bei bestimmten Temperaturen aktiviert. Durch das schnelle Durchlaufen dieser Bereiche können die Auswirkungen auf die Materialqualität klein gehalten werden.
- Die Kontamination durch Niederschlag von Verunreinigungen an den kalten Wänden kann vermindert werden.

Dies setzt allerdings voraus, daß der Heizprozeß in einer geeigneten Umgebung stattfinden kann. Wesentliche Voraussetzungen hierfür sind:

- hohe Transportsicherheit der Siliciumscheiben
- von oben und unten eine Transparenz für den Strahlungsübertrag
- hohe Reinheit der Scheibenumgebung und möglichst geringer Kontakt

Die heute in der Solarzellenproduktion verwendeten Durchlauföfen mit Metallbändern bieten hierfür schlechte Voraussetzungen. Es wurde deshalb zusammen mit den Firmen Centrotherm, ACR und dem Fraunhofer IPT ein auf dem Luftkissentransport basierendes System konzipiert und patentiert [91], das diese Voraussetzungen erfüllt und unter Kapitel 4.10 beschrieben wird.

RTP-Anlage

Für die im Rahmen der Arbeit durchgeführten Versuche wurden zwei RTP-Anlagen mit Wolfram-Halogen-Lampen der Firma Steag-RTP verwendet (SHS 10 und SHS 100). Der prinzipielle Aufbau einer solchen Anlage ist in Abbildung 4-3 dargestellt.

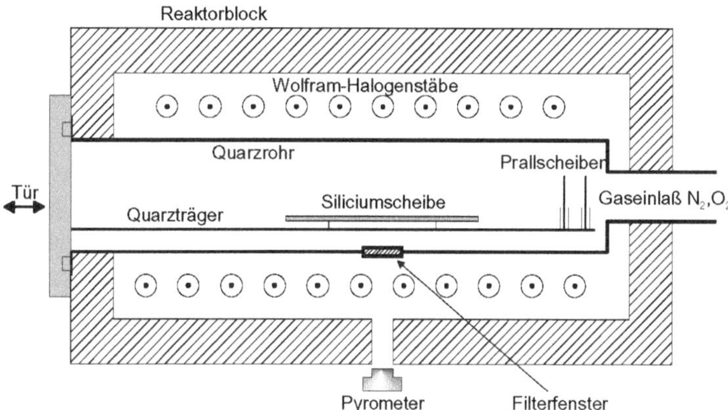

Abbildung 4-3 Schematischer Aufbau einer RTP Prozeßkammer im Längsschnitt. Die Probe kann von oben und unten mit Wolfram-Halogenstäben beheizt werden. Die Temperaturerfassung beim Prozeß findet über ein Pyrometer statt, mit dem die von der Scheibenunterseite emittierte Strahlung analysiert wird.

Am hinteren Teil der Prozeßkammer werden die Gase zugeführt, an der Tür befindet sich der Gasauslaß. Durch die Verwendung von Prallscheiben wird versucht, einen näherungsweise laminaren Gasfluß über die Proben zu gewährleisten. Die Siliciumscheibe liegt auf einem Träger mit drei Quarznadeln, um die Beeinflußung durch Wärmeleitung möglichst klein zu halten. Dieser Träger ist in der Tür eingehängt und wird mit dieser in das Quarzrohr eingefahren. Das Quarzrohr besteht nahezu vollständig aus hydroxyliertem Quarzglas. Nur an der Unterseite befindet sich ein kleines Fenster aus Standard-Quarzglas. Durch dieses Fenster wird mit einem Pyrometer die Emission der Scheibenunterseite beobachtet, um so insitu die Temperatur bestimmen zu können. Das Quarzrohr ist von einem goldverspiegelten, wassergekühlten Reaktorblock umgeben. Durch die Verspiegelung wird die Strahlungsverteilung im Ofen und somit auch über die Siliciumscheibe gleichmäßiger. Innerhalb des Reaktorblocks, über und unter dem Quarzrohr befinden sich die Quarzlampen, die zueinander versetzt in Querrichtung eingebaut sind. Jede Quarzlampe hat eine Leistung von 1,5 kW, das Abstrahlspektrum entspricht dem eines schwarzen Strahlers bei 2500°C [92], d.h. das Spektrum ist im Vergleich zu einem widerstandsbeheizten Ofen, um mehr als einen Faktor 2 in den kurzwelligen Spektralbereich verschoben[19]. Die Lampenleistung und die Gasflüsse lassen sich mit der integrierten Recheneinheit sehr variabel durch die Unterteilung in Prozeßsequenzen einstellen. Die Lampenleistung wird über einen PID-Regler gesteuert.

Im Rahmen der Arbeit wurden Prozesse unter Sauerstoff- und Stickstoffatmosphäre, bzw. Gemischen durchgeführt. Der Gasfluß läßt sich im Bereich 0-15 slm (Standardliter pro Minute) für Stickstoff und 0-10 slm für Sauerstoff einstellen. Da die Gase bei Raumtemperatur eingelassen werden, kann ein hoher Gasstrom zur Kühlung verwendet werden. Andererseits ist diese Abkühlung durch Konvektion nicht gleichmäßig über die Scheibe verteilt. Dies kann zu einer inhomogenen Temperaturverteilung führen.

Eine exakte, pyrometrische Temperaturmessung erfordert für bestimmte Probenklassen eine entsprechende Kalibrierung mit einem Thermopaar. Die wichtigsten Einflußfaktoren sind Oberflächenbeschaffenheit, Dotierung und Belegung der Siliciumscheiben. Die Erstellung einer verläßlichen Temperaturkalibrierung und –messung ist aufwendig und Thema zahlreicher Veröffentlichungen (z.B. [93,94]). An den eingesetzten Anlagen wurde die Temperaturkalibrierung ausführlich von Zickermann untersucht und diskutiert [95]. Die wichtigsten Ergebnisse sind:

[19] Nach dem Planckschen Strahlungsgesetz verhalten sich Wellenlänge und Intensitätsmaximum eines schwarzen Strahlers gerade umgekehrt proportional.

- Ab 700 °C wird die Siliciumscheibe opak und die Pyrometersignale sind unabhängig von Art und Höhe der Dotierung.
- Rückseitig aluminiumbeschichtete Siliciumscheiben weisen einen Gedächtnis-Effekt auf und sind deshalb nur mit der Vorderseite zum Pyrometer ausgerichtet gut regelbar. Es werden sprunghafte Änderungen in der Emissisivität und Absorptivität beobachtet, die sich auf die Bildung der Legierung bei 577°C und das Aufreißen der oxidierten Aluminumoberfläche zurückführen lassen.
- Liegt ein stabiles Phosphorsilikatglas vor, so ist eine kontrollierte pyrometrische Temperaturführung durch diese Schicht möglich.

4.4.2 Dotierstoffbelegung: Spin-On und Siebdruck

Die Vorbelegung der Siliciumscheibe mit einem Phosphordotierstoff stellt hohe Ansprüche an die Reinheit des Diffusionsstoffes, der Grenzfläche und der Scheibenoberfläche. Der Eintrag von Metallen, die schnell diffundieren und tiefe Störstellen bilden, kann die Materialqualität deutlich verschlechtern.

Die Vorbelegung des Dotierstoffes aus der Gasphase z.B. mit gelöstem $POCl_3$ oder PH_3 bietet die Möglichkeit eine sehr reine Belegung zu erreichen. Die Giftigkeit der Stoffe erfordert allerdings eine hohe Dichtheit des Systems. Darüber hinaus ist die Belegung zeitintensiv. Diese Technologien sind deshalb nur schwer mit dem Konzept der Fließproduktion vereinbar und alternative Belegungstechniken gewinnen in der Solarzellentechnologie an Bedeutung.

Das Aufschleudern (Spin-On) kann als Standardprozeß für die Vorbelegung von flüssigen Dotierstoffen in der RTD-Technologie bezeichnet werden. Es werden geringe Mengen des Dotierstoffes auf die rotierende Siliciumscheibe getropft und abgeschleudert. Für die im weiteren beschriebenen Prozesse wurde ein Dotierstoff mit einem relativ niedrigen Phosphorgehalt von ungefähr 0,3% verwendet.[20] Der Dotierstoff wurde bei einer Rotationsgeschwindigkeit von 1500 Umdrehungen pro Minute aufgebracht. Hierbei bildet

[20] Durch den relativ niedrigen Phosphorgehalt wird versucht, die Oberflächenkonzentration möglichst gering zu halten.

sich eine definierte Schicht mit einer Dicke von 200 nm. Anschließend wird diese 30 Minuten auf einer 400°C heissen Platte (engl. *Hot-Plate*) ausgeheizt.

Die für das Siebdruckverfahren verwendeten Dotierstoffe sind zwar ebenfalls flüssig, weisen aber eine deutlich höhere Viskosität als beim Spin-On-Verfahren auf und werden deshalb auch als Paste bezeichnet. Zur Herstellung eines Drucksiebes wird ein UV-empfindlicher Film auf ein feines Polyestersieb aufgebracht. Entsprechend der zu druckenden Struktur wird eine Maske erstellt und diese mittels Belichtung und Entwicklung auf den Positivfilm übertragen. Dieses Sieb wird dann in einem Abstand von ca. 1 mm über dem zu bedruckenden Gut justiert. Der eigentliche Druckvorgang erfolgt dadurch, daß die Paste mittels eines Rakels durch die geöffneten Stellen des Filmes auf das Druckgut übertragen wird. Für das ganzflächige Bedrucken einer Scheibenfläche von 5x5 cm^2 erfolgt eine Belegung mit 40 µg Dotierstoff. Die Pasten werden nach dem Druck ca. 10 Minuten bei 150°C getrocknet. Eine detaillierte Beschreibung der Siebdrucktechnik findet sich in der Dissertation von Hahne [96].

4.5 Solarzellensimulation

Die Herstellung eines selektiven Emitters ist ausnahmslos mit einem Mehraufwand bei der Prozessierung verbunden. Deshalb stellt sich zunächst die Frage, ob für das zu untersuchende Verfahren zur Herstellung selektiver Emitter für siebdruckkontaktierte Solarzellen überhaupt eine Steigerung des Wirkungsgrads zu erwarten ist und welches die technologischen Randbedingungen sind. Zur Beantwortung dieser Frage wurde eine Solarzellensimulation unter Variation der relevanten Parameter durchgeführt.

4.5.1 Simulationsmodell

Für die durchzuführende Untersuchung mit dem zu entwickelnden Simulationsmodell werden zwei Ziele verfolgt:

1. Abschätzung des Potentials bei der Verwendung selektiver Emitter.
2. Optimierung der Zellparameter für die Durchführung von Versuchen; z.B. Bestimmung eines günstigen Griddesigns oder Emitterprofils.

Die Modellierung und Simulation von Halbleiter-Bauelementen ist ein intensiv untersuchter Bereich der aktuellen Forschung. Bis vor wenigen Jahren mußte sich die Simulation wegen der begrenzten Leistung von Rechnersystemen zumeist auf 1- oder 2-dimensionalen analytischen Lösungen, der in Kapitel 2.2 beschriebenen fundamentalen Halbleitergleichungssystemen beschränken. In der Zwischenzeit stehen unter Verwendung des Simulationsprogrammes DESSIS [97,98] und der aktuellen Rechner-Generation Methoden zur numerischen Simulation von geometrisch komplexen 3-dimensionalen Solarzellenstrukturen zur Verfügung [18]. Hierdurch können einige der bisher verwendeten Vereinfachungen, wie der Übergang von der Fermi- zur Boltzmann-Statistik, aufgehoben und exaktere Ergebnisse erreicht werden. Wesentliche qualitative, aber auch quantitative Aussagen können für geometrisch einfache Strukturen schon durch eindimensionale Simulationsverfahren hergeleitet werden, wie sie im Rahmen dieser Arbeit benutzt werden.

Zur Erreichung der oben genannten Ziele wird ein einfaches Simulationsverfahren entwickelt, daß auf den Solarzellensimulator PC1D [99] aufbaut. PC1D löst die halbleiterphysikalischen Gleichungen basierend auf einer 1-dimensionalen Zerlegung des Bauelements. Allerdings können selbst verhältnismäßig einfach aufgebaute, reale Solarzellen bereits durch die strukturierte Kontaktierung der Vorderseite nicht 1-dimensional beschrieben werden. Insbesondere bei Solarzellen mit im Siebdruckverfahren hergestellten Vorderseitenkontakten sind außerdem eine relativ hohe Rekombinationsrate in der RLZ und die Überbrückung des pn-Übergangs durch parasitäre Leckströme kritische Verlustmechanismen. In PC1D sind in begrenztem Maße Korrekturgrößen zur Anpassung der Simulation an die realen Bedingungen vorgesehen. Die durch die Vorderseitenkontaktierung verursachten, elektrischen und optischen Verluste können in Form eines seriellen bzw. parallelen Ersatzwiderstandes $R_{s,V}$ bzw. $R_{p,V}$ und einer breitbandigen Reflexion R_V berücksichtigt werden. Für eine eventuell signifikante Rekombinationsrate in der RLZ stehen allerdings keine geeigneten Stellparameter zur Verfügung.

Die Berechnung von $R_{s,V}$ und R_V und der dadurch verursachten Leistungsverluste erfolgt in einem auf Microsoft Excel® basierenden Simulationsprogramm (‚GRIDSIM‘,[100]). Die aus der Vorderseitenkontaktierung resultierenden Leistungsverluste werden entsprechend der von Sterk ([21], S. 54ff) dargestellten Parametrisierung berücksichtigt. Für die Berechnung des Kontaktwiderstandes eines Siebdruckfingers wird auf die exaktere Beschreibung von Huljic ([22], S. 27ff) zurückgegriffen. In der Simulation wird von einem konventionellen H-Muster der Kontaktstruktur ausgegangen. Für ein Kontaktgitter mit vorgegebenen Parametern wird der jeweils optimale Abstand der Kontaktfinger berechnet. Die wichtigsten Parameter des Modells sind in Anhang A beschrieben. Der entwickelte Algorithmus für die Solarzellensimulation ist in Abbildung 4-4 schematisch dargestellt[21].

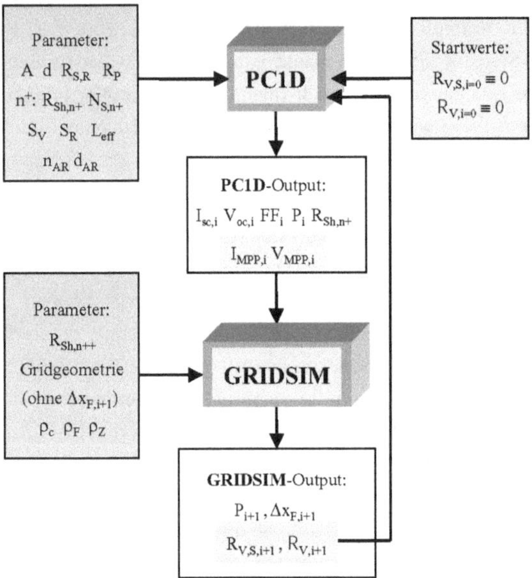

Abbildung 4-4 Algorithmus zur Berechnung realer Solarzellen mit PC1D (Größenbezeichnung vgl. Anhang A). Die Berücksichtigung der wichtigsten Parameter des Vorderseitenkontaktes im Programm ‚GRIDSIM' ermöglicht die Bestimmung des idealen Fingerabstandes Δx_F und die mit dem Vorderseitenkontakt assoziierten Leistungsverluste. Diese können in Form eines seriellen Widerstand $R_{V,S}$ und R_V für eine Iteration der Solarzellenkenndaten verwendet werden (i: Iterationsindex).

[21] Da PC1D in der verwendeten Version 5.2 nur die Daten von I_{sc}, V_{oc} und P ausgibt, wurden I_{MPP} und V_{MPP} über $I_{MPP} = 0.9\ I_{sc}$ abgeschätzt.

Selektive Emitter werden bei der Simlation in idealisierter Weise berücksichtigt, d.h.:

- Hochdotierung nur direkt unter den Kontakten, Niedrigdotierung sonst.
- In PC1D wird für die Berechnung der niedrig dotierte Emitterbereich zu Grunde gelegt.
- Die Änderung der Oberflächenrekombination an den kontaktierten, im Vergleich zu den nicht-kontaktierten, Flächen wird nicht berücksichtigt.
- In GRIDSIM wird dem hochdotierten Emitter durch einen reduzierten Schichtwiderstand direkt unter den Kontakten und dem Wert für den spezifischen Kontaktwiderstand Rechnung getragen.

Dies bedeutet z.B., daß die, durch eine über den Kontakt hinausreichende, hohe Emitterdotierung verursachte Erhöhung des Rekombinationsstroms nicht berücksichtigt wird. Die simulierten Werte stellen deshalb eine obere Grenze für die zu erwartenden Ergebnisse dar.

4.5.2 Abschätzung des Potentials selektiver Emitter

Wie groß ist das Potential selektiver Emitter, in Abhängigkeit verschiedener technologischer Fähigkeiten schmale und hohe Kontakte herzustellen, bei unterschiedlichen Materialqualitäten (bzw. Volumendiffusionslängen) und im Vergleich zu homogenen Emittern?

Der in Kapitel 4.5.1 dargestellte Simulationsalgorithmus wurde verwendet, um vor der Durchführung von Versuchen eine erste Antwort auf diesen Fragenkomplex geben zu können.

Auf Grund der reduzierten Laterallcitfähigkeit niedrig dotierter Emitter sind die bei der Siebdruckkontaktierung erreichbaren technologischen Grenzwerte für die minimale Breite der Kontakte besonders kritisch. Erfahrungsgemäß sinkt bei einer Reduktion der Breite, die maximal erreichbare mittlere Höhe und der Schichtwiderstand erhöht sich. Somit sind auch die technologischen Grenzwerte für die mittlere Höhe und den spezifischen Widerstand der Kontakte mit der Randbedingung eines niedrigen gesamten seriellen Widerstandes verbunden. Deshalb wurden kommerzielle Solarzellen auf ihr Griddesign [101] untersucht, sowie eine vorsichtige und eine optimistische Abschätzung der zu erwartenden Fingerhöhen bei abnehmender Breite durchgeführt.

Gegenwärtig werden die Möglichkeiten zur Verbesserung der Eigenschaften gedruckter Kontakte von mehreren Forschungsgruppen untersucht und neue Technologien eingeführt [102,103]. Deshalb wurden für die weitere Simulation auch zwei deutlich günstigere, fiktive ‚Szenarien' in die Betrachtung miteinbezogen (vgl. Abbildung 4-5)[22].

Wie oben bereits angedeutet, stellt man in der Praxis oft stark schwankende Werte für den parasitären Leckstrom und die Rekombination in der Raumladungszone fest. Diese Verlustmechansismen sind insbesondere für relativ niedrig dotierte Emitter typisch. Bei der an Hand des Simulationsmodells durchgeführten Untersuchung wird davon ausgegangen, daß die Emitterdotierung ausreichend hoch ist, um die Leistungsverluste zu begrenzen. Eine Variation dieser Einflußgrößen wird nicht betrachtet.

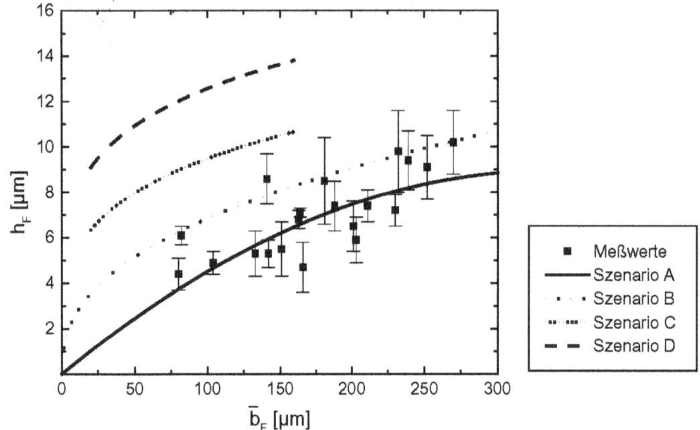

Abbildung 4-5 Mittlere Fingerhöhe in Abhängigkeit der Fingerbreite für 20 kommerzielle Siebdrucksolarzellen. Die dargestellten Kurven geben Extrapolation und Abschätzungen des Verhaltens wieder, wie sie in den Simulationen verwendet wurden (A: vorsichtig; B: optimistisch; C und D: verbesserte Technologien).

[22] Es sei darauf hingewiesen, daß photolithographisch hergestellte und galvanisch verstärkte Silberkontakte eine *effektive* mittlere Fingerhöhe von bis zu 40 µm bei einer Breite von nur 15 µm erreichen [73], wenn man den deutlich geringeren spezifischen Widerstand zugrundelegt.

Basierend auf Literatur- und eigenen Erfahrungswerten wurden die Parameter für die Simulation festgelegt. Die verwendeten Daten sind in Tabelle 4-3 und Tabelle 4-4 zusammengefaßt und kommentiert. Als Grundlage wurde die in Kapitel 2.4.2 beschriebene Struktur einer kommerziellen Siebdrucksolarzelle mit Aluminium-BSF ohne Oberflächentextur verwendet.

Für die Simulation der Siebdruckkontake wurden vergleichsweise niedrige Werte für die seriellen Vorder- und Rückseitenkontaktwiderstände und den Parallelwiderstand verwendet (vgl. [22]). Das heißt, daß die Serienwiderstandsverluste relativ gering und der Parallelwiderstand relativ hoch bewertet werden. Für die im Rahmen der Arbeit abgeleiteten Aussagen hat dies aber keinen signifikanten Einfluß.

Neben der Geometrie der Kontaktfinger wurden bei der Simulation diejenigen Parameter variiert auf die bei der Emitterdiffusion und einer eventuellen sich anschließenden Passivierung Einfluß genommen werden kann. Dies ist zum einen die ORG an der vorderen Grenzfläche. Für unpassivierte Oberflächen wird in der Literatur typischerweise eine ORG von 10^6 cm/s angenommen. Für passivierte Oberflächen wird eine starke Abhängigkeit der ORG von der Oberflächenkonzentration beobachtet [35,36]. Deshalb wurde für Emitter mit hoher bzw niedriger Oberflächenkonzentration (größer bzw. kleiner als $2 \cdot 10^{20}$ cm/s) ein Wert von 10^4 cm/s bzw. 10^3 cm/s eingesetzt.

Da die Leerlaufspannung bei relevanten Zellen insbesondere durch den größeren Wert der Sättigungsströme von Emitter und Basis bestimmt wird, ist der Einfluß von Veränderungen der Zellvorderseite auch an die Diffusionslänge der Minoritätsladungsträger in der Basis L_{eff} und die effektive ORG an der Rückseite gekoppelt. Um dies zu berücksichtigen, wurden zwei verschiedene mittlere L_{eff} in der Simulation verwendet: 150 bzw. 300 µm, um eine Zelle aus gutem blockgegossenem multikristallinen bzw. gutem Czochralski-gezogenem monokristallinen Silicium zu repräsentieren. Die, auf Grund der Korngrenzen gegebenen, besonderen Eigenschaften von multikristallinem Silicium werden in PC1D aber nicht berücksichtigt. Für die Solarzellenrückseite wurde ein siebgedrucktes und kogefeuertes Aluminium-BSF mit einer effektiven ORG von 2000 cm/s angenommen.

Tabelle 4-3 Parameterwerte für die durchgeführte Simulation (für die Nomenklatur der einzelnen Größen vgl. Anhang A).

Größe	Wert(e)	Bemerkungen
A	100x100 cm^2	Kleinstes Format industriell hergestellter Zellen
d	300 µm	330 µm Scheibe, beidseitig 15 µm geätzt
$R_{S,R}$	0,01 Ωcm^2	Widerstand am Rückseitenkontakt einer ganzflächig kontaktierten Solarzelle
R_P	330 Ωcm^2	Niedriger Shuntwiderstand für Siebdruckkontakte und Randisolierung
$S_{V,n++}$	10^4 und 10^6 cm/s 10^3 und 10^6 cm/s	ORG gut/nicht passivierter hochdotierter Emitter ORG gut/nicht passiv. niedrig dotierter Emitter
$S_{eff,R}$	2000 cm/s	In der Literatur finden sich Angaben für die ORG eines Aluminium-BSF von bis zu $S_{eff,Al}$=200 cm/s [60,104]. Für industrielle Prozesse ergeben sich aber typischerweise höhere Werte von etwa $S_{eff,Al}$=2000 cm/s [105].
L_{eff}	150 und 300 µm	Beispielhafte mittlere Diffusionslänge von Solarzellen aus gutem mc- bzw. Cz-Silicium
$R_{sh,n++}$	22 Ω/sq	Schichtwiderstand für hochdotierten Emitter unter den Kontakten, bei selektiven Emittern
ρ_c	0.1 $m\Omega cm^2$	Niedriger spezifischer Kontaktwiderstand bei siebgedruckten Solarzellen
ρ_F	3,5 10^{-6} Ωcm	Typischer spezifischer Widerstand von siebgedruckten Kontaktfingern [22]
ρ_Z	1,7 10^{-6} Ωcm	Spezifischer Widerstand Zellverbinder
$\overline{b}_f$	20, 40, 60, 80, 120 und 160 µm	Mittlere Fingerbreiten (vgl. Abbildung 4-5)
$\overline{h}_f$	Szenario A-D	Mittlere Fingerhöhen (vgl. Abbildung 4-5)
n_{AR}	2,1	Brechungsindex der Antireflex-Schicht (z.B. Siliciumnitrid)
d_{AR}	75 nm	Dicke der AR-Schicht
$R_{V,Bus}$	4%	Durch Zellverbinder abgeschatteter Bereich (zwei 2 mm breite Streifen)

Die für die Simulation verwendeten Emitterprofile sind in der Tabelle 4-4 dargestellt. Es wurden für vier verschiedene Schichtwiderstandswerte $R_{sh,n+}$ jeweils eine für diesen Schichtwiderstand hohe bzw. niedrige Oberflächen-konzentration $N_{s,n+}$ angesetzt. Die Schichtwiderstandswerte wurden gewählt, um bei kurzen Diffusionszeiten einen typischen Emitter für Siebdruckkontakte ($R_{sh,n+}$=40 Ω/sq) , einen evtl. gerade noch mit Siebdruck kontaktierbaren Emitter ($R_{sh,n+}$=60 Ω/sq), einen niedrig ($R_{sh,n+}$=100 Ω/sq) bzw. sehr niedrig ($R_{sh,n+}$=200 Ω/sq) dotierten und nicht zu kontaktierenden Emitter jeweils mit und ohne Drive-In zu simulieren. Für alle Emitter wurde ein Gauß-Profil angesetzt, da dies im Vergleich zum erfc-Profil besser mit den vorab bestimmten Emitterprofilen übereinstimmte (vgl. [88]).

Tabelle 4-4 Schichtwiderstand und Oberflächenkonzentration, der für die Simulation verwendeten Emitterprofile unter Annahme eines gaußförmig verlaufenden Diffusionsprofils. Emitter bis zu 60 Ω/sq werden als homogene Emitter betrachtet.

Nr.	$R_{sh,n+}$ [Ω/sq]	$N_{s,n+}$ [cm^{-3}]	Diffusionsprozeß
1	40	2,5 10^{20}	kurz
2	40	1,4 10^{20}	kurz +Drive-In / lang
3	60	2,5 10^{20}	kurz
4	60	1,4 10^{20}	kurz +Drive-In / lang
5	100	2,0 10^{20}	kurz
6	100	6,4 10^{19}	kurz +Drive-In / lang
7	200	2,0 10^{20}	kurz
8	200	2,5 10^{19}	kurz +Drive-In / lang

4.5.3 Simulationsergebnisse

Eine Auswahl der Simulationsergebnisse ist in den folgenden Abbildungen dargestellt. Der simulierte Wirkungsgrad der Zellen liegt im Bereich 12,5-15,5% bei einem Füllfaktor von ca. 76%. Dies entspricht in etwa den Daten im Augenblick hergestellter industrieller Solarzellen. Die Simulationsergebnisse erlauben es eine Reihe qualitativer und quantitativer Schlußfolgerungen zu ziehen:

Variation der Kontakthöhe bei homogenem und selektivem Emitter

Vergleiche Abbildung 4-6:

- Bei Szenario A und für Kontaktbreiten oberhalb von 100 µm sind für den selektiven Emitter keine Vorteile im Vergleich zum homogenen Emitter zu erwarten (vgl. auch Abbildung 4-8). Dies bedeutet, daß eine *gute* Kontakttechnologie mit hohen Kontakten eine notwendige Voraussetzung für den wirtschaftlich sinnvollen Einsatz von selektiven Emittern darstellt.
- Das Aspektverhältnis der Kontakte hat einen wesentlichen Einfluß darauf, in welchen Bereichen eine Reduktion der mittleren Fingerbreite zu einer Erhöhung des Wirkungsgrades führt. Ein Verhalten entsprechend Szenario B ist eine Mindestvoraussetzung dafür, daß sich die Reduktion der mittleren Fingerbreite auf unter 80 µm vorteilhaft bemerkbar macht.
- Bei selektiven Emittern sind die Vorteile einer Reduktion der Fingerbreite signifikanter als bei homogenen Emittern.

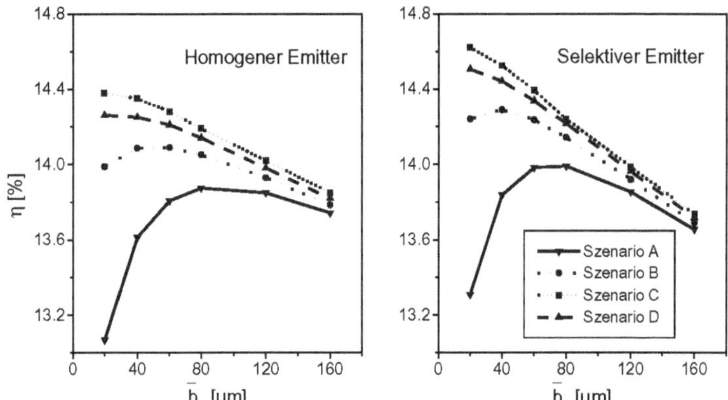

Abbildung 4-6 Simulierter Solarzellenwirkungsgrad in Abhängigkeit von der mittleren Kontaktfingerbreite für verschiedene Kontakthöhenmodelle (vgl. Abbildung 4-5; L_{eff}=150 µm; passivierter Emitter; links: ein homogener Emitter, Nr. 2; rechts: ein selektive Emitter, Nr. 5). Erst ab einer Kontaktbreite von ca. 100 µm und darunter führt der selektive Emitter zu einem höheren Wirkungsgrad.

Variation der Diffusionslänge und des Emitterschichtwiderstands

Vergleiche Abbildung 4-7:

- Für das Material mit höherer Diffusionslänge (L_{eff} = 300 µm) ergibt sich im Mittel eine Verbesserung im Wirkungsgrad von ca. 1%.
- Für die höhere Diffusionslänge ergibt sich eine geringfügig stärkere Sensitivität für die Variation des Emitters und der Kontaktfingerbreite. Das prinzipielle Verhalten bleibt aber unberührt.
- Ergänzend läßt sich hinzufügen, daß ein ähnliches Verhalten wie durch die Erhöhung der Diffusionslänge auch durch die Reduktion der Rückseiten-ORG zu erwarten ist.

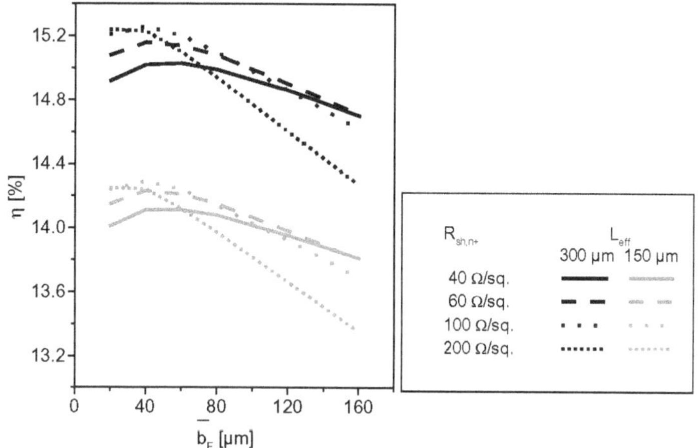

Abbildung 4-7 Simulierter Solarzellenwirkungsgrad in Abhängigkeit der mittleren Kontaktfingerbreite für verschiedene Emitter und Volumendiffusionslängen (Szenario B aus Abbildung 4-5, L_{eff}=300 µm; passivierte Emitter Nr. 2,4,6,8).

Variation der Kontaktfingerhöhe, der Passivierung und des Emitters

Vergleiche Abbildung 4-8:

- Die Verwendung einer guten Passivierung hat einen großen Einfluß auf den Solarzellenwirkungsgrad (hier in etwa 1% absolut). Ohne Passivierung erweist sich eine hohe Oberflächenkonzentration der Dotieratome bei gleichem Schichtwiderstand als günstig, um die Rekombinationsrate niedrig zu halten (s. auch [88]). Bei guter Passivierung ist der Einfluß des Schichtwiderstands vernachläßigbar. Dies legt bei der Verwendung einer Passivierungsschicht nahe, einen Emitter mit niedriger Oberflächenkonzentration herzustellen, da dieser leichter zu passivieren ist (vgl. z.B. [35],[36]).
- Selektive Emitter erweisen sich im allgemeinen nur bei einer guten Passivierung als vorteilhaft. Eine Ausnahme bildet ein extrem flacher, an der Oberfläche hochdotierte Emitter, der sich etwas besser verhält als ein insgesamt hochdotierter Emitter.
- Der selektive Emitter mit einem Schichtwiderstand von 100 Ω/sq ist unter den gegebenen Randbedingungen dem 200 Ω/sq vorzuziehen, da der leichter dotierte Emitter erst bei schmalen und hohen Kontakten, sehr niedriger Oberflächenkonzentration und sehr guter Passivierung vorteilhaft ist[23].
- Insgesamt ist der mögliche Zugewinn im Wirkungsgrad beim Einsatz einer Passivierung oder hoher Kontakte größer als durch die Verwendung eines selektiven Emitters an Stelle eines homogenen Emitters mit 40 Ω/sq. Sollte es gelingen auch niedriger dotierte Emitter (60 Ω/sq), mit der gleichen elektrischen Qualität im Siebdruckverfahren zu kontaktieren, dann wird bei sonst gleichen Parametern der Vorteil im Wirkungsgrad für den selektiven Emitter sehr gering sein.

---

[23] Bei der Umsetzung von konzepten zur Herstellung hocheffizienter Solarzellen (PERL/LBSF) sind diese Voraussetzungen allerdings gegeben.

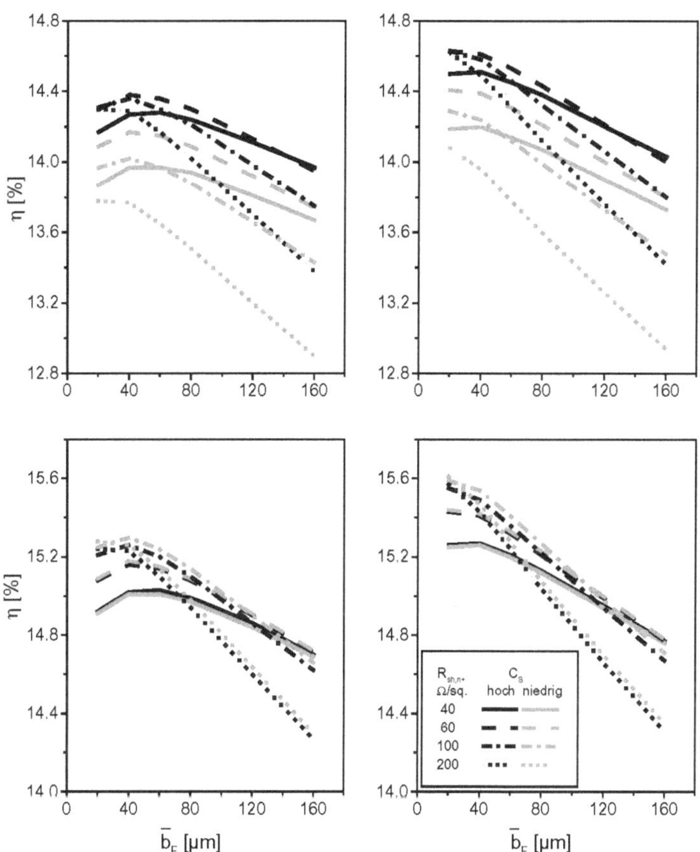

Abbildung 4-8: Simulierter Solarzellenwirkungsgrad in Abhängigkeit der mittleren Kontaktfingerbreite für verschiedene Emitter (L_{eff}=300 µm;. oben: unpassivierte Emitter Nr. 1-8; unten: passivierte Emitter Nr. 1-8; links: Kontaktfingerhöhe nach Szenario B; rechts: Kontaktfingerhöhe nach Szenario D, vgl. Abbildung 4-5; die beiden Emitter mit R_{sh}=100 bzw. 200 Ω/sq sind selektive Emitter, vgl. Tabelle 4-4). Der beste Wirkungsgrad wurde für einen passivierten Emitter mit niedriger Oberflächenkonzentration und einem Schichtwiderstand von 100 Ω/sq errechnet.

4.6 Diffusions- und Oxidationsprozesse

Das Hauptziel der Voruntersuchungen war es, Prozesse zu entwickeln, die, aufbauend auf den Ergebnisse der Simulation und den technologischen Randbedingungen, eine erfolgreiche Einbindung in einen Solarzellenprozeß erwarten lassen. Weiterhin wurde die Größe der lateralen Temperaturinhomogenität bei der optischen Prozessierung bestimmt, die ein wesentliches Problem bei der Herstellung von RTP-Emittern darstellt.

4.6.1 Prozessentwicklung für den Spin-On-Dotierstoff

Für den Spin-On-Dotierstoff wurde ein bereits bestehender Prozess [106] geringfügig angepaßt (vgl. Abbildung 4-9). Für alle benützten Prozesse wurden identische Leistungen der oberen und unteren Lampenbank verwendet.

Nach dem Spülen der Kammer (ca. 45 s) wird die Scheibentemperatur bis zu einem Bereich angehoben in dem das Pyrometer anspricht (oberhalb von 300°C; hier ca. 400°C). Dann wird die Temperatur mit einem Gradienten von 100 K/s bis zum Erreichen der eigentlichen Diffusionstemperatur T_{diff} erhöht. Die Temperatur wird für die Diffusionszeit t_{diff} konstant gehalten. Danach erfolgt das Abkühlen auf Raumtemperatur mit einem Temperaturgradienten von –100 K/s. Der Stickstoffgasfluß wird während des Spülens und Abkühlens auf einem hohen Niveau gehalten. Während der Hochtemperaturphase wird ein relativ niedriger Gasfluß aus einem N_2/O_2-Gemisch verwendet. Hierdurch kann sich ein näherungsweise laminarer Gasstrom ausbilden, Abkühlung durch Konvektion wird reduziert und somit die Bedingungen an der Oberfläche möglichst homogen gestaltet.

Aus der Abbildung 4-9 kann man entnehmen, daß die mit dem Pyrometer bestimmte Scheibentemperatur T_{Pyro} der Solltemperatur T_{Set} während der Aufheizrampe und zu Beginn der Abkühlrampe entspricht. Ab einer Temperatur von ca. 700° C reicht allerdings die Kühlleistung durch Abstrahlung und den Gasfluß nicht mehr zum Einhalten der Abkühlrampe aus. Da unterhalb von 800°C bei den zum Einsatz kommenden Zeitskalen aber keine signifikante Diffusion mehr stattfindet, kann der Einfluß auf die Dotierung vernachlässigt werden.

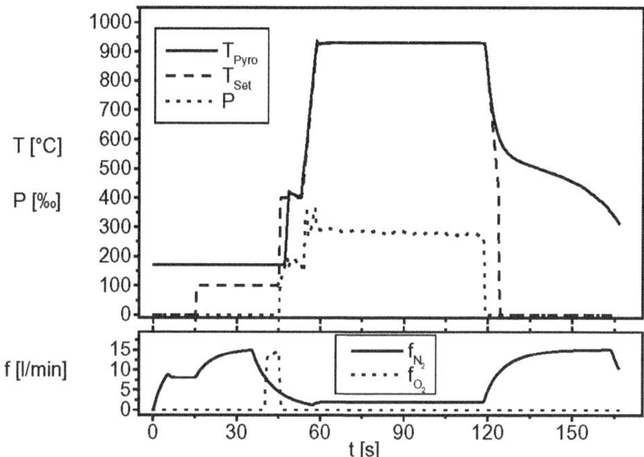

Abbildung 4-9 RTP-Diffusionsprozeß bei einer Spin-On-Dotierstoffbelegung (T_{Pyro}: pyrometrisch gemessene Scheibentemperatur; T_{Set}: Soll-Scheibentemperatur; P: Lampenleistung; f: Gasfluß). Das Pyrometer kann auf Grund seiner eingeschränkten Empfindlichkeit bei niedrigen Temperaturen erst ab 300°C für die Temperaturkontrolle eingesetzt werden. Deshalb wird nach einer längeren Spülphase (45 s) die Scheibentemperatur auf einen Wert von ca. 400°C eingeregelt und erst dann – mit einem Gradienten von 100 K/s auf die eigentliche Diffusionstemperatur angehoben.

4.6.2 Diffusionsprozeß für Siebdruck-Dotierstoffe

Die Emitterdiffusion aus siebgedruckten Dotierstoffen wurde vor 20 Jahren von Frisson et al. in die Solarzellentechnologie eingeführt [107]. In der industriellen Fertigung werden Durchlauföfen aber bisher vor allem in Verbindung mit flüssigen, zumeist auf Phosphorsäure basierenden Dotierstoffen eingesetzt [108]. Ausschlaggebend hierfür sind u.a. die höheren Kosten für die Siebdruckpasten auf Grund der vergleichsweise höheren Anforderungen an die viskosen Eigenschaften und der größeren aufgetragenen Menge. Zur Herstellung einer homogenen Dotierung bleibt daher nur der Vorteil einer aus der Kontaktherstellung bekannten Anlagentechnik.

Für den Prozeß standen drei verschiedene Dotierstoffe zur Verfügung, die bei verschiedenen Oberflächenbehandlungen auf die Eigenschaften Rakelbeständigkeit, Benetzungsverhalten, Formstabilität und Hygroskopie nach dem Trocknen, Ausbrenn- sowie Ätzverhalten in Flußsäure untersucht wurden. Die Ergebnisse wurden in [95] zusammengefaßt. Ausschlaggebend für die Auswahl eines Dotierstoffes war schließlich das Diffusionsverhalten (vgl. Abbildung 4-15).

Für die Diffusion unter Verwendung der Siebdruckdotierstoffe wurde der Spin-On-Dotierstoff-Prozeß etwas modifiziert (vgl. Abbildung 4-10). Siebdruckdotierstoffe enthalten Pastenbildner auf Kohlenwasserstoffbasis, die erst im Bereich 400-500°C durch Oxidation entfernt werden können. Deshalb wird bei der Prozessierung eine sogenannte ‚Burn-Out-Phase' notwendig, um diese zu verbrennen. Typische Ausbrennzeiten liegen bei 3-5 Minuten. Diese konnten aber im Rahmen der Arbeit erfolgreich auf 30 Sekunden verkürzt werden.

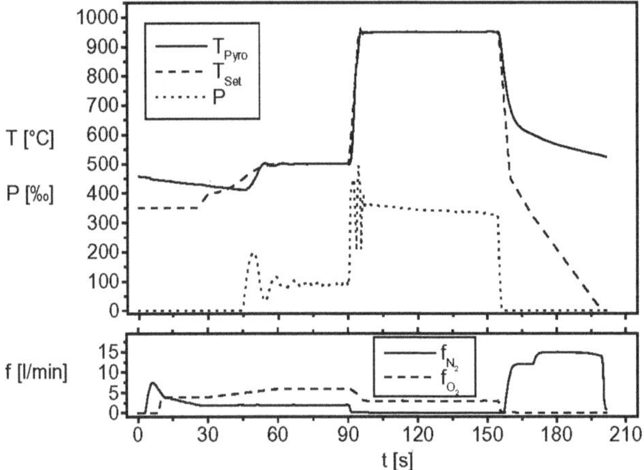

Abbildung 4-10 RTP-Diffusionsprozeß für Siebdruckdotierstoffe (T_{pyro}: pyrometrisch gemessene Scheibentemperatur; T_{Set}: Soll-Scheibentemperatur; P: Lampenleistung; f: Gasfluß). Das 30-sekündige Plateau bei ca. 500°C dient zur Verbrennung der organischen Bestandteile der Siebdruckpaste. Die dargestellten Profile wurden bei der Prozessierung einer Folge von Scheiben aufgenommen. Deshalb nimmt während der Spülphase zu Beginn des Prozesses die ermittelte Temperatur noch ab, da der Ofen noch nicht auf Raumtemperatur abgekühlt ist.

4.6.3 Oxidationsprozesse

Für die RTO-Prozesse wurde der gleiche Temperaturverlauf wie bei der Diffusion der Spin-On-Dotierstoffe verwendet (vgl. Abbildung 4-9). Die Oxidationstemperatur T_{Oxid} und die Oxidationszeit t_{Oxid} entsprechen den Variablen T_{diff} und t_{diff} bei der Diffusion. Vor der Hochtemperaturphase wird der Reaktor 30 Sekunden mit 8 slm Sauerstoff geflutet. Die Oxidationen wurden unter reiner Sauerstoffatmosphäre bei einem Gasfluß von $f = 2$ slm durchgeführt.

4.6.4 Temperaturinhomogenität

Auf Grund des stark temperaturabhängigen Diffusionskoeffizienten von Phosphor in Silicium ist eine ausreichende Temperaturhomogenität während des Prozesses notwendig, um homogene Diffusionsbedingungen herzustellen. Neben der inhomogenen Bestrahlung der Scheiben kann auch ein inhomogener Gasfluß die Ursache von lateralen Temperaturunterschieden sein (vgl. auch [109]). Das größte Problem stellt allerdings die begrenzte Ausdehnung der Scheibe dar. Die Ränder der Scheibe erwärmen sich beim Aufheizen schneller als der Scheibenmittelpunkt. Während eines Temperaturplateaus liegt die Temperatur am Rand allerdings unter der im Mittelpunkt der Scheibe [94].

Zur Reduktion der Temperaturinhomogenität auf Grund inhomogener Abstrahlungsverhältnisse wurde aus zwei durch das Einlegieren von Aluminium verbundenen 10x10 cm^2 großen multikristallinen Siliciumscheiben ein sogenannter ‚Guard Ring' hergestellt (vgl. Abbildung 4-11). In die untere (obere) der beiden Scheiben ist eine quadratische Öffnung präpariert, die gerade etwas kleiner (größer) als die zu prozessierende Probe ist.

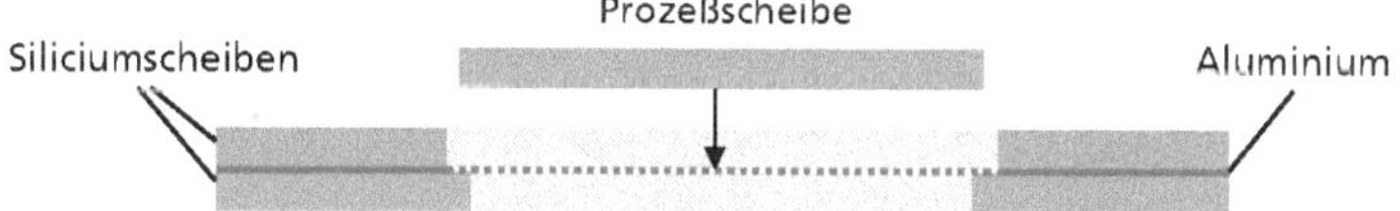

Abbildung 4-11 Aufbau und Verwendung des eingesetzten ‚Guard Ring'. Die beiden Siliciumscheiben wurden durch Aluminiumlegierung zusammengefügt. Die Probe wird auf die untere der beiden verbunden Siliciumscheiben abgelegt.

Oxidation

Zur Quantifizierung der Temperaturinhomogenität auf der Siliciumscheibenoberfläche bei der Durchführung von Hochtemperaturprozessen wurde in dem verwendeten RTP-Ofen eine Oxidationsuntersuchung durchgeführt. Für die Versuche wurden hochdotierte (0,02 Ωcm n-leitend) und polierte Siliciumscheiben mit einer Fläche von 5x5 cm^2 verwendet. Vor der Diffusion wurden die Proben zuerst in Flußsäure geätzt, um das native Oxid zu entfernen und danach in einer Inertgas-Atmosphäre aufbewahrt. Die Oxidationen wurden im Vergleich zu dem in Kapitel 4.6.3 dargestellten Prozeß unter modifizierten Bedingungen durchgeführt. Vor dem Hochtemperaturschritt wurde die Prozeßkammer eine Minute mit Sauerstoff geflutet. Während des Hochtemperaturschrittes wurde der Gasstrom abgestellt, um Störungen durch Konvektion zu vermeiden. Nach den Prozessen wurde die Oxiddicke d_{Oxid} mit einem Ellipsometer bestimmt.

Die Ergebnisse einminütiger Oxidationen bei 950°C und 925°C sind in Abbildung 4-12 dargestellt. Die schwarzen (weissen) Bereiche zeigen Oxiddicken grösser als 5 (kleiner als 3) nm. Diese Bereiche können auf Verunreinigungen bei der Vorbereitung der Siliciumscheiben zurückgeführt werden [95].

Bei den ohne ‚Guard Ring' hergestellten Proben fällt die Oxiddicke um ca. 20% zum Rand hin ab. Die Oxiddicke im Mittelpunkt der bei 925°C prozessierten Scheibe entspricht der Oxidhöhe am Rand der bei 950°C prozessierten Probe. Da das Pyrometer die Temperatur jeweils im Mittelpunkt der Probe bestimmt, beträgt der Temperaturunterschied zwischen Mittelpunkt und Rand der Siliciumscheibe also ca. 25 K. Wesentlich homogener sind die Schichtdicken der mit Guard Ring prozessierten Proben. Die Schichtdicken sind annähernd gaußförmig um den Mittelwert der Probe verteilt.

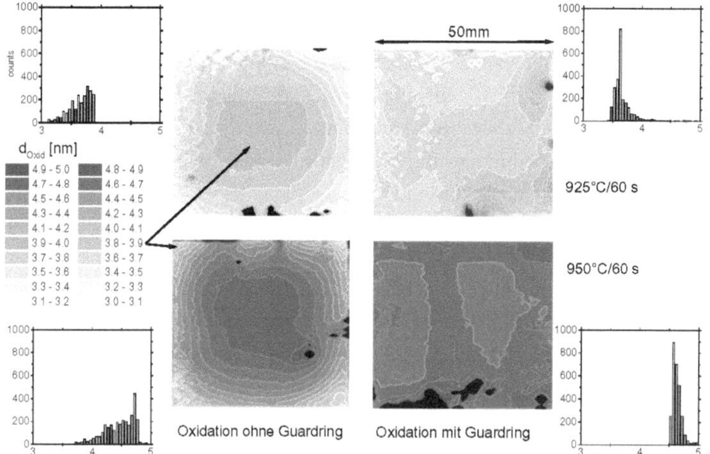

Abbildung 4-12 Ellipsometrisch bestimmte Oxiddicken auf poliertem, hochdotiertem Silicium nach einminütiger Oxidation ohne bzw. mit ‚Guard-Ring' (links bzw. rechts) bei 925 bzw. 950°C (oben bzw. unten). Die Histogramme zeigen die Häufigkeit mit der die Meßpunkte in bestimmte Oxiddickenbereiche fallen. Die schwarzen Bereiche deuten auf erhöhtes Oxidwachstum auf Grund einer leichten Oberflächenkontamination beim Handling der Wafer hin. Bei der Oxidation ohne Guard-Ring ist die Oxiddicke am Rand der bei 950°C prozessierten Scheibe gerade so hoch wie im Mittelpunkt der bei 925°C prozessierten Scheibe. Daraus kann auf eine Temperaturinhomogenität von ca. 25K geschlossen werden. Bei der Oxidation mit Guard-Ring reduziert sich die Temperaturinhomogenität erheblich, wie aus der schmäleren Verteilung im Histogramm entnommen werden kann.

Diffusion

Zur Beobachtung inhomogener Temperaturverteilungen wurde der Schichtwiderstand bei allen hergestellten Emittern an jeweils fünf verschiedenen Stellen auf der Scheibenoberfläche bestimmt (vgl. Anhang B.1).

Für 5x5 cm^2 große Siliciumscheiben, die ohne ‚Guard Ring' diffundiert wurden, liegen die Schichtwiderstandswerte in der Mitte der Scheibe im Mittel ca. 10% unter den Werten der näher am Scheibenrand liegenden Meßstellen. Durch die Verwendung des ‚Guard Rings' konnte die Homogenität zunächst deutlich verbessert werden. Allerdings verfärbte sich der Ring nach mehrmaliger Diffusion durch Ablagerung des Dotierstoffes. Dies verstärkte die Absorption im ‚Guard Ring' und dadurch erhöhte sich die Temperatur am Rand der prozessierten Siliciumscheibe, wie durch Schichtwiderstands-messungen nachgewiesen werden konnte. Da dies insgesamt zu nicht reproduzierbaren Bedingungen geführt hätte, wurde der ‚Guard Ring' für die Solarzellenprozesse nicht verwendet.

Herstellung von kleinen Solarzellen

Die Temperaturinhomogenität bei der Diffusion des Emitters läßt einen Einfluß auf die Solarzelleneigenschaften vermuten. Deshalb wurden unter Verwendung der in Abbildung 4-13 dargestellten Kontaktstruktur 25 9x9 mm^2 große Solarzellen auf einer 5x5 cm^2 großen Cz-Siliciumscheibe (p-leitend 1 Ωcm) hergestellt. Die Breite der Kontaktfinger in der Siebdruckmaske beträgt 90 µm. Die gedruckten Finger weisen eine Breite von ca. 110 µm auf.[24]

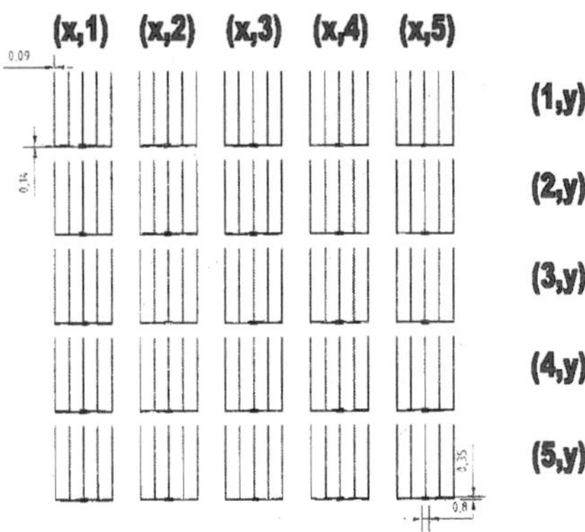

Abbildung 4-13: Kontaktstruktur zur Untersuchung des Einflusses inhomogener Emittereigenschaften auf die Solarzellenkenndaten. Die Zellen haben eine Kantenlänge von 9 mm.

[24] Beim Belichten der Siebdruckschablone entstehen Öffnungen, die im Vergleich zur Vorlage um ca. 10 µm reduziert sind. Beim Drucken weiten sich die Linien im Vergleich zur Breite in der Schablone um ca. 30 µm auf auf [22].

Zur Reinigung der Siliciumscheiben wurde in 30-prozentiger Kalilauge je ungefähr 6 μm Silicium von den Oberflächen entfernt. Zur Herstellung der Emitter wurde phosphorhaltige Siebdruckpaste homogen aufgebracht und bei 960°C für 30 Sekunden im RTP-Ofen diffundiert. Für den Schichtwiderstand des Emitters wurden 35±2 Ω/sq ermittelt. Die Herstellung des Vorderseitenkontaktes erfolgte durch Druck einer kommerziell erhältlichen Silber-Siebdruckpaste, 10 minütiges Trocknen bei 150°C und anschließendes Feuern unter RTP-Bedingungen (775°C, 3 s)[25]. Auf der Rückseite wurden 2 μm Aluminium aufgedampft und bei 400°C gesintert, um einen guten ohmschen Kontakt herzustellen. Die Scheiben lagen bei der Diffusion und beim Feuern mit der Oberseite nach oben, die Reihe (1,x) am Gaseinlaß und die Reihe (5,x) an der Tür. Zur Vereinzelung wurden mit einem Nd:YAG-Laser Gräben auf der Rückseite der Siliciumscheibe erzeugt und anschließend die einzelnen Zellen durch Brechen voneinander getrennt. Schließlich wurden die Hell- und Dunkel-Kennlinien der Zellen bestimmt. Die aus der Hellmessung ermittelten Solarzellenparameter sind in Abbildung 4-14 dargestellt.

Für alle Solarzellen ergibt sich ein Einfluß ihrer Position auf der Scheibe zu den Parametern der Strom-Spannungs-Kennlinie. Das insgesamt relativ niedrige Niveau insbesondere der Leerlaufspannung und des Füllfaktors kann auf die großen Perimeterverluste durch den hohen Randanteil und der dort vorliegenden, erhöhten Rekombinationsraten zurückgeführt werden (vgl. [95,110,111]). Der höchste Kurzschlußstrom wurde an den Ecken des Wafers und insbesondere in der, der Tür zugewandten, Reihe 5 erreicht. Dem gegenüber stehen sehr geringe Werte des Füllfaktors in dieser Reihe. Zur Interpretation dieses Verhaltens dienen zwei charakteristische Merkmale einer reduzierten Emitterdotierung[26]:

- Bei Siebdruckkontakten werden der Kontaktwiderstand und die Verluste durch Rekombination in der RLZ erhöht und der Parallelwiderstand reduziert. Dies führt insgesamt zu einem reduzierten Füllfaktor.

---

[25] Mit diesem Kontaktprozeß werden bei tieferen Emittern mit gleichem Schichtwiderstand Füllfaktoren bis 78% erreicht.

[26] Die Leerlaufspannung eignet sich, insbesondere auf Grund der niedrigen Gesamtwerte, in diesem Fall relativ schlecht zur Interpretation.

- Auf Grund der reduzierten Rekombinationsverluste wird ein erhöhter Kurzschlußstrom erreicht.

Dies läßt darauf schließen, daß die Diffusion in dem Bereich der Reihe 5 zu einer deutlich niedrigeren Dotierung geführt hat, die sich auf die Solarzellenparameter auswirkt. Die Ursache dieses Verhaltens könnte in der niedrigen Temperatur und Emissivität der Stahltür liegen. Dies würde auch erklären, warum gerade die mittlere zu dieser Seite hinweisende Zelle einen besonders niedrigen Füllfaktor und hohen Kurzschlußstrom aufweist.

Auf der anderen Seite ergaben die mittels der Schichtwiderstandsmessung bestimmten Werte eine Abweichung von nur ca. 5% zwischen der Messung in der Mitte und einer Entfernung von 1 cm zum Rand der Scheibe[27]. Die Variation im Füllfaktor der kleinen Zellen weist aber auf einen deutlich größeren Unterschied im Schichtwiderstand hin. Der Temperaturgradient ist in der Nähe des Randes besonders hoch (vgl. auch Abbildung 4-12) und deshalb nimmt das Emitterprofil zum Rand hin deutlich ab. Im Zellwirkungsgrad ergibt sich so zwischen Zellen von der Mitte und vom Rand der Siliciumscheibe ein Unterschied von mehr als 15%.

Zusammenfassend läßt sich feststellen, daß bei der RTD große Temperaturinhomogenitäten (bis zu 25 K) zwischen Scheibenmitte und Rand auftreten können und dies zu erheblichen negativen Einflüssen auf die Kontakteigenschaften siebgedruckter Solarzellen führen kann. Da für die durchgeführten Prozesse keine anderen Anlagentypen zur Verfügung standen, wurde für die weiteren Prozesse darauf geachtet, daß bei der Diffusion auch die Randbereiche die für hinreichende Kontakteigenschaften notwendige Mindestdotierung erreichen. Dadurch wird ein großer Teil der Scheibe höher dotiert als prinzipiell notwendig. Dies führt ebenfalls zu allerdings vergleichsweise geringeren Verlusten. Eine Anlagenkonzept, mit dem auch unter Verwendung von RTP homogene Emitter herstellbar sein sollten, wird in Kapitel 4.10 vorgestellt.

---

[27] Die Reduktion des Abstandes zum Rand auf unter 1 cm würde die Voraussetzung für eine vergleichbare Messung des Schichtwiderstandes verletzen, da die Probe dann im Vergleich zum Abstand der Meßspitzen nicht mehr ausreichend ausgedehnt ist.

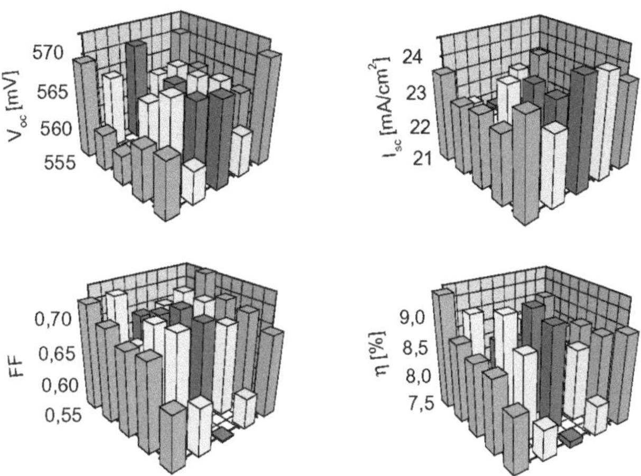

Abbildung 4-14 Aus der Hell-Kennlinienmessung ermittelte Solarzellenparameter für 25 9x9 mm^2 große Solarzellen, die gleichzeitig auf einer 5x5 cm^2 großen Siliciumscheibe prozessiert worden sind (V_{oc}: Leerlaufspannung, I_{sc}: Kurschlußstromdichte, FF: Füllfaktor, η: Wirkungsgrad). Die hohen Kurzschlußstrom- und niedrigen Füllfaktorwerte deuten auf einen zu niedrigen Schichtwiderstand an der der Tür zugewandten Seite hin.

4.7 Charakterisierung homogener Emitterprozesse

Das Ziel für die Untersuchung der Prozeßparameter ist die Herstellung von schnell diffundierten Emittern, die im Siebdruckverfahren kontaktiert werden können. Doshi et al. berichteten, daß Werte im Bereich 15-20 Ω/sq notwendig sind, um zufriedenstellende Zellen ohne Shunt-Probleme mit Füllfaktoren bis 79% zu prozessieren [112][28]. Im folgenden werden Schichtwiderstand und Dotierprofil in Abhängigkeit von den Diffusionsparametern bestimmt. Auf der Basis dieser Ergebnisse können dann geeignete Prozesse für die Einbindung in einen Solarzellenprozeß ausgewählt werden.

---

[28] Beim Durchfeuern durch Siliciumnitrid war es allerdings möglich, auch auf einem von 8 auf 40 Ω/sq zurückgeätzten RTP-Emitter Füllfaktoren bis 76% zu erreichen.

4.7.1 Schichtwiderstandsuntersuchung an homogenen Emittern

Die Optimierung der Prozeßparameter erfolgt zunächst über die Schichtwiderstandsbestimmung für die beiden Belegungstechnologien. In einer ersten Versuchsreihe wurden verschiedene Siebdruckdotierstoffe mit unterschiedlichen Phosphorkonzentrationen bezüglich ihres Dotierverhaltens verglichen (hier bezeichnet mit SD A, SD B und SD C). Die für die Untersuchung verwendeten Siliciumscheiben (5x5 cm^2, 1 Ωcm p-leitendes Cz-Si) wurden vor dem Auftragen des Siebdruckdotierstoffes in 30%ger KOH-Lösung geätzt. Für die Untersuchung wurde die Diffusionszeit bzw. –temperatur im Bereich 20-90 Sekunden bzw. 880-980°C variiert.

Die Ergebnisse sind zusammen mit den ermittelten Fehlerbereichen in Abbildung 4-15 dargestellt. Es ist deutlich die zu erwartende Abnahme des Schichtwiderstands bei einer Erhöhung der Diffusionsparameter zu erkennen. Die vergleichsweise geringsten Werte bei sonst gleichen Diffusionsbedingungen ergeben sich für den Dotierstoff C. Die Schichtwiderstandswerte im Bereich 20-40 Ω/sq werden für diesen Dotierstoff bei einer Diffusionszeit in der Größenordnung von einer Minute ab einer Diffusionstemperatur von 950°C erreicht.

Die genaue Zusammensetzung der Dotierstoffe ist unbekannt. Deshalb kann auf Grund der Ergebnisse noch nicht darauf geschlossen werden, ob das unterschiedliche Verhalten nur auf die Phosphorkonzentration oder auch auf andere Parameter wie die aufgetragene Menge oder das Verhalten an der Grenzschicht zwischen Dotierstoff und Siliciumoberfläche zurückzuführen ist.

Für die weiteren Untersuchungen wurde der Dotierstoff C ausgewählt, um möglichst kurze Diffusionszeiten bei der Herstellung eines siebdruckkontaktierbaren Emitters erreichen zu können[29].

[29] In der Literatur wurde für das Produkt aus Diffusionstemperatur und -zeit der Begriff ‚Thermisches Budget' eingeführt. Diese Definition kann aber, auf Grund des sehr unterschiedlichen Einflusses der beiden Variablen auf die Eigenschaften des erzeugten Diffusionsprofils, nicht sinnvoll zur Parameterreduktion eingesetzt werden. Deshalb wird sie im Rahmen der vorliegenden Arbeit nicht verwendet.

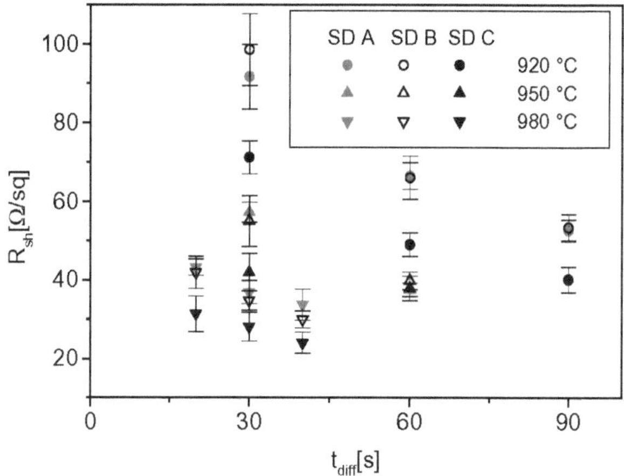

Abbildung 4-15 Schichtwiderstandswerte für Phosphordotierstoffe mit unterschiedlichem Phosphorgehalt. Der Dotierstoff SD C zeigt bei gleichen Diffusionsbedingungen die niedrigsten Schichtwiderstandswerte und wurde für die weitere Untersuchung verwendet.

In einer zweiten Versuchsreihe wurde das Diffusionsverhalten für die Spin-On-Belegung untersucht. Auch hier wurde monokristallines, p-leitendes Material verwendet, allerdings erhielten die Siliciumscheiben eine Reinigung in einer sauren Ätze, die eine glänzende Oberfläche erzeugt[30]. Die Diffusionszeit bzw. –temperatur wurde im Bereich 20-120 Sekunden bzw. 850-1000°C variiert. Die Ergebnisse sind zusammen mit den ermittelten Fehlerbereichen in Abbildung 4-16 dargestellt.

[30] Die Untersuchungen mit den Siebdruckdotierstoffen wurden - zeitlich - später als die Untersuchungen mit den Spin-On-Dotierstoffen und in einem neu aufgebauten Labor durchgeführt. In diesem Labor wurde die in der Industrie übliche Sägeschadenätzung auf der Basis von Kalilauge als Standardreinigung etabliert. Deshalb bilden die hier dargestellten Ergebnisse mit den Spin-On-Dotierstoffen unter Verwendung einer sauren Ätze die Ausnahme. Die Abweichungen im Schichtwiderstand auf Grund der unterschiedlichen Vorbehandlung liegen im Bereich von 10%.

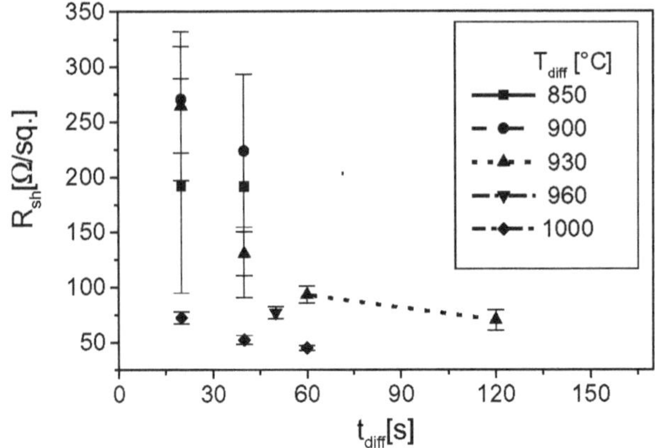

Abbildung 4-16 Schichtwiderstandswerte R_{sh} für den Spin-On-Dotierstoff bei Belegung nach einer sauren Glanzätze (t_{diff}: Diffusionszeit; T_{diff}: Diffusionstemperatur). Die Werte liegen im Vergleich zum Siebdruckdotierstoff deutlich niedriger.

Für niedrige Diffusionstemperaturen ergeben sich z.T. erhebliche Schwankungen der, an unterschiedlichen Stellen der Proben aufgenommenen, Meßwerte. Dies ist auf eine große Meßunsicherheit bei hohen Schichtwiderstandswerten und, in Verbindung mit der in Kapitel 4.6.4 festgestellten Temperaturinhomogenität, auf die in diesem Bereich besonders starke Abhängigkeit des Schichtwiderstandes von der Diffusionstemperatur zurückzuführen. Bei einer einminütigen Diffusion ergibt sich für Temperaturen von 930 bis 960°C ein Schichtwiderstand im Bereich 80-100 Ω/sq. Solche Prozesse eignen sich für die Bildung des flachen Emitters zwischen den Kontakten.

4.7.2 Dotierprofilbestimmung

Für die auf der Basis der Schichtwiderstände ausgewählten Diffusionsprozesse wurden die Diffusionsprofile bestimmt. Als Probenmaterial wurden polierte[31], niedrigdotierte Siliciumscheiben (Cz-Si, 35-45 Ωcm) auf 5x5 cm^2

---

[31] Eine Vorbehandlung der Oberfläche einer Siliciumscheibe in einer Kalilauge – wie sie für die Solarzellenherstellung verwendet wird – hat eine Oberflächenrauhigkeit im Bereich einiger µm zur Folge. Eine zuverlässige Dotierprofilbestimmung ist unter diesen Bedingungen nicht möglich.

zugeschnitten und die entsprechenden Diffusionsprozesse angewendet. Zur Ermittlung des gesamten bzw. elektrisch aktiven Phosphorgehaltes wurden SIMS- bzw. SH-Messungen (engl. *Secondary Ion Mass Spectroscopy* bzw. *Stripping Hall*, vgl. Anhang B.2) an Probenstücken durchgeführt, die aus der Mitte der prozessierten Scheiben entnommen werden.

Spin-On-Dotierstoff

Für den Spin-On-Dotierstoff wurden zwei Proben mit den T_{diff}/t_{diff}-Paaren 930°C/60s und 1000°C/40s hergestellt und die Diffusionsprofile bestimmt. Die Ergebnisse der Profilmessungen sind in Abbildung 4-17 dargestellt.

Direkt unterhalb der Oberfläche ergibt sich für die beiden Meßmethoden eine Zunahme der ermittelten Konzentration bis zum Maximum in einer Tiefe von ca. 5 nm bei der SIMS-Messung und 20 nm bei der SH-Messung. Dieser Anstieg wurde auch bei allen anderen vermessenen Proben beobachtet. Eine mögliche Erklärung hierfür ist eine geringere Diffusionsgeschwindigkeit im gebildeten Phosporsilikatglas im Vergleich zum Silicium. Hierdurch könnte sich eine leichte Verarmung des Phosphorangebots in der oberflächennahen Region des Phosphorglases ergeben. Für die SIMS-Messung und insbesondere für die SH-Messung gilt allerdings, daß die Konzentrationsbestimmung an der Oberfläche einer besonders hohen Meßunsicherheit unterliegt.

Die Profile zeigen den für die Phosphordiffusion bei hoher Oberflächenkonzentration über 10^{20} cm^{-3} typischen *kink-and-tail*-Verlauf (vgl. Kapitel 4.2.2). Für den Tiefenbereich bis ungefähr 30 nm ergeben sich für die SIMS-Messung deutlich höhere Werte als für die SH-Messung. Die maximale ermittelte Konzentration liegt jeweils bei ca. $1{,}5 \cdot 10^{21}$ cm^{-3} bzw. $3 \cdot 10^{20}$ cm^{-3}. Dies deutet auf die Bildung großer Mengen an elektrisch inaktivem Phosphor hin, der nur durch die SIMS-Messung, aber nicht durch die Stripping-Hall-Messung erfaßt wird. Ab einer Tiefe von ca. 30 nm stimmen die Daten der verschiedenen Meßmethoden für die beiden Probentypen jeweils gut miteinander überein.

Für den Prozeß mit der höheren Diffusionstemperatur ergibt sich die, auf Grund der nur geringen Differenz in der Diffusionszeit zu erwartende, tiefere Diffusion. In der maximalen Konzentration nahe der Oberfläche sind aber keine signifikanten Unterschiede zu beobachten, obwohl dies auf Grund der stark temperaturabhängigen Löslichkeit zu erwarten wäre. Ein Erklärungsansatz ist die Annahme, daß bei der schnellen thermischen Diffusion der verwendeten Spin-On-Dope die maximale Löslichkeit nicht durch die Diffusionstemperatur dominiert wird.

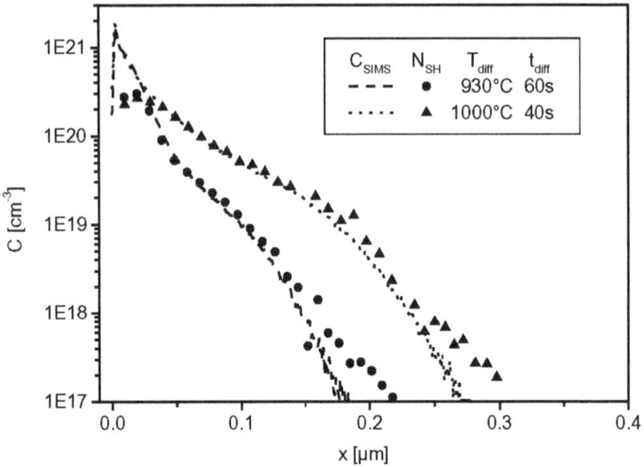

Abbildung 4-17 Gemessene Diffusionsprofile bei Verwendung des Spin-On-Dotierstoff für zwei verschieden Prozesse. Die erhöhte Konzentration nahe der Oberfläche deutet auf große Mengen an interstitiell vorliegendem Phosphor hin (C_{SIMS}: Phosphorkonzentration aus SIMS-Messung; N_{SH}: Freie Ladungsträgerdichte aus SH-Messung, x: Tiefe).

Ein direkter Vergleich zwischen den gemessenen Profilen und dem Ergebnis einer Vier-Punkt-Schichtwiderstandsbestimmung ist über die Gleichung (B.1) möglich. Hierzu muß neben der freien Ladungsträgerdichte auch die Mobilität bekannt sein. Diese wird bei der SH-Messung ebenfalls experimentell bestimmt. Darüber hinaus existieren verschiedene Modelle zur Berechnung der Mobilität in Abhängigkeit von der freien Ladungsträgerdichte. In Tabelle 4-5 werden die Ergebnisse für eine Schichtwiderstandsberechnung unter Verwendung der Mobilitätenmodelle von Masetti et al. [113] und aus dem Simulationsprogramm PC1D [99], mit den aus der SH-Messung und der direkten Vier-Punkt-Messung bestimmten Daten verglichen.

Tabelle 4-5 Ergebnisse verschiedener Methoden zur Bestimmung des Schichtwiderstands aus dem SH-Diffusionsprofilen im Vergleich mit der Vierpunkt-Messung für verschiedene Diffusionsprozesse (ROD: Rohrofendiffusion).

Prozeß	Vierpunkt-Messung [Ω/sq]	SH-Mobilitäten [Ω/sq]	Masetti-Modell [Ω/sq]	PC1D-Modell [Ω/sq]
RTP: 930°C, 60 s	75	81,6	86,7	73,0
RTP: 1000°C, 40 s	48	48,4	50,5	45,3
ROD: 900°C, 50 min.	31	31,9	32,7	28,3

Es ergibt sich eine allgemein recht gute Übereinstimmung zwischen den aus der Vier-Punkt- und der SH-Messung bestimmten Werten. Die Verwendung der Mobilitätenmodelle von Masetti führt zu einer leichten Überschätzung des Schichtwiderstandes bei niedrigen freien Ladungsträgerkonzentrationen. Das Modell aus PC1D ergibt auch eine gute Übereinstimmung zu der Vier-Punkt-Messung. Es muß allerdings hinzugefügt werden, daß, gerade bei einer sehr hohen Oberflächenkonzentrationen von über $3 \cdot 10^{20}$ cm^{-3}, nach dem PC1D-Modell die Mobilität weit stärker zunimmt, als aus Messungen beobachtet werden kann. Eine aktuelle Untersuchung zu den Auswirkungen verschiedener Mobilitäten-Modelle auf den Emittersättigungsstrom findet sich bei Altermatt et al. [17].

Es wurde außerdem versucht, eine Korrektur der bestimmten Phosphorkonzentration auf die freie Ladungsträgerdichte unter Einsatz der Gleichung (4.6) herzustellen. Dies führt aber ohne Ausnahme zu einer Überschätzung der freien Ladungsträgerdichte. Diese Methode wurde deshalb im weiteren nicht eingesetzt.

Siebdruckbelegung

Aus den Schichtwiderstandsuntersuchungen wurde eine Diffusionstemperatur T_{diff} von 950°C als geeignet zur Erzeugung eines hochdotierten und siebdruckkontaktierbaren Emitters abgeleitet. Durch eine Variation im Bereich 30-180 s wurde die Auswirkung der Diffusionszeit t_{diff} auf die Ausbildung des Emitterprofils untersucht. Die Ergebnisse der SIMS-Messungen für die unter Einsatz der entsprechenden Diffusionsprozesse hergestellten Proben sind in Abbildung 4-18 dargestellt.

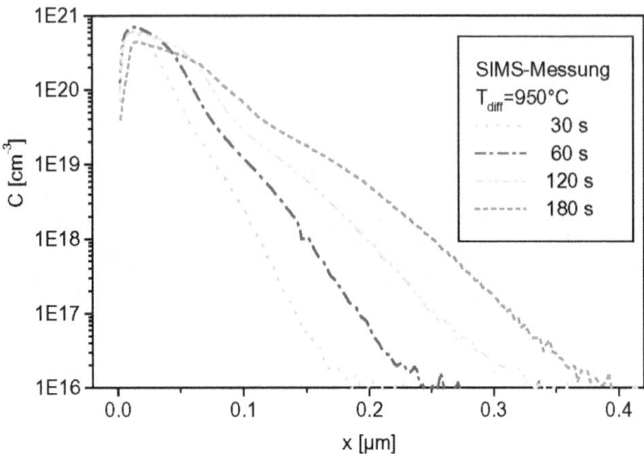

Abbildung 4-18 Gemessene Diffusionsprofile bei Variation der Diffusionszeit und Verwendung des Siebdruckdotierstoffes (T_{diff} = 950°C; *C*: Phosphorkonzentration aus SIMS-Messung; *x*: Tiefe). Die Abnahme der Oberflächenkonzentration bei einer längeren Diffusionszeit deutet auf eine Verarmung des Phosporgehalts an der Grenzfläche zum Dotierstoff hin.

Die Ergebnisse zeigen die zeitliche Entwicklung des sich ausbildenden Phosphorprofils. Neben der zunehmenden räumlichen Tiefe des Emitters, beim Übergang der Diffusionszeit von 30 auf 180 s ergibt sich in etwa eine Verdoppelung, ist auch eine leichte Abnahme der Oberflächenkonzentration zu erkennen. Dies deutet auf die Verarmung der Phosphorkonzentration an der Grenzfläche Dotierstoff/Silicium hin. Im Rahmen der für einen RTP-Prozeß typischen Diffusionszeit von bis zu 180 s reicht diese Verarmung, bei dem verwendeten Siebdruckdotierstoff, allerdings noch nicht zur Reduktion der Oberflächenkonzentration unter einen Bereich von $4 \cdot 10^{20}$ cm^{-3} aus. D.h. es kann weiterhin von einem relativ hohen Anteil an elektrisch inaktivem Phosphor ausgegangen werden.

Bei der Durchführung von Vier-Punkt-Messungen wurden im Vergleich zu den KOH-geätzten Proben deutlich höhere Schichtwiderstandswerte festgestellt. Dieser Effekt wurde auch bei anderen Diffusionsexperimenten unter Verwendung des Siebdruckdotierstoffes und polierter Proben beobachtet. Die Ursache für diesen Effekt konnte bisher nicht geklärt werden. Allerdings könnten die atmosphärische Bedingungen beim Drucken und Trocknen des Siebdruckdotierstoffes einen Einfluß haben. Die oben abgeleiteten Ergebnisse dürften aber auch unter Berücksichtigung dieses Effektes auf die Diffusion bei KOH-geätzten Proben übertragbar sein.

4.8 Charakterisierung selektiver Emitterprozesse

Die Herstellung eines selektiven Emitters unter Einsatz des Siebdrucks von Phosphordotierstoffen kann durch eine Vielzahl von Prozeßvarianten umgesetzt werden. Im Rahmen dieses Kapitels werden ein- und zweistufige selektive Emitterprozesse untersucht. Die Charakterisierung erfolgt mittels ellipsometrischer Vermessung aufgewachsener Oxiddicken, SIMS-Messung der Phosphorkonzentration und Erstellung einer Schichtwiderstandstopographie.

4.8.1 Einstufige selektive Emitter

Es sind eine Reihe von Verfahren zur Herstellung einstufiger selektiver Emitter bekannt, die auf einem selektiven Druckschritt basieren. Die wichtigsten wurden bereits in Kapitel 4.3.3 und 4.3.4 vorgestellt. Die Methode mit dem geringsten technologischen Aufwand beruht auf der von Horzel vorgeschlagenen Dotierung der flachdotierten Bereiche über die Gasphase, die auch im Rahmen dieser Arbeit untersucht wird[32]. Dieses Verfahren hat den Vorteil, daß nur ein Diffusions- und ein Belegungsschritt notwendig ist. Im folgenden werden die durchgeführten Experimente vorgestellt, mit denen die Anwendung diesen Verfahrens auf die Diffusion im RTP-Bereich übertragen wird.

Oxiddickenbestimmung

Für die Anwendung in der Solarzellentechnologie stellt sich die Frage, bei welchen Abständen der Kontaktfinger die einstufige selektive Emittermethode zum Einsatz kommen kann. Deshalb wurde, unter Verwendung einer Teststruktur mit verschiedenen Fingerabständen, die Selektivität der Dotierung an Hand einer Oxiddickenbestimmung untersucht.

---

[32]Die Bezeichnung einstufiger selektiver Emitter wird im folgenden ausschließlich für Prozesse mit dieser Dotierstoffbelegungsmethode verwendet.

Auf eine einseitig polierte Siliciumscheibe (35-45 Ωcm Cz-Si, p-leitend) wurde die phosphorhaltige Siebdruckpaste, entsprechend der in Abbildung 4-19 oben dargestellten Teststruktur, aufgebracht. Diese setzt sich aus fünf 9x9 mm^2 großen Quadraten mit einer typischen Kammstruktur mit vier, fünf oder acht Fingern zusammen. Die selektiven Emitterfinger haben in der Schablone eine Breite von ca. 300 µm. Der Abstand von Mitte zu Mitte der Finger beträgt 1,85 mm für die beiden Strukturen auf der linken, 1,55 mm für die Struktur in der Mitte und 1,00 mm für die Strukturen auf der rechten Seite. Nach dem Trocknen der Paste wurde die Probe für 30 Sekunden bei 960°C im RTP-Ofen prozessiert und das entstandene Phosphorglas in Flußsäure abgeätzt. Die Proben wurden dann für mehrere Stunden an Luft gelagert. Das, während dieser Zeit aufgewachsene, native Oxid wurde anschließend ellipsometrisch vermessen. Der Meßbereich und das Oxiddickenlinienprofil sind in Abbildung 4-19 oben bzw. unten dargestellt. Die Schrittweite bei der Ellipsometermessung betrug 50 µm. Der Meßfleck des Laserstrahls hat allerdings auf der Scheibenoberfläche eine Größe von ca. 200x100 μm^2, d.h., die Auflösung ist entsprechend herabgesetzt.

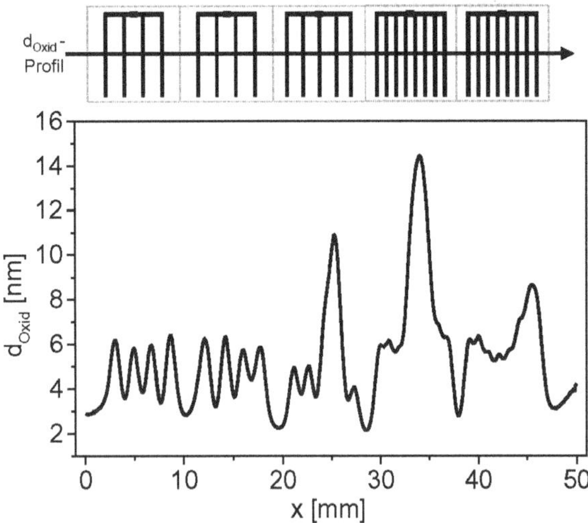

Abbildung 4-19 Dickenprofil des nativen Oxids entlang der Mitte der oben abgebildeten Teststruktur nach der Diffusion bei 960°C für 30 s. Für Fingerabstände kleiner als 1,5 mm wird die Struktur nicht mehr aufgelöst (Fingerbreite 300 µm).

Offensichtlich wird die Struktur durch das von der Oberflächenkonzentration abhängige Oxidwachstum nur bei dem größten Fingerabstand von 1,85 mm noch vollständig abgebildet. Wird der Abstand kleiner, werden die Finger nur noch teilweise und schließlich gar nicht mehr aufgelöst. Die Oxidhöhe steigt dabei über das Niveau unter den gedruckten Strukturen an. Daraus kann abgeleitet werden, daß der zugrunde liegende Mechanismus eine mindestens ebenso hohe Oberflächenkonzentration erzeugen kann, wie direkt unter den gedruckten Strukturen.

Mit dem gleichen Diffusionsprozeß (T_{diff}=960°C, t_{diff}=30s) wurde auf dem selben Material, eine Struktur mit einer Fingerbreite von 140 µm und einem Abstand von 1,85 mm prozessiert. Diese Struktur wurde ebenfalls ellipsometrisch vermessen und das erstellte Flächenprofil ist in Abbildung 4-20 dargestellt. Die gedruckte Struktur findet sich deutlich in der Oxiddicke wieder. Im Bereich des breiteren Buses (300 µm Schablonenöffnung) ist die Oxiddicke deutlich erhöht. Zwischen den Fingern sinkt die Oxiddicke ungefähr auf das Niveau eines nativen Oxids auf dem Ausgangsmaterial ($d_{Oxid} \cong$ 2,5-3 nm) ab.

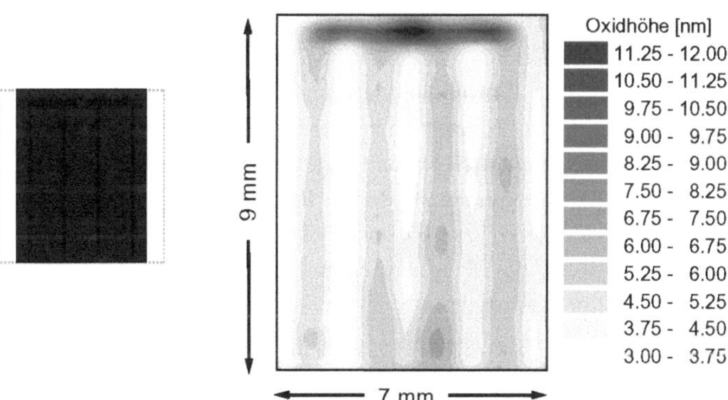

Abbildung 4-20 Dickenprofil (rechts) des nativen Oxids bei einer Teststruktur mit 140 µm breiten Schablonenöffnungen (links) nach der Diffusion bei 960°C für 30 s. Die dunklen Bereiche zeigen die hochdotierten Zonen unter den Fingern und insbesondere unter dem breiteren Bus.

Dreidimensionales SIMS-Profil

Die dargestellten Ergebnisse der Oxiddickenmessung geben einen qualitativen Eindruck der Oberflächenkonzentration der hergestellten selektiven Emitterstrukturen wieder. Eine Analyse des räumlichen Emitterprofils unterhalb der Struktur ist aber hiermit nicht möglich. Deshalb wurde für die oben im Flächenprofil dargestellte Probe eine dreidimensionalen SIMS-Analyse durchgeführt[33]. Der Meßbereich an der Oberfläche beträgt 500x500 μm^2. Bei der Messung werden schichtweise je 10 nm des Probenmaterials abgesputtert. Nach jeder Schichtentfernung wird mit dem Meßstrahl die Konzentration in der Lage bestimmt. Die Messung wurde bis zu einer Tiefe von 200 nm durchgeführt. Der Meßbereich wurde so definiert, daß eine Kante des gemessenen Quaders gerade durch die Mitte des siebgedruckten Fingers geht. Das Ergebnis ist in Abbildung 4-21 dargestellt.

Der gesamte Meßbereich ist räumlich in Bild A dargestellt. Die Bilder B, C und D geben die Phosphorkonzentration durch bzw. entlang der Schnitte der drei Achsen wieder. In Bild E ist ein *normales* Tiefenprofil entlang der z-Achse im Ursprungs des x/y-Koordinatenkreuzes wiedergegeben. Die dargestellte Farbskala zeigt die bestimmte Phosphorkonzentration im Bereich $5 \cdot 10^{18}$-$1{,}5 \cdot 10^{21}$ cm^{-3}. Die Daten des Tiefenprofils in Bild E stimmen gut mit dem auf Grund der Erfahrung aus anderen Messungen zu erwartenden Verlauf überein. Entlang der Randflächen des räumlichen Meßbereiches wird eine Erhöhung der Phosphorkonzentration wiedergegeben, die vermutlich auf einem Meß- bzw. Auswertefehler am Rande des Sputterquadrats beruht (vgl. Bild B oberer und unterer Rand; Bild C linker und rechter Rand; Bild D oberer und unterer Rand; bzw. die entsprechenden Bereiche in Bild A). Die Daten für den ‚Kern' des Meßbereiches sind allerdings völlig konsistent und können gut interpretiert werden.

Die höchste Phosphorkonzentration mit ca. $1{,}5 \cdot 10^{21}$ cm^{-3} stellt sich direkt an der Oberfläche unter dem gedruckten Streifen ein (vgl. den dunkelroten Bereich am linken Rand in Bild A).

---

[33] Auch diese Messungen wurden bei der Firma RTG in Berlin mit einer ‚CAMECA IMS 6f' durchgeführt. Dies ist aber im Gegensatz zu eindimensionalen Tiefenprofilen keine Standardmessung, deshalb müssen die Daten mit besonderer Vorsicht interpretiert werden (siehe Kommentare im Text).

Auf Grund der Höhe der Dotierung in den nichtbedruckten Bereichen, sollte sich der einstufige selektive Emitterprozeß prinzipiell also auch unter Verwendung einer raschen thermischen Diffusion zum Einsatz für die Herstellung von Solarzellen eignen. Dies wurde im Rahmen dieser Arbeit umgesetzt und die Ergebnisse sind in Kapitel 4.9 dargestellt.

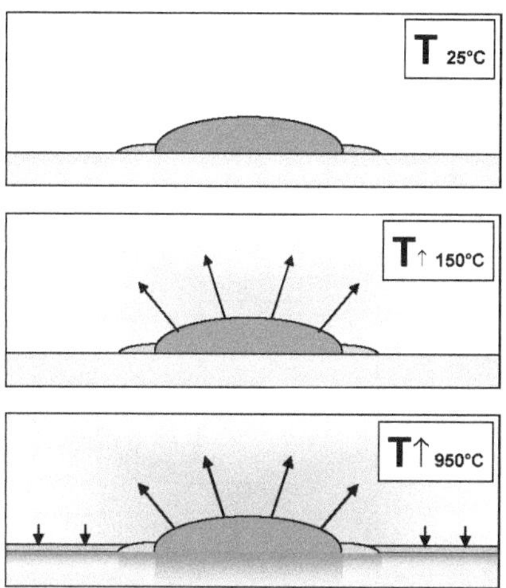

Abbildung 4-22 Schematische Darstellung des Ablaufs beim einstufigen selektiven Emitterprozeß (oben: nach dem Druck; mitte: während des Trocknens; unten: während der Diffusion). Der Emitter wird durch Diffusion unterhalb des aufgedruckten Fingers, der Druckverbreiterung und dem Gasphasenkondensat gebildet.

4.8.2 Zweistufige selektive Emitter

Im Rahmen der Arbeit wurden auch zweistufige selektive Emitters hergestellt. Die Idee war dabei, eine *sichere* Alternative zum oben beschriebenen einstufigen Verfahren zu entwickeln, da bei diesem der niedrig dotierte Bercich nur in Grenzen frei einstellbar ist. Bei der ersten Stufe wird zuerst eine lateral homogene Dotierung hergestellt, um die selektive zweite Diffusion zum Eintreiben dieses Emitters zu nutzen. Durch die zu erwartende Absenkung der Oberflächenkonzentration sollte sich auch die Passivierbarkeit erhöhen. Für diesen homogenen Emitter kamen die auf der Basis einer Spin-On-Belegung entwickelten Prozesse zum Einsatz.

Entwicklung des Emitters

In einer Reihe von Experimenten wurde die Entwicklung des Emitters während der beiden Stufen beobachtet. Das verwendete Versuchsschema ist in Abbildung 4-23 dargestellt. Für die Experimente wurden niedrig dotierte, polierte 3-Zoll-Cz-Siliciumscheiben eingesetzt. Nach jeder Diffusion wurde das Phosphorglas in Flußsäure entfernt. Die Scheiben wurden dann mit dem Spin-On-Dotierstoff belegt und bei 930°C für 60 Sekunden im RTP-Ofen diffundiert. Anschließend wurde die Probe in vier 2,5x2,5 cm^2 große Quadrate unterteilt. Für je ein Quadrat wurde mittels SH- bzw. SIMS-Messung die freie Ladungsträger- bzw. Phosphorkonzentration bestimmt. Die ermittelten Profile sind in Abbildung 4-25 dargestellt.

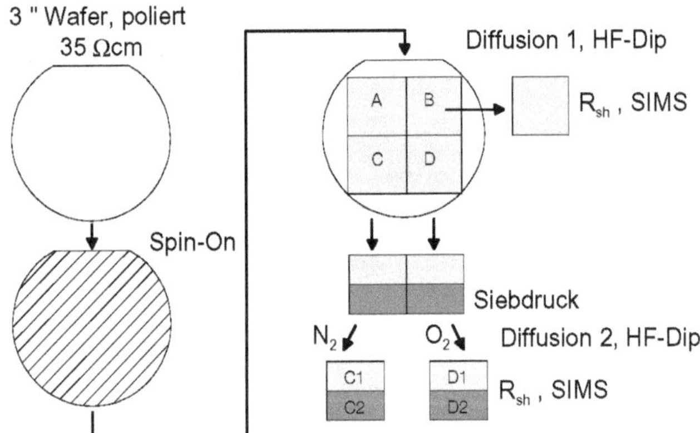

Abbildung 4-23 Versuchsablauf zur Charakterisierung des Emitters bei einer zweistufigen Diffusion. Die Belegung vor der ersten bzw. zweiten Diffusion erfolgt durch Aufschleudern bzw. durch halbseitigen Siebdruck, somit kann die Entwicklung des Emitters für den bedruckten und unbedruckten Bereich untersucht werden.

Die beiden verbliebenen Quadrate wurden je halbseitig mit dem Siebdruckdotierstoff bedruckt, getrocknet und ein weiteres Mal im RTP-Ofen prozessiert. Nach jeder Diffusion wurde das Phosphorglas geätzt. Auf jeder Stufe des Experiments wurde der Schichtwiderstand und teilweise das Phosphorkonzentrationsprofil bestimmt. Die Messungen wurden jeweils in der Mitte der Probenstücke durchgeführt, d.h. der Abstand zwischen dem

Rand des bedruckten Bereiches und dem jeweiligen Mittelpunkt des unbedruckten Bereiches beträgt etwas mehr als 1 cm.

Die Entwicklung des Schichtwiderstands ist in Abbildung 4-24 für die Parameterpaare 930°C/60s auf der ersten und 930°C/120s auf der zweiten Diffusionsstufe dargestellt. Für die unbedruckten Bereiche ergibt sich unter einer Stickstoffatmosphäre (Probe C1) eine deutliche Abnahme des Schichtwiderstandes von 75 Ω/sq auf unter 50 Ω/sq, während unter Sauerstoffatmosphäre (Probe D1) keine signifikante Veränderung festgestellt wurde. Für die bedruckten Bereiche ergibt sich eine Abnahme auf knapp unter (Probe C2) bzw. über 40 Ω/sq (Probe D2), wobei wiederum die unter Stickstoff prozessierte Probe die geringeren Werte aufweist.

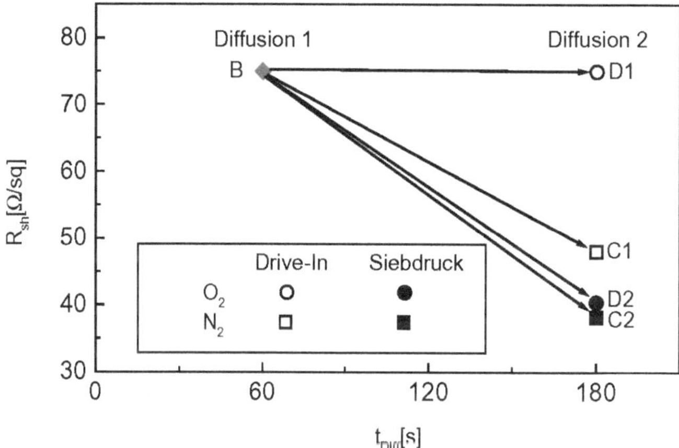

Abbildung 4-24 Entwicklung des Schichtwiderstands durch die zweite Diffusionsstufe unter Variation der Prozeßatmosphäre. Beim reinen Eintreiben (engl. *Drive-In*) des Emitters zeigt sich ein unterschiedliches Verhalten für die beiden Prozeßgase, das auf die Oxidbildung unter Sauerstoffatmosphäre zurückgeführt wird.

Die wahrscheinliche Ursache für das unterschiedliche Verhalten ist die Bildung des Oxids auf der Scheibenoberfläche bei Prozessierung unter Sauerstoff. Für die unter Stickstoffatmosphäre hergestellten Proben wird ein großer Teil der interstitiell vorliegenden Phosphoratomen in substitutionelle umgewandelt und somit elektrisch aktiv. Dadurch sinkt der Schichtwiderstand erheblich. Im Fall des Sauerstoffprozesses wird ein Teil der Phosphoratome in das Oxid hineindiffundieren. Außerdem wird bei der Oxidation ein Teil des oberflächennahen Siliciums aufgebraucht (vgl. Kapitel 4.2.4). Die freigesetzte Menge an interstitiellen Phosphoratomen und der gleichzeitige Einbau in das Oxid halten sich unter Berücksichtigung einer Änderung des Mobilitätsprofils in etwa die Waage. Dieses Ergebnis wurde durch weitere Experimente im Bereich 900-1000°C bestätigt.

In Abbildung 4-25 ist die Entwicklung der Phosphorkonzentration für die unter Sauerstoffatmosphäre prozessierte Probe dargestellt. Nach der ersten Diffusion liegt die Oberflächenkonzentration noch über 10^{21} cm^{-3} (B). Im nichtbedruckten Bereich (D1) nimmt diese auf ca. $2 \cdot 10^{20}$ cm^{-3} ab, während sich die räumliche Tiefe des Profils deutlich erhöht. Im bedruckten Bereich (D2) liegt die Oberflächenkonzentration etwas unter der der Probe B, dafür ist das Profil sonst deutlich tiefer. Da eine relativ niedrige Oberflächenkonzentration wegen der besseren Passivierbarkeit des Emitters erwünscht ist, wurden alle weiteren Prozesse auf der zweiten Stufe unter einer Sauerstoffatmosphäre durchgeführt.

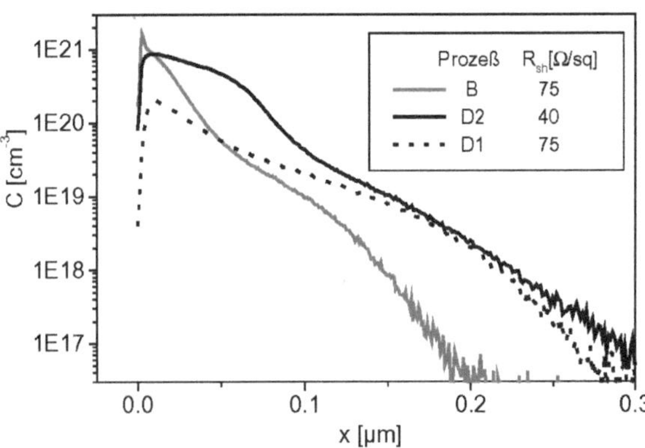

Abbildung 4-25 SIMS-Profile der Proben B, D2 und D1 (Versuchsbeschreibung vgl. Abbildung 4-23). Durch die zweite Temperaturbehandlung vergrößert sich die Tiefe des Emitters. Die Oberflächenkonzentration nimmt bei der Prozessierung der nicht bedruckten Fläche deutlich ab, während sich unter der bedruckten Fläche im Bereich der ersten 80 nm eine sehr hohe Oberflächenkonzentration einstellt.

Für alle Solarzellenprozesse werden die Proben (5x5 oder 10x10 cm^2, 1 Ωcm, p-leitendes Cz-Si) vor der Diffusion in 30%iger KOH geätzt und anschließend einer HNF-Reinigung[37] unterzogen. Durch die HNF-Reinigung wird die Oberflächenbeschaffenheit der Proben verbessert, wie sich in einer durchgeführten Lebensdaueruntersuchung gezeigt hatte.

Nach der Reinigung werden die oben beschriebenen ein- bzw. zweistufigen Diffusionsprozesse zur Emitterbildung verwendet. Anschließend wird das Phosphorglas in Flußsäure entfernt. Zur Kontaktierung der Vorderseite wird eine handelsübliche Silberpaste im Siebdruckverfahren gedruckt. Für große Siliciumscheiben (10x10 cm^2) wurde eine Kontaktstruktur mit einem Fingerabstand von 2,4 mm verwendet, die für einen Emitterschichtwiderstand von ca. 35 Ω/sq optimiert ist. Für die kleineren Scheiben (5x5 cm^2) wurde der Fingerabstand auf der Basis des in Kapitel 4.5.1 dargestellten Simulationsmodells optimiert. Der Simulation wurde eine Diffusionslänge von 300 µm und ein Schichtwiderstand von 100 Ω/sq im niedrig dotierten Bereich zu Grunde gelegt. Für die Kontaktfinger wurde ein spezifischer Widerstand von $2{,}8 \cdot 10^{-8}$ Ωcm und eine mittlere Breite bzw. Höhe von 90-110 µm bzw. 4,5 µm angenommen. Alle weiteren Simulationsparameter wurden entsprechend der Tabelle 4-3 gewählt. Der durch die Simulation gelieferte ideale Fingerabstand beträgt 2 mm. Der für die Versuche eingesetzte Siebdrucker besitzt keine optischen Justiermöglichkeiten, deshalb wurde eine relativ hohe Toleranz von ca. ±100 µm bei der Justierung der Kontaktstruktur auf die selektive Emitterstruktur einberechnet[38]. Unter Verwendung dieser Daten wurde eine Kontaktstruktur entworfen, die in Abbildung 4-27 dargestellt ist und ein Symmetrieelement für die typische Kontaktstruktur einer 10x10 cm^2 großen Zelle bildet.

[37] Die HNF-Reinigung besteht aus einem Oxidationsschritt in heißer Salpetersäure und einem nachfolgenden Abätzen der dünnen Oxidschicht in Flußsäure.

[38] Die Justiergenauigkeit moderner Siebdrucker mit optischer Randerkennung liegt zum Vergleich im Bereich von ±5 µm. Allerdings trägt die Alterung des Siebes zu einer Erhöhung der notwendigen Toleranz bei [80].

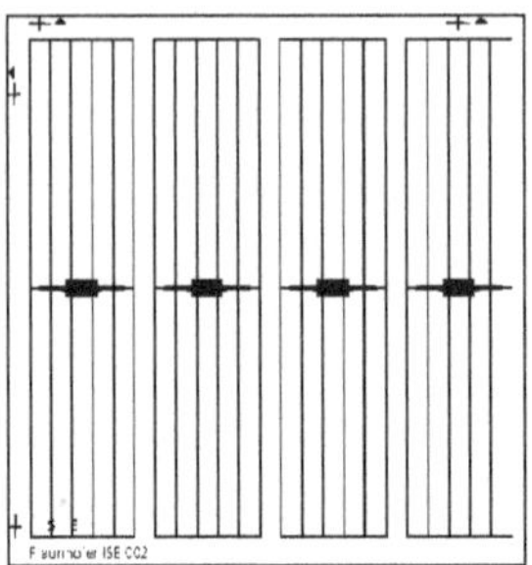

Abbildung 4-27 Verwendete Kontaktstruktur für die Vorderseitenmetallisierung der 5x5 cm^2 großen Solarzellen. Für den selektiven Phosphordotierstoffdruck wird eine entsprechende Struktur mit einer Toleranz von 100 µm zu beiden Seite der Linien eingesetzt. Die Markierungen oben und links dienen der Justierung und werden bei der Kantenisolation entfernt.

Die Kontaktierung der Rückseite der Solarzelle erfolgte durch Aufdrucken einer Aluminium-Paste[39]. Die Kontakte wurden mit Hilfe eines RTF-Prozeß *kogefeuert*[40]. Im Rahmen der Voruntersuchung zeigte sich, daß bei dem verwendeten Siebdruckdotierstoff Diffusionsprozesse zur Erzeugung von Schichtwiderständen kleiner als 25 Ω/sq notwendig sind, um mittels Siebdruckkontakten Füllfaktoren oberhalb von 75% zu erreichen. Darüber hinaus wirkt sich die Verwendung eines kurzen Hochtemperaturzyklus und relativ niedriger Spitzentemperaturen ($t_{RTF} \cong 1$ s, $T_{RTF} \cong 765°C$) günstig auf den Füllfaktor aus. Aus der Analyse der Dunkel-Kennliniendaten kann abgeleitet werden, daß bei höheren Temperaturen und längeren Diffusionszeiten die Verluste im Füllfaktor zum einen auf einen niedrigen Shuntwiderstand R_p, aber insbesondere auf einen hohen Rekombinationsstrom in der RLZ, repräsentiert durch I_{02}, zurückzuführen sind.

---

[39]Die zur Optimierung des Vorderseitenkontaktes hergestellten Zellen wurden z.T. an der Rückseite durch Aufdampfen einer Al-Schicht und anschließendes Sintern bei ca. 400°C kontaktiert.

[40]Die Bezeichnung Kofeuern wird für die gleichzeitige Bildung der Kontakte an Vorder- und Rückseite, während einer kurzen Erhitzung der Scheibe verwendet. Am Fraunhofer ISE wird der Kontaktformierungsprozeß mit einer RTP-Anlage durchgeführt. Deshalb wird der Begriff Rapid Thermal Firing verwendet (RTF).

Der wesentliche Nutzen des Einsatzes niedriger dotierter Emitter besteht in der besseren Passivierbarkeit. Deshalb wurde für die Passivierung der Solarzellen eine Siliciumnitrid-AR-Schicht eingesetzt (vgl. auch Kapitel 5.2.3). In der am Fraunhofer ISE durchgeführten Diplomarbeit von H. Mäckel [114] wurden PECVD-Prozesse zur Herstellung von Siliciumnitrid mit einer niedrigen ORG auf p-dotiertem Silicium entwickelt. Ein Teil dieser Schichten mit einem Brechungsindex im Bereich von 2,1 bis 2,7 zeigt aber auch auf n-leitendem Material gute Oberflächenpassivierungseigenschaften. Da für Schichten mit einem höheren Brechungsindex die Bandlücke und somit die Absorptionskante zu niedrigeren Energien verschoben wird, wurde die Schicht mit dem geringsten Brechungsindex für die Solarzellenprozesse ausgewählt. Magnesiumfluorid eignet sich aufgrund des niedrigen Brechungsindex in Kombination mit dieser Schicht gut als Material für eine DLAR-Schicht. In einer PC1D Simulation wurde als optimale Kombination eine DLAR-Schicht mit 60-65 nm Siliciumnitrid und 100-110 nm Magnesiumfluorid ermittelt. Als letzter Prozeßschritt erfolgt die Kantenisolation der Zellen mit Hilfe eines Nd:YAG-Lasers, d.h. es werden Gräben definiert und ein ca. 1,5 mm breiter Streifen von allen vier Seiten abgebrochen.

Unter Verwendung der oben beschriebenen Teilprozesse wurden Solarzellen hergestellt. Der Prozeßablauf ist in Tabelle 4-6 zusammengefaßt. Für die Prozesse zur Diffusion des Siebdruckdotierstoffes wurden die Temperatur-/Zeitpaare 950°C/120 s und 950°C/180 s eingesetzt, für die sich Schichtwiderstandswerte im Bereich von 22-25 Ω/sq bzw. 18-21 Ω/sq ergeben. Zur Untersuchung des Einflusses des Gasstroms bei der Diffusion wurde der Stickstofffluß auf 0 oder 8 slm und der Sauerstofffluß auf 3 slm festgesetzt. Die Prozesse zur Diffusion des Spin-On-Dotierstoffes wurden bei 940°C für 60 s durchgeführt[41]. Jeder Versuchspunkt wurde zweimal realisiert.

[41]Der für die Charakterisierung verwendete Spin-On-Dotierstoff mußte für die Solarzellenprozesse ersetzt werden. Für den neuen Dotierstoff mußten etwas höhere Temperaturen eingesetzt werden, um den gleichen Schichtwiderstand zu erreichen.

Tabelle 4-6 Homogener (H), ein- (S1) und zweistufiger (S2) Emitterdiffusionsprozeß zur Herstellung 5x5 cm^2 großer Solarzellen.

Homogener Emitter (H)	Zweistufiger selektiver Emitter (S2)	Einstufiger selektiver Emitter (S1)
KOH/HNF		
	Spin-On-Belegung	
	RTP-Diffusion 940°C , 60 s	
HF-Dip		
homogener Siebdruck	selektiver Siebdruck	selektiver Siebdruck
RTP 950°C, 180/120 s, 3 slm O_2, 0/8 slm N_2		
HF-Dip		
Ag-Pastendruck Kontaktgrid vorn		
Al-Pastendruck ganzflächig hinten		
RTF		
PECVD-SiN ca. 62 nm; n=2,1		
MgF ca. 107 nm; n=1,4		
Lasertrennen		

4.9.2 Ergebnisse

Die aus der Hell-Kennlinienmessung extrahierten Parameter sind für die drei verschiedenen Emittertypen als Best- bzw. Mittelwert der jeweils acht (sechs[42]) Solarzellen in Tabelle 4-7 dargestellt[43].

Für die Variation der Diffusionszeit und des Gasflusses ergab sich kein signifikanter Einfluß auf die Kenndaten der selektiven Emitterzellen, deshalb werden diese in der Tabelle nicht explizit unterschieden. Dies deutet darauf hin, daß die selektiven Emitterprozesse im betrachteten Parameterbereich

[42] Für den homogenen Emitterprozeß wurden zwei Zellen nicht vollständig prozessiert.

[43] Auf Grund der besonderen Struktur des Kontaktgrids wurden die Zellen mit einer schmalen Kontaktbrücke gemessen, die zu einer teilweisen Abschattung der Zellen führt, d.h. daß der Kurzschlußstrom und der Wirkungsgrad bei der Messung etwas, allerdings nur geringfügig unterbewertet werden.

relativ robust gegenüber einer Variation der Belegungsbedingungen während der Diffusion sind. Diese Beobachtung ist auch mit der Annahme vereinbar, daß zumindest ein Teil der Belegung bereits vor der eigentlichen Diffusion stattfindet. Eine genauere Analyse würde allerdings zusätzliche Experimente erfordern (z.B. unter Einsatz der Schichtwiderstandstopographie). Für den homogenen Emitterprozeß ergibt sich bei der kürzeren Diffusionszeit ein um ca. 1 mA/cm^2 höherer Kurzschlußstrom und ein um ca. 1% niedrigerer Füllfaktor im Vergleich zu den Daten des längeren Diffusionsprozesses. Dies läßt sich direkt auf den vergleichweise geringeren Schichtwiderstand des kürzeren Prozesses zurückführen.

Die besten Wirkungsgradwerte werden für die Solarzellen mit einstufigem, selektiven Emitter erreicht. Das erzielte Resultat von 15,5% ist für diesen relativ einfachen und schnellen Diffusionsprozeß sehr vielversprechend. Der zweistufige Emitter erweist sich als nahezu ebenbürtig. Der Unterschied resultiert aus dem etwas niedrigeren Kurzschlußstrom beim zweistufigen Prozeß, der auf die höhere Dotierung zurückgeführt werden kann. Als besonders positives Ergebnis ist die erreichte Leerlaufspannung von 623 mV zu nennen, die auf eine ausgezeichnete Passivierung des Emitters hinweist. Zum Vergleich sei erwähnt, daß Siebdruckzellen auf einem industriellen Emitter mit einem Schichtwiderstand von 35-40 Ω/sq selten eine Leerlaufspannung über 610 mV erreichen. Die Zellen mit homogenem Emitter zeigen eine deutlich niedrigere Spannung und Kurzschlußstromdichte.

Tabelle 4-7 Hell-Kennliniendaten der RTP-diffundierten Zellen mit siebgedrucktem Dotierstoff und Kontakten. Der AR-Gewinn gibt die Verbesserung im Kurzschlußstrom durch Verwendung der doppellagigen Antireflexschicht wider.

	Prozeß. Nr.	V_{oc} [mV]	I_{sc} [mA/cm^2]	FF	η [%]	AR-Gewinn [%]
Mittel-wert	H	605	29,5	0,727	13,0	42
	S2	618	32,4	0,749	15,0	49
	S1	620	32,9	0,743	15,1	50
Beste Zelle	H	607	30,3	0,725	13,3	44
	S2	623	32,8	0,751	15,3	49
	S1	623	33,2	0,751	15,5	50

Der Füllfaktor der beiden selektiven Emitterzellen kann mit 75% auf Cz-Silicium allerdings nur als moderat bezeichnet werden. Interessanterweise sind die Füllfaktorwerte der homogenen Emittern niedriger. Die Anlayse der Dunkel-Kennlinien hat gezeigt, daß die niedrigen Füllfaktoren insbesondere aus einem niedrigen Parallelwiderstand und einem hohen Rekombinationsstrom in der RLZ resultieren. Für 10x10 cm^2 große Zellen wurden allerdings mit einem nahezu identischen Prozeß Füllfaktoren bis 78% erreicht, während bei kleinen Zellen (0,81 cm^2) besonders hohe Werte für I_{02} ermittelt wurden. Die Ursache könnten ungünstige Bedingungen an der gebrochenen Kante der Zellen sein. Liegt dort eine hohe Rekombinationsrate vor, so injiziert der hochdotierte Emitter stark Ladungsträger in diesen Bereich. Hierdurch kann auch die Flächenabhängigkeit des Effektes erklärt werden. Der vergleichsweise niedrige Emitterrekombinationsstrom der selektiven Emitterzellen kann aus der in Abbildung 4-28 dargestellten spektralen Empfindlichkeit der drei jeweils besten Solarzellen abgeleitet werden. Die niedrigere Dotierung führt in Verbindung mit der besseren Passivierungswirkung zu einer deutlich erhöhten Quanteneffizient bei kurzen Wellenlängen. Der einstufige Emitter zeigt eine noch bessere spektrale Empfindlichkeit als der zweistufige Prozeß.

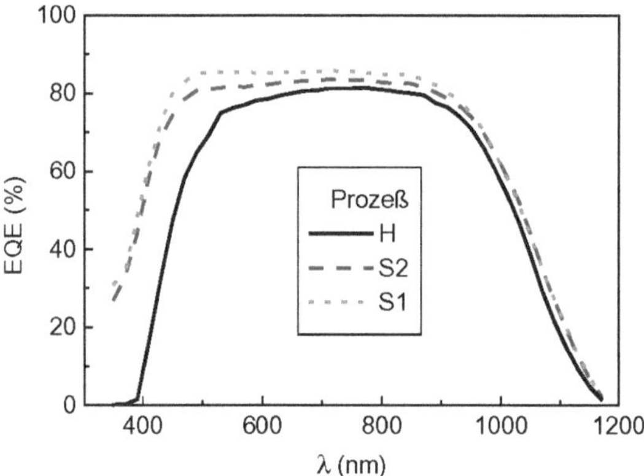

Abbildung 4-28 Externe Quanteneffizienz (EQE) der ein- und zweistufigen selektiven Emitterzellen im Vergleich zum homogenen Emitter (λ: Wellenlänge; Prozesse für H, S1 und S2 vgl. Tabelle 4-6). Die niedrigere Emitterdotierung zeichnet sich in Verbindung mit der Passivierung durch eine deutlich verbesserte spektrale Empfindlichkeit, insbesondere bei kurzer Wellenlänge aus.

4.10 Konzeption einer RTP-Durchlaufanlage

Im folgenden wird ein Konzept eines Prototypen einer durchlauffähigen RTP-Produktionsanlage für die Emitterdiffusion vorgestellt. Die assoziierten Prozeßkosten für die Herstellung eines selektiven Emitters werden abgeschätzt.

4.10.1 RTP-Durchlaufanlage

Die relativ vielversprechenden Ergebnisse der durchgeführten Untersuchungen, legen die Frage nach einer geeigneten industriellen RTP-Anlage nahe. Im Rahmen des Projektes SOLPRO wurde ein durchlauffähiger Ofen konzipiert, der die besonderen Eigenschaften der schnellen thermischen Diffusion nutzen soll und schematisch in Abbildung 4-29 dargestellt ist. Eine weitere Besonderheit an diesem Ansatz ist der patentierte [91] und in Tests erprobte bruchtolerante Luftkissentransport. Dieser weist mehrere prinzipielle Vorteile gegenüber dem Metallkettentransport konventioneller Durchlauföfen auf.

Da sich beim Luftkissentransport nur die Substrate bewegen, wird der Transport der grossen thermischen Masse des Metallkettenbands durch die verschiedenen Zonen und in den Außenbereich vermieden. Hierdurch wird der Energieverbrauch deutlich gesenkt und die Kontamination durch Verunreinigungen aus der Außenluft sowie Abrieb der Metallkette vermieden. Außerdem lassen sich so deutlich höhere Temperaturgradienten erzeugen. In Verbindung mit schnellen thermischen Prozessen lassen sich die Länge des Ofens und somit die Anlagenkosten reduzieren. Einen weiteren wichtigen Vorteil stellt die geringere Menge an im Ofen befindlichen Scheiben dar, hierdurch läßt sich der Ausschuß bei einem Prozeßfehler verringern.

Die Scheiben werden zuerst in eine Vorheizzone gebracht, in der auch das Verbrennen der organischen Bestandteile der Paste stattfinden kann. Danach kommt die Zone der Aufheizrampe, die mit Lampen mit sehr kurzwelligem Spektrum bestückt ist, um insbesondere während der Startphase der Diffusion eine hohe Diffusionsgeschwindigkeit zu gewährleisten. Es folgt der Plateaubereich in dem die räumliche Struktur des Emitters ausgebildet wird und schließlich die Kühlzone. Unter der Voraussetzung eines nur 120 Sekunden dauernden Prozesses ließe sich die Hochtemperaturzone bei vier parallel verlaufenden Luftkissenschienen mit einem Durchsatz von drei Scheiben pro

Sekunde auf eine Länge von unter 2 m reduzieren. In entsprechenden konventionellen Durchlauföfen weisen diese Zonen zur Zeit eine Länge von ungefähr 10 m auf. Zur Vermeidung einer großen Temperaturinhomogenität können Randheizungen vorgesehen werden.

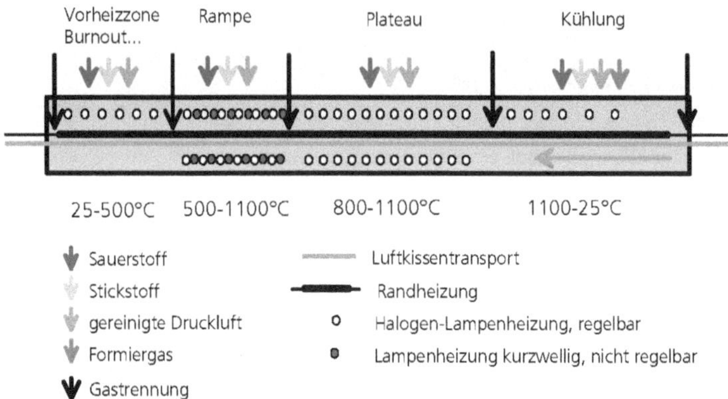

Abbildung 4-29 Schema einer Pilotdurchlaufanlage mit optischer Heizung zur schnellen thermischen Diffusion. Der Scheibentransport mittels Luftkissen führt im Vergleich zum konventionellen Metallkettentransport zur Verringerung, der durch den Ofen bewegten thermischen Masse.

4.10.2 Prozeßkosten

Die Prozeßkosten für die Herstellung eines homogenen Siebdruckemitters unter Verwendung der oben beschriebenen Durchlaufanlage werden in [27] zu 0,09 DM/Wp abgeschätzt. Dabei wird bereits der Einsatz eines modernen Siebdruckers mit optischer Kantenerkennung vorausgesetzt, d.h. für die im Rahmen der Arbeit gewählte Toleranz von 100 µm sollten keine zusätzlichen Anlagenkosten anfallen. Auf den Siebdruckdotierstoff entfallen ungefähr 0,04 DM/Wp der Prozeßkosten. Bei einem selektiven Dotierstoffdruck mit einer Flächenabdeckung von unter 20%, wie in den durchgeführten Experimenten benützt, wird offensichtlich eine deutlich geringere Menge an Dotierstoff verwendet. Deshalb sollte sich dieser Anteil der Kosten auf unter 0,01 DM/Wp reduzieren lassen. Dies entspricht gesamten Prozeßkosten von ca. 0,06 DM/Wp.

4.10.3 Fazit und Ausblick

Die im Rahmen der durchgeführten Untersuchungen erzielten Ergebnisse deuten darauf hin, daß der schnelle einstufige selektive Emitterprozeß auch industriell eingesetzt werden kann. Es bedarf allerdings der Optimierung einiger Parameter, um eine signifikante Verbesserung des Wirkungsgrades im Vergleich zu einem kommerziell hergestellten Emitter mit einem Schichtwiderstand von typischerweise 35 Ω/sq erreichen zu können.

Zum einen müssen Mittel gefunden werden, wie auch RTP-Emitter in diesem Schichtwiderstandsbereich gut im Siebdruckverfahren kontaktiert werden können. Die Verbesserung siebgedruckter Kontakte hinsichtlich ihrer geometrischen und elektrischen Eigenschaften kann einen weiteren Beitrag dazu leisten, daß das hier vorgestellte selektive Emitterkonzept erfolgreich eingesetzt werden kann. Zum anderen sollten die Möglichkeiten einer optischen Justierung der Kontakt- auf die selektive Emitterstruktur ausgenutzt werden. Geeignete Siebdruckanlagen sind bereits auf dem Markt. Hiermit könnte die Höhe der Dotierung zwischen den Kontakten herabgesenkt werden, da weniger Phosphor in die Gasphase eingebracht wird.

5 Siliciumnitrid-Doppel-Magnetron-Sputtern

Siliciumnitrid wird in der Solarzellentechnologie in zunehmendem Maße als Antireflexbeschichtung verwendet, da es zusätzlich zur Volumen- und Oberflächenpassivierung eingesetzt werden kann. Bisher wurde zur Beschichtung mit Siliciumnitrid vor allem die plasmaunterstütze chemische Dampfabscheidung (PECVD) verwendet, die aber bis vor kurzem ausschließlich in Rohrdiffusionsofenähnlichen Anlagen mit sehr komplexer Anordnungsgeometrie hergestellt wurden. Für die zu erwartende Verwendung von dünneren und zerbrechlichen Siliciumscheiben ist diese Methode nicht geeignet. Im Rahmen dieser Arbeit wird ein neues Verfahren für die Siliciumnitridbeschichtung in der Photovoltaik eingesetzt: das reaktive Magnetronsputtern unter Verwendung paarweise angeordneter Targets (Doppel-Magnetron oder Twin-Mag®)[44]. Nach einer detaillierteren Einleitung in das Themengebiet werden die bekannten Alternativverfahren diskutiert. Dann werden die theroretischen Grundlagen für die Funktionsweise der Schichten und die im Rahmen der Arbeit verwendete Technologie vorgestellt. An Hand experimenteller Untersuchungen wird die Eignung von gesputtertem Siliciumnitrid für die verschiedenen Funktionen geprüft. Schließlich folgt eine Zusammenfassung und Bewertung der erzielten Ergebnisse, sowie ein Ausblick auf eine mögliche Weiterentwicklung dieser Technologie.

5.1 Einleitung

Wie bereits in Kapitel 3.2 ausgeführt, sind die Herstellung des pn-Überganges und der Kontakte an Vorder- und Rückseite die grundlegenden Prozesse zur Erzeugung eines photovoltaischen Bauelements. Trotz des Mehraufwandes

[44] Die Begriffe, die in der Sputtertechnologie verwendet werden enstammen größtenteils dem Englischen: *Sputtern* für zerstäuben bzw. *Target* für Ziel.

werden bei allen industriell hergestellten Solarzellen dünne dielektrische Schichten zur Reflexionsminderung aufgebracht, da der Mehraufwand wirtschaftlich durch den Zugewinn an Leistung überkompensiert wird. Insbesondere Siliciumnitrid wird aber als Multifunktionsschicht eingesetzt. Als wichtigste potentielle Funktionen wären dabei zu nennen:

- Antireflexionsschicht
- Oberflächenpassivierung
- Volumenpassivierung

Außerdem ist noch der Einsatz als Diffusions- und Ätzmaskierung zu erwähnen (vgl. auch Kapitel 4.2).

Das Zerstäuben eine Materialoberfläche mit Hilfe von Ionen, die auf diese Oberfläche beschleunigte werden, wird als Sputtern bezeichnet. Das Sputterverfahren wird großindustriell, z.B. in der Glasbeschichtungsindustrie, zur Abscheidung dünner Schichten eingesetzt. Vorteile des reaktiven Sputterns im Vergleich zur PECVD-Abscheidung sind die hohen Abscheideraten, ein geringer Wartungsaufwand auf Grund der geringeren Kammerverschmutzung bzw. der direkten Abscheidung und die sehr hohe Homogenität auf großen Flächen. Bereits 1982 wurden gesputterte Siliciumnitridschichten als Antireflexschicht in der Solarzellentechnologie eingesetzt [115]. Allerdings wurde noch zu Beginn dieser Arbeit angenommen, daß die mit dem Sputtern verbundenen hohen Teilchenenergien eine starke Beschädigung der Silicium-Oberfläche verursacht [13]. Deshalb wurde im Rahmen der Arbeit diese Aussage für die erstmals in der Solarzellentechnologie eingesetzte Twin-Mag-Technologie überprüft und es sollten die folgenden Fragen in den Untersuchungen geklärt werden:

- Beschädigt der Sputterprozeß bei einer Beschichtung der Solarzellenvorderseite den Emitter oder die Raumladungszone?
- Wie sind die optischen Eigenschaften der abgeschiedenen Schicht?
- Kann mit der Sputtertechnologie eine gute Oberflächenpassivierung erreicht werden?
- Ist es möglich, Wasserstoff in ausreichender Menge in die Schichten einzubauen, um Verunreinigungen im Material zu passivieren?

Für die Solarzellentechnologie sind je nach Einsatzgebiet verschiedene Kombinationen der Schichtfunktionen gefordert. Die Übergänge der Einsatzgebiete sind z.T. fließend, aber ein grobes Schema kann wie folgt vorgegeben werden:

(A) Als reine Antireflexschicht ohne Oberflächenpassivierung, z.B. bei hochdotierten Emittern auf Material mit niedriger Defektdichte im Volumen.

(B) Als Antireflexschicht mit Oberflächenpassivierungswirkung auf n-leitendem Material und Volumenpassivierung bei defektreichem Material

(C) Als Antireflexschicht mit Volumenpassivierung auf defektreichem Material ohne Oberflächenpassivierung, z.B. bei hochdotierten Emittern

(D) Oberflächenpassivierungsschicht auf p-leitendem Material, bei defektreichem Material Volumenpassivierung

5.2 Grundlagen

Die Grundlagen für die Verwendung dielektrischer Schichten in der Solarzellentechnologie werden im folgenden nach ihren Anwendungsbereichen sortiert diskutiert. Desweiteren wird insbesondere auf die Eigenschaften von Siliciumnitrid eingegangen. Die wichtigsten physikalischen Grundlagen werden vorab kurz diskutiert. Eine ausführliche Einführung in das Thema geben z.B. die Arbeiten von A. Aberle [13] und H. Mäckel [114].

5.2.1 Siliciumnitrid

Stöchiometrisches Siliciumnitrid gehorcht der Strukturformel Si_3N_4. Die elektronischen Valenzen der Siliciumatome liegen in sp^3- und die der Stickstoffatome in sp^2-hybridisierter Form vor. In der Solarzellentechnologie wird ausnahmslos amorphes Siliciumnitrid in zumeist nicht-stöchiometrischer hydrogenisierter Form verwendet (abgekürzt: SiN_x:H). Dies beruht auf den speziellen physikalischen Eigenschaften, die sich durch eine Variation des [Si]/[N]-Verhältnisses und des Wasserstoffgehaltes einstellen lassen. Während die Bandlücke des stöchiometrischen, wasserstofffreien Siliciumnitrid 5,3 eV beträgt, sinkt diese bei Erhöhung des Siliciumgehalts bis auf einen

Wert von 1,7 eV bei amorphem Silicium (vgl. Abbildung 5-1). Außerdem sind die im Siliciumnitrid auftretenden Defekte in starkem Maße von dem [Si]/[N]-Verhältnis abhängig. Ein besonders wichtiger Defekt ist das sogenannte K-Zentrum (•Si≡N_3), da es nicht nur neutral als K^0, sondern auch in stabilen geladenen Zuständen vorkommt (K^+,K^-), die für die Oberflächenpassivierung eine wichtige Rolle spielen. Während das K-Zentrum als Defekt bei stöchiometrischem Silicium vorherrscht, wird mit zunehmendem Siliciumgehalt die Bildung der verwandten Defekte •Si≡SiN_2, •Si≡Si_2N und •Si≡Si_3 wahrscheinlicher.

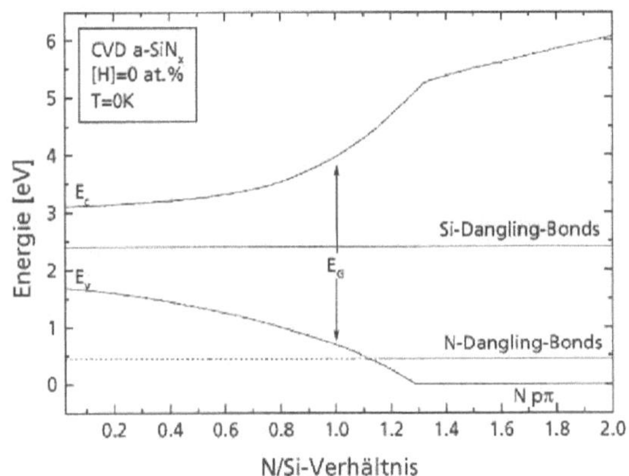

Abbildung 5-1 Berechnete Energie der Bandkanten von wasserstofffreiem Siliciumnitrid bei Variation des [N]/[Si]-Verhältnisses x (aus [116]). Die Bandlückenenergie variiert von 5,3 eV für stöchiometrisches Siliciumnitrid bis zu 1,7 eV für amorphes Silicium.

5.2.2 Antireflex-Schichten

Die Bedingungen, die an eine einlagige Antireflexschicht (SLAR, engl. *Single Layer Anti-Reflection coating*) für Solarzellen gestellt werden, können aus der elementaren Wellenoptik abgeleitet werden, die z.B. in [3] zusammengestellt sind (eine exakte Berechnung der wellenlängenabhängigen Reflexion eines Systems aus mehreren dünnen Schichten unter Anwendung des Matrizenverfahrens findet sich z.B. in [117,118]). Als allgemeine Richtlinie ergibt sich:

- Der Brechungsindex der Schicht sollte dem geometrischen Mittel der Brechungsindizes der sie umgebenden Medien entsprechen. Für eine Schichtfolge Luft/SLAR/Silicium ergibt sich so mit $n_{Luft}=1{,}0$ und $n_{Si}\approx 3{,}8$ [45] eine minimale Reflexion für $n_{SLAR}\cong 1{,}9$. Da Solarzellen für die meisten Anwendungen hinter Glas ($n_{Glas}\cong 1{,}5$) eingebettet werden, ist aber insbesondere der Brechungsindex $n_{SLAR}\cong 2{,}3$ mit minimaler Reflexion für die Schichtfolge Glas/SLAR/Silicium von Bedeutung.
- Das durch destruktive Interferenz erreichte Reflexionsminimum sollte bei ca. 600 nm liegen, um bei der Gewichung mit der internen spektralen Empfindlichkeit und dem Sonnenspektrum einen maximalen Kurzschlußstrom zu erreichen.

Darüber hinaus sollte die Antireflexschicht eine geringe Absorption im Wellenlängenbereich von 350-1200 nm aufweisen.

Für stöchiometrisches Siliciumnitrid ergibt sich ein Brechungsindex von ungefähr 1,9 und eine geringe Absorption für Wellenlängen oberhalb von 350 nm. Deshalb stellt stöchiometrisches Siliciumnitrid eine ausgezeichnete Antireflexionsschicht bei Anpassung gegen Luft dar [119]. Durch Erhöhung des Siliciumanteils kann der Brechungsindex auf 2,3 erhöht werden, um auch bei Anpassung gegen Glas die optimalen Bedingungen einzustellen. Allerdings geht dies, wie in Abbildung 5-1 dargestellt, mit der Verringerung der Bandlücke und somit der optischen Absorptionskante einher. In Abhängigkeit von den Eigenschaften der Solarzelle wird deshalb ein Brechungsindex zwischen 2,1 und 2,3 angestrebt.

Als SLAR werden neben dem Siliciumnitrid nur noch Titandioxid und Siliciumdioxid in größerem Umfang in der Photovoltaik eingesetzt. Siliciumdioxid eignet sich auf Grund des niedrigen Brechungsindex ($n\cong 1{,}5$) nur bedingt als Antireflexschicht. Durch eine Kapselung der Zelle hinter Glas geht bei Siliciumdioxid die AR-Wirkung der dünnen Schicht verloren[46]. Als

[45] Der Brechungsindex von Silicium zeigt ein stark wellenlängenabhängiges Verhalten im Bereich 300-1200 nm. Der Wert 3,8 stellt in etwa ein gewichtetes Mittel dar.

[46] In Kombination mit einer Texturierung kann aber ein sehr geringer Reflexionsgrad für nichtgekapselte Zellen erreicht werden.

reine Antireflexschicht bietet Titandioxid ($n_{TiOx}\cong 2,3$) bei Kapselung der Zelle hinter Glas sogar leichte Vorteile im Vergleich zu Siliciumnitrid, da optimierte Schichten im relevanten Spektralbereich nahezu keine Absorption zeigen.

5.2.3 Oberflächenpassivierung

Eine gute Passivierung der Oberflächen von kristallinem Silicium stellt ein Hauptkriterium zur Erzielung hoher Zellwirkungsgrade dar. Deshalb ist das Verständnis der assoziierten physikalischen Grundlagen Gegenstand zahlreicher Veröffentlichungen der letzten Jahre, auf die für eine detaillierte Darstellung des Themas verwiesen wird (z.B. [114,120-122]). Eine Verringerung der ORG kann, wie bereits in Kapitel 2.4 erwähnt, auf zwei Arten erreicht werden :

- durch die Reduktion der Grenzflächenzustandsdichte D_{it}. Die Hauptquelle der hohen Störstellendichte stellen die aufgebrochenen Siliciumbindungen dar, die Methode zur Reduktion ist folgerichtig deren Absättigung. (i)
- durch eine signifikante Reduktion der Aufenthaltswahrscheinlichkeit eines der Ladungsträgertypen in der oberflächennahen Schicht des Siliciumvolumens. Dies wird durch den Einbau eines elektrischen Feldes erreicht, wofür es wiederum zwei grundlegende Möglichkeiten gibt:
  - Durch die Herstellung eines Gradienten in der Dotierkonzentration im oberflächennahen Silicium. (ii)
  - Durch den Einbau fester Ladungen in einer aufgebrachten, dielektrischen Oberflächenschicht, die das Feld induziert. (iii)

Technologisch werden die einzelnen Methoden, wie folgt umgesetzt:

i. Die Absättigung der aufgebrochenen Siliciumbindungen kann durch eine Oberflächenschicht mit einer günstigen Struktur wie Siliciumdioxid oder auch Siliciumnitrid erfolgen. Eine fundamentale Bedeutung bei der Oberflächenpassivierung kommt aber der Absättigung der hängenden Siliciumbindungen durch elementaren Wasserstoff zu. Dies liegt daran, daß das Energieniveau der Si-H Bindung außerhalb der Bandlücke von Silicium liegt. Sowohl Siliciumnitrid als auch Siliciumdioxid können elementaren Wasserstoff an die Grenzfläche liefern. Idealerweise erfolgt die Freisetzung aus den Schichten bei Sintertemperaturen von bis zu 500°C in Formiergas. In Siliciumnitrid lassen sich, wie oben beschrieben, bei Abscheidetemperaturen unterhalb von 700°C große Mengen an Wasserstoff einbauen. In Siliciumdioxid liegt Wasserstoff in Form von eingebauten Wassermolkülen vor, die durch einen sogenannte *alneal* zu elementarem Wasserstoff reduziert werden. Für $AlSiO_2Si$-Kapazitäten wurde eine Grenzflächenzustandsdichte von 10^9 $cm^{-2}eV^{-1}$ für innerhalb der Bandlücke liegende Störstellen ermittelt [123].

ii. Hochdotierte industrielle Solarzellenemitter weisen einen starken Gradienten der Dotierkonzentration an der Oberfläche auf. Hierdurch werden die Minoritäten effektiv von der Oberfläche ferngehalten. Allerdings wird durch die hohe Dotierung die Augerrekombination deutlich erhöht, so daß nur eine begrenzte Reduktion des Rekombinationsstromes möglich ist. Wird die Oberflächenkonzentration der Emitterdotierung abgesenkt, ist darüber hinaus auch eine bessere Passivierung mit dielektrischen Schichten möglich [36]. Die Basis der Solarzelle kann insbesondere durch die Herstellung eines BSF aus Bor- oder Aluminium effektiv vor einer hohen ORG geschützt werden. Die kostengünstige Möglichkeit, ein sehr tiefes BSF durch Einlegieren von siebgedruckter Aluminiumpaste bei Temperaturen oberhalb von 577°C herzustellen, hat diese Methode zum Standard der industriellen Fertigung werden lassen (vgl. Kapitel 3.3.1, [104,124]). Da das Aluminium-BSF aber auf Grund der auftretenden mechanischen Spannungen kaum für die Prozessierung dünnerer Siliciumscheiben in Frage kommt, wurde in den letzten Jahren verstärkt auf die Implementierung günstiger Bor-Diffusionsprozesse gedrängt [29,30].

iii. Für den Einbau fester Ladungen in eine dielektrischen Schicht gibt es zwei prinzipielle Möglichkeiten. Zum einen können geladene Verunreinigungen in die Schicht eingebracht werden. In der Halbleitertechnologie wurde dies z.B. durch den Einbau von Cäsium-Ionen in eine Siliciumnitridschicht zur Herstellung von MNOS-Bauelementen erreicht [125]. Die andere Möglichkeit besteht in der Herstellung dielektrischer Schichten, die Defekte mit stabilen geladenen Zuständen bilden. In der Solarzellentechnologie ist dies durch die oben beschriebenen, geladenen K-Zentren in Siliciumnitrid oder durch die sogenannten E-Zentren in Siliciumdioxid ($O_3{\equiv}Si\bullet$) gewährleistet.

5.2.4 Volumenpassivierung

Zur Reduktion der Herstellungskosten von Siliciumscheiben werden vorzugsweise günstige Ausgangsmaterialen und einfache Technologien zur Kristallisation verwendet. Die erzeugten Scheiben weisen deshalb im Siliciumvolumen hohe Störstellendichten auf Grund von Verunreinigung und Kristalldefekten auf. Die Passivierung dieser Störstellen durch den Einsatz von Wasserstoff stellt auch hier eine wichtige Methode zur Reduktion der assoziierten Verluste dar. Wasserstoffhaltiges Siliciumnitrid gibt ab einer Temperatur von circa 600°C verstärkt Wasserstoff in das Volumen ab [126]. Beim sogenannten Durchfeuern der Siebdruckkontakte durch Siliciumnitrid kann deshalb äußerst effektiv die Materialqualität des Siliciums verbessert werden. Deshalb wird dieser Schritt in zunehmenden Maße für die Volumenpassivierung eingesetzt.

Weitere Methoden die zum Einbringen von Wasserstoff in Silicium verwendet werden, sind die Ionenimplantation, das Tempern in Formiergas und die Erzeugung von Wasserstoffradikalen in einem entfernten Mikrowellenplasma (RPHP, engl. *Remote Plasma Hydrogen Passivation).* In der Dissertation von Lüdemann [28] werden diese Methoden miteinander verglichen, und es wird ein Überblick über das augenblickliche Verständnis der Wasserstoffpassivierung gegeben. Die besten Resultate wurden für die Passivierung mit SiN_x:H und der RPHP erreicht.

5.3 Verfahren zur Herstellung dünner dielektrischer Schichten

Im folgenden werden die wichtigsten Verfahren, die bisher zur Erzeugung von dünnen, dielektrischen Schichten in der Solarzellen-technologie verwendet wurden, vorgestellt.

5.3.1 Siliciumnitrid

Stöchiometrisches Siliciumnitrid kann durch die direkte Nitridierung von Silicium und durch Stickstoffionenimplantation hergestellt werden. Auf Grund der geringen Dicke bzw. hohen Strahlenschädigung dieser Verfahren wird Siliciumnitrid bisher hauptsächlich nicht-stöchiometrisch durch CVD hergestellt. Die drei wichtigsten SiN_x-CVD-Prozesse sind die Abscheidung bei 700-1000°C aus Silan und Ammoniak bei Atmosphärendruck (APCVD, [127]), bei 700-800°C aus Dichlorsilan und Ammoniak bei einem Druck von 1-100 Pa (LPCVD, [128]) und bei bis zu 500°C aus einem Plasma aus Silan und Ammoniak bzw. einem Stickstoff/Wasserstoffgemisch (PECVD). Auf Grund des hoch einstellbaren Wasserstoffgehalts und der niedrigeren Abscheidetemperaturen wird in der Solarzellentechnologie bevorzugt PECVD-SiN_x eingesetzt. Der Prozeßablauf des bisher vorherrschenden, auf einer Parllelprozessierung basierenden Anlagentechnologie ist exemplarisch in Kapitel 3.3.1 beschrieben worden. Auf Grund der Nachteile, welche die aufwendige Scheibenhandhabung mit sich bringt, wird aktiv an der Entwicklung von durchlauffähigen PECVD-Anlagen gearbeitet. Dabei werden sowohl Parallelplattenreaktoren als auch Linearquellen eingesetzt [129,130].

Mit PECVD-Siliciumnitrid wurden die bisher niedrigsten ORG (deutlich unter 10 cm/s) auf 1 Ωcm p-leitendem Silicium erreicht [114]. Die Verwendung von Abscheidetemperaturen im Bereich von 300-350°C haben sich als eine Grundvoraussetzung für die Erzielung einer niedrigen ORG herausgestellt.

5.3.2 Siliciumdioxid

Dünne Siliciumdioxidschichten werden in der Halbleitertechnologie größtenteils durch trockene oder feuchte thermische Oxidation hergestellt (vgl. auch Kapitel 4.2). Die hervorragende Passivierungswirkung von Siliciumdioxid mit einer ermittelten ORG unterhalb von 10 cm/s wird aber erst durch den *‚alneal‘* erreicht, durch den eine Reduktion der Störstellendichte durch eine Reduktion von Wasser erreicht wird (vgl. Kapitel 5.2.3). Nagayoshi et al. haben gezeigt, daß auch durch die Verwendung von Siliciumdioxid/PECVD-Siliciumnitrid-Doppelschichten eine Reduktion der Störstellendichte durch Diffusion von Wasserstoff zur Si/SiO_2 Grenzfläche möglich ist [131].

Alternative Verfahren mit niedrigen Abscheidetemperaturen wie PECVD oder Sputtern werden bisher kaum zur Herstellung von Siliciumdioxidschichten eingesetzt, da für diese Schichten bisher nicht die niedrige Störstellendichte des thermischen Siliciumoxid erreicht werden konnte. PECVD-Siliciumdioxid wird allerdings auf Grund seiner hohen Abscheiderate (1 µm/min), z.B. als Diffusionsbarriere bei der Herstellung von Dünnschichtsolarzellen auf Fremdsubstraten eingesetzt [132].

5.3.3 Titandioxid

Titandioxid wird in der industriellen Solarzellentechnologie durch APCVD hergestellt. Ein üblicher Herstellungsprozeß ist die Hydrolyse von Tetraisopropoxidtitanat (TPT), das über Düsen bei 280°C gleichmäßig auf der Scheibenoberfläche verteilt wird. Die Siliciumscheiben werden dabei auf einem Band in den Ofen eingeschleust, dadurch ist ein minimaler Handhabungsaufwand gewährleistet. Durch die relative Einfachheit der Technologie sind die Anlagenkosten deutlich niedriger als bei der PECVD-Siliciumnitridabscheidung. Probleme ergeben sich bei der Technologie vor allem durch die Beschichtung der Reaktorwände, bzw. das Abblättern dieser Schichten. Deshalb müssen die Kammern in der Produktion circa alle 8 Stunden einem Reinigungszyklus unterzogen werden.

Sputtern und Aufdampfen sind alternative Verfahren zur Herstellung von Titandioxid. Die damit verbundene Vakuumtechnik erhöht aber die Anlagenkosten, so daß für die industrielle Anwendung vor allem APCVD-Titandioxid eingesetzt wird. Ausschlaggebend für die Verbreitung des Siliciumnitrids ist letztlich das Fehlen einer signifikanten Passivierungswirkung des Titandioxids.

5.3.4 Zwischenbewertung

Der durchgeführte Vergleich der Materialien und Technologien zeigt, daß wasserstoffhaltiges amorphes Siliciumnitrid für nahezu alle Anwendungen in der Solarzellentechnologie ausgezeichnete Eigenschaften aufweist. Die bisher gängige Abscheidetechnologie per PECVD im Rohrofen verursacht aber hohe Kosten auf Grund aufwendiger Handhabungsvorgänge. Zu Beginn der Untersuchungen waren Konzepte für die PECVD-SiN_x-Herstellung bereits angedacht, aber es wurde auch auf die Problematik der starken Kammerverschmutzung und des vergleichsweise niedrigen Durchsatzes solcher Systeme hingewiesen. Für die Sputtertechnologie ergeben sich aber gerade in diesen Kriterien prinzipielle Vorteile durch die wesentlich gerichtetere Abscheidung. Darüber hinaus ist die Technologie bereits für homogene, großflächige Abscheidungen etabliert. Deshalb wurde das Sputtern sowohl mit einer hohen Umsetzungswahrscheinlichkeit als auch mit einem hohen Kostenreduktionspotential bewertet und einer Grundlagenuntersuchung unterzogen.

5.4 Sputter-Technologie

Im folgenden wird eine kurze Einführung in die Sputter-Technologie zur Abscheidung isolierender Schichten gegeben. Das im Rahmen der Arbeit verwendete Konzept des Doppel-Magnetron-Sputtern wird vorgestellt.

Sputterprozesse werden in der Halbleitertechnologie u.a. zur Abscheidung dünner Schichten von Metallen und metallischen Verbindungen wie Al_2O_3, WO_2 eingesetzt. Eine ausführliche Einführung in das Thema wird z.B. von Thornton [133] gegeben.

Das Prinzip beruht auf der Auslösung von Material aus einer Oberfläche (Target, engl. *Ziel*) durch die Wechselwirkung mit energiereichen Teilchen und anschließender Abscheidung des Materials auf der Substratoberfläche. Technisch wird dies dadurch erreicht, daß das Target in einer Vakuumkammer bei 0,01-1 Pa auf ein negatives Potential (500-5000V) gegenüber dem Substrat und den Wänden der Kammer gesetzt wird. Das Substrat befindet sich dabei in einem Abstand von 3-20 cm zum Target. Durch die kaskadenartige Ionisation der, in die Kammer eingeleiteten, Gasatome durch Primärionen wird ein Plasma erzeugt. Als energiereiche Teilchen werden meist Ionen eines schweren Edelgases, insbesondere Argon (Ar^+) verwendet.

Obwohl ein einfaches planares Elektrodenpaar zur Erzeugung des notwendigen Feldes ausreicht, werden zur großflächigen, schnellen Abscheidung vorwiegend sogenannte Magnetron Sputterquellen verwendet. Diese weisen zusätzlich zu dem elektrischen Feld ein magnetisches Feld auf, das die am Target erzeugten Sekundärionen auf definierte Kreisbahnen in unmittelbarer Nähe des Targets zwingt. Hierdurch läßt sich ein hochionisiertes Plasma erzeugen, und die Argonionen haben auf Grund der kurzen Wege zur Oberfläche eine hohe Auftreffwahrscheinlichkeit. Magnetrons erreichen deshalb schon bei niedrigen Kathoden-Spannungen einen hohen Entladungsstrom. Zur Erzeugung metallischer Schichten können kostengünstige Gleichstromquellen eingesetzt werden.

Eine besondere Attraktiviät des Sputtern besteht darin, daß auch viele Verbindungen mit hoher Bindungsdichte hergestellt werden können. Sind diese Verbindungen hinreichend leitend, so können Sie direkt als Target eingesetzt werden. Alternativ kann reaktiv gesputtert werden, d.h. die leitende Komponente der Verbindung wird als Target verwendet und die nichtleitende als Gas eingebracht. Die Gasmoleküle werden im Plasma dissoziiert und können auf dem Substrat mit den Targetatomen die entsprechende Verbindung bilden (vgl. Abbildung 5-2) .

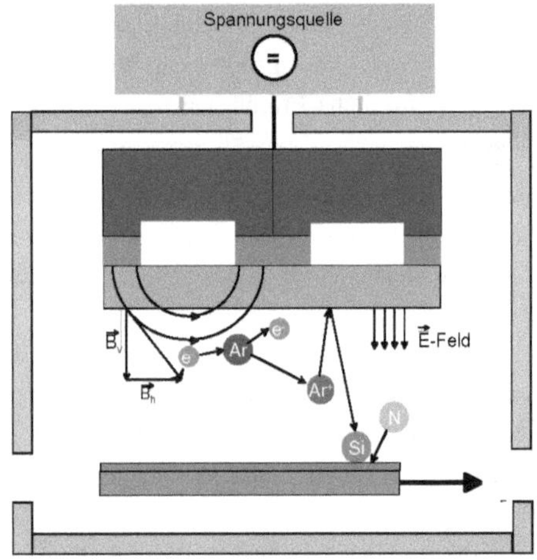

Abbildung 5-2 Reaktives, dynamisches Magnetronsputtern von Siliciumnitrid. Durch das Magnetfeld der Polschuhe werden die Sekundärelektronen auf die Bereiche nahe der Oberfläche des Targets konzentriert und tragen dort zur Erzeugung eines hochionisierten Plasmas bei. Die von der Kathode abgesputterten Siliciumatome bilden mit den im Plasma dissoziierten Stickstoffatomen die Schicht auf dem Substrat, das unter dem Target hindurchgeführt wird (dynamische Abscheidung).

Bei der Verwendung von Gleichstromquellen für die Abscheidung isolierender, dielektrischer Schichten treten zwei ernst zu nehmende Probleme auf: Elektrischer Überschlag und ‚die verschwindende Anode' (vgl. [134,135]):

Die Lichtbogeneffekte entstehen dadurch, daß sich an den nicht abgetragenen Flächen der Kathode während des Prozesses dünne Schichten des dielektrischen Materials bilden. Die positiven Argonionen lagern sich an diesen Oberflächen an. Ist die Leitfähigkeit der dielektrischen Schicht niedrig ($\rho>10^9\,\Omega$cm), so reicht der Entladungsstrom durch die Schicht nicht aus, um den Aufbau einer erheblichen Potentialdifferenz von einigen 100 V zu vermeiden. Bei dünnen Schichten (d<1 µm) entsteht eine elektrische Feldstärke von einigen 10^7 V/cm. Da Materialien wie Siliciumdioxid und stöchiometrisches Siliciumnitrid eine Durchschlagsfestigkeit von ca. 10^7 V/cm aufweisen [136], hat dies elektrische Überschläge durch die dielektrische Schicht zur Folge. Die hohen erzeugten Ionen-, Elektronen- und Leistungsdichten (bis zu 10^5 W/cm²) können dann im Plasma zu einer makroskopischen Lichtbogenentladung führen. Weitere Folgen sind die Beschädigung der Substratoberfläche oder das vorübergehende Zusammenbrechen des Plasmas.

Es gibt zwei prinzipielle Ansätze zur Vermeidung dieses Effektes. Entweder wird die Bildung der dünnen Schichten vermieden - dies kann technisch nur schwer umgesetzt werden - oder die Oberflächenladungen werden rechtzeitig vor dem Überschlag neutralisiert. Die letzte der beiden Methoden führt auf die Verwendung von Wechselspannungsquellen hinreichend hoher Frequenz.

Das zweite Problem ist auf die Abscheidung der isolierenden Schicht auf die Wände der Kammer zurückzuführen. In einer sauberen Kammer werden freie Elektronen durch die als Anode wirkenden Wände aufgenommen. Sind die Wände beschichtet, so lagern die Elektronen sich zwar auf diesen ab, können aber nicht neutralisiert werden. Auch hier sind elektrische Überschläge und instabile Bedingungen die Folge.

Eine erfolgreiche Vermeidung dieser beiden Effekte erfordert eine Beendigung des Aufladungsvorgangs innerhalb von circa 100 µs, demzufolge sollte eine Wechselspannung mit einer Frequenz oberhalb von 10^4 Hz angelegt werden. Dabei werden zwei verschiedene Konzepte verfolgt. Eine Methode beruht darauf, eine Radiofrequenz (RF) von typischerweise 13,56 MHz zwischen Target und Substratunterlage zu legen. Eine hohe Frequenz über 1 MHz gewährleistet, daß die Ionen dem Wechselfeld nicht mehr folgen können. Hierdurch wird eine Beschleunigung der Ionen zum Substrat hin vermieden. Außerdem wird die Targetelektrode mit einer kleineren Fläche als die Elektrode unter dem Substrat ausgebildet. Dies führt dazu, daß sich Ionen und Elektronen, im Bereich des Targets konzentrieren. Dadurch ergeben sich Nachteile für den Durchsatz und die Übertragung des Konzeptes auf große Flächen. Zur Erzeugung der RF müssen überdies aufwendige und teure hochfrequente Wechselspannungsquellen eingesezt werden.

Die alternative Methode, die im Rahmen dieser Arbeit verfolgt wurde, beruht darauf, paarweise angeordnete Magnetrons zu verwenden, an die eine Mittelfrequenz- (MF) von typischerweise 40 kHz angeschlossen wird (vgl. Abbildung 5-3) [137]. Zu jeder Zeit arbeitet dabei eines der Magnetrons als Kathode und das andere als Anode. Die momentane Kathode generiert Sekundärelektronen, die in Richtung der Anode beschleunigt werden und dort positive Oberflächenladungen neutralisieren. Offensichtlich kann mit dieser Anordnung auch der Effekt der verschwindenden Anode vermieden werden. Die durch die Sputtererosion stets gut leitende momentane Anode dient als effektive Senke für die Elektronen des Plasmas.

Das Doppel-Magnetron wird üblicherweise zur dynamischen Abscheidung verwendet, d.h. die Substrate werden an dem Targetpaar vorbeigeführt. Für die Siliciumnitridabscheidung wurde mit der Twin-Mag-Technologie eine Homogenität von 1,5% auf einer Breite von 3,2 m erreicht. Auf einer Laboranlage wurde 310 Stunden mit einer elektrischen Überschlagsrate von unter 1/h und einer Abscheiderate von 35 nm m/min gesputtert [138].

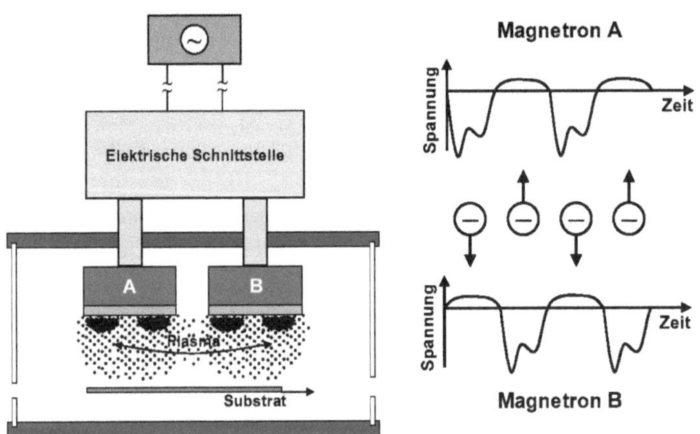

Abbildung 5-3 Querschnitt durch ein Doppel-Magnetron System (links) und das Funktionsprinzip (rechts). Eine der Elektroden arbeitet jeweils für eine Halbperiode als Anode. Die Elektronen aus dem Plasma werden an dieser ‚momentanen' Anode abgeführt und neutralisieren dort auch die an der dielektrische Schichten angelagerte positiven Argonionen (aus [134]).

5.5 Sputterprozesse

Es werden die Prozesse vorgestellt, mit denen die in Kapitel 0 charakterisierten Schichten hergestellt wurden.

Dynamisches, reaktives Doppel-Magnetron-Sputtern wurde eingesetzt, um dünne Siliciumnitridschichten abzuscheiden. Als Targets wurden multikristalline Siliciumsäulen verwendet. Die Sputterparameter sind zusammen mit den ellipsometrisch bestimmten Größen Schichtdicke d und Brechungsindex n in Tabelle 5-1 dargestellt.

Tabelle 5-1 Parameter für die mit den Doppel-Magnetron Sputterquellen A und B durchgeführten Prozesse. Die Schichtdicke d und der Brechungsindize n wurden ellipsometrisch bestimmt (P_{eff}: effektive Sputterleistung; F_{Ar},F_{N2},F_{H2}: Gasflüsse von Argon, Stickstoff und Wasserstoff; p: Gesamtdruck; N: Anzahl der Durchläufe; v: Bandgeschwindigkeit).

Prozeß Nr.	P_{eff} [kW]	F_{Ar} [sccm]	F_{N2} [sccm]	F_{H2} [sccm]	p [µbar]	N	v [m/min]	d [nm]	n
A1	4,5	140	45	0	4,8	8	0,3	364	
A2	4,5	140	45	0	4,8	2	0,27	100	
A3	4,5	140	45	0	4,8	2	0,36	75	1,93
A4	4,5	140	45	0	4,8	2	0,55	50	
A5	2,5	140	25	0	4,5	4	0,34	80	1,93
A6	3,5	140	34	0	4,6	2	0,31	76	2,04
A7	6,8	140	60	0	5	2	0,52	77	1,98
B1	18,4	400	90	0	4,3	1	0,57	65	2,35
B2	18,4	400	150	0	4,5	1	0,39	75	2,05
B4	18,4	400	150	0	4,5	2	0,66	90	2,05
B5	25,1	400	110	50	4,5	1	0,70	67	2,04
B6	25,1	400	110	50	4,5	4	2,80	64	2,07
B7	25,3	400	110	0	4,5	1	0,70	66	2,26
B8	25,3	400	110	0	4,5	4	2,80	65	2,25

Als reaktive Gase wurden Stickstoff und Wasserstoff eingesetzt, Argon diente als Inertgas. Die Optimierung wurde unter Variation der wichtigsten Prozeßparameter durchgeführt: Die effektive Sputterleistung P_{eff}, die Gasflüsse F_{Ar}, F_{N2} und F_{H2} der eingesetzten Prozeßgase, der Gesamtdruck in der Kammer p, die Bandgeschwindigkeit v und die Anzahl der Durchläufe N. Die Beschichtungen wurden durch Mitarbeiter der Firma Leybold an zwei Doppel-Magnetronsputterquellen durchgeführt (A und B). Die beiden Anlagen unterscheiden sich hauptsächlich durch die Anlagengröße. Mono- und multikristalline Siliciumscheiben wurden ‚besputtert', um eine Charakterisierung der Schichten durchführen zu können. Die zugehörigen Experimente sind in den Kapiteln 5.6-5.7 beschrieben. Eine Möglichkeit zum Heizen der Substrate bestand bei diesen Experimenten nicht.

5.6 Charakterisierung

Im folgenden wird die an den gesputterten Doppel-Magnetron-Schichten durchgeführte Charakterisierung vorgestellt.

5.6.1 Optische Schichteigenschaften

Auf den Anlage A bzw. B wurden 5x5 bzw. 10x10 cm^2 große Siliciumscheiben mit den in Tabelle 5-1 dargestellten Parametern beschichtet. Mit bloßem Auge betrachtet wirken die Schichten unabhängig von der Farbe auf der ganzen Fläche sehr homogen[47]. In der Versuchsreihe auf der Anlage A wurden die Schichtdicken so variiert, daß Schichten mit unterschiedlicher Farbwirkung erzeugt wurden (vgl. Abbildung 5-4). Der Brechungsindex n der erzeugten Schichten liegt im Bereich 1,93 bis 2,35, dies entspricht einem Verhältnis [N]/[Si] von 1,28 bis 0,68. Dieser Brechungsindexbereich ermöglicht eine optimale Anpassung einer Antireflexschicht sowohl gegen Luft als auch gegen Glas.

---

[47] Auf Grund der hohen Farbempfindlichkeit des Auges ist die visuelle Kontrolle von dünnen Schichten ein ausgezeichnetes Mittel zur Prüfung von Oberflächen bzgl. einer Inhomogenität der Schichtdicken oder Brechungsindize. Eine gute Homogenität ist ein wichtiges Kriterium für den Einsatz von Photovoltaik im architektonischen Bereich, für den auch das Einstellen einer definierten Farbe der Solarzelle von Interesse ist [139].

zugegeben. In den Proben B7 und B8 wurde auch nach dem Sintern kein Wasserstoff gefunden, d.h. es kann davon ausgegangen werden, daß während des Sinterprozesses keine Eindiffusion aus dem molekularen Wasserstoff des Formiergases in das Material stattgefunden hat. In den Proben B5 und B6 hingegen wurde ein hoher Wasserstoffgehalt von über $3 \cdot 10^{22}$ cm^{-3} festgestellt. Aus dem Vergleich der Bindungsdichten kann weiter abgeleitet werden, daß durch die Bildung der Wasserstoffbindungen die Bildung von Si-Si-Bindungen behindert wird: die Bindungsdichte wird von $9 \cdot 10^{22}$ cm^{-3} auf $2 \cdot 10^{22}$ cm^{-3} in der wasserstoffhaltigen Verbindung reduziert. Hierdurch wird auch die gesamte Siliciumkonzentration reduziert, was sich schließlich auch in dem niedrigeren Brechungsindex widerspiegelt. Die gesamte Bindungsdichte der gesputterten Schichten ist hoch und bestätigt die Erfahrung, daß gesputterte Schichten sehr dicht und defektfrei sind. Die ermittelte Wasserstoffkonzentration sollte als untere Grenze für den Wasserstoffgehalt direkt nach der Abscheidung dienen, da ein Teil des Wasserstoffs durch den anschließenden Sinterschritt entwichen sein dürfte.

Tabelle 5-3 Auswertung der FTIR-Messergebnisse für die Siliciumnitridschichten (B5-B8: Sputter-, G: PECVD-Abscheidung). Die gesamte Bindungsdichte c_{bond} ist in den gesputterten Schichten deutlich höher als in der PECVD-Schicht. Bei den unter Wasserstoffzufuhr gesputterten Schichten liegt eine hohe Bindungsdichte für Siliciumwasserstoffbindungen vor.

Prozeß Nr.		G	B5	B6	B7	B8
n		2,06	2,04	2,07	2,26	2.25
d	nm	237	67	64	66	65
[N]/[Si]	10^{21}/cm^{-3}	1,06	1,09	1,04	0,79	0,80
[Si-H]	10^{21}/cm^{-3}	7,5	21	27	-	-
[N-H]	10^{21}/cm^{-3}	4,4	9,5	9,2	-	-
[Si-N]	10^{21}/cm^{-3}	128	242	248	269	259
[Si-Si]	10^{21}/cm^{-3}	13	16	21	93	86
[H]	10^{21}/cm^{-3}	12	31	36	-	-
[N]	10^{21}/cm^{-3}	42	81	83	90	86
[Si]	10^{21}/cm^{-3}	40	74	79	113	108
c_{bond}	10^{21}/cm^{-3}	153	289	305	362	345

Ein signifikanter Einfluß der ebenfalls variierten Transportgeschwindigkeit des Bandes auf die Schichteigenschaften kann nicht festgestellt werden. Dies eröffnet die Möglichkeit den Durchsatz entweder durch mehrere hintereinander gestaffelte Sputtertargets oder durch eine Verbreiterung der Targets zu erhöhen.

5.7 Solarzellen

Es wurden Solarzellen auf multi- und monokristallinem Silicium hergestellt, bei denen gesputterte Siliciumnitridschichten als Antireflexschichten eingesetzt wurden.

5.7.1 Solarzellen auf multikristallinem Silicium

Multikristalline Siliciumscheiben (Baysix, 0.5 Ωcm, 5x5 cm^2) wurden verwendet, um Solarzellen der Fläche (2x2 cm^2) herzustellen. Dabei wurden Siliciumnitrid-Sputterprozesse auf der Anlage A eingesetzt (vgl. Kapitel 5.5). Um eine erste Charakterisierung des Beschichtungsprozesses hinsichtlich einer Beschädigung des Emitters durchzuführen, wurde die folgende Prozeßsequenz verwendet:

- Sägeschadenätzung in CP133 und nachfolgende RCA-Reinigung
- $POCl_3$-Diffusion im Rohrofen ($R_{sh} \cong 40\ \Omega/sq$)
- Phosphorglasätzen in Flußsäure
- Sputter-Siliciumnitridbeschichtung
- Rückätzen der n-Dotierung auf der Rückseite im Plasma
- Vorderseitenkontaktierung
  (photolithographisches Öffnen und Aufdampfen von 30 nm Titan und Palladium, 100 nm Silber mit anschließender Galvanik *oder* Siebdruck einer Silberpaste mit anschließendem RTF)
- Rückseitenkontaktierung
- Kontaktsintern bei ca. 400°C in Formiergas
- Kanten lasern und brechen

Nach dem Prozeß wurde die Strom-Spannungs-Kennlinien der Zellen aufgenommen. Die extrahierten Parameter der besten Zellen mit photolithographisch definierter Vorderseitenstruktur sind in Tabelle 5-4 dargestellt. Für eine multikristalline Solarzelle mit hochdotiertem Emitter und ohne BSF ergibt sich eine vergleichsweise hohe Leerlaufspannung (bis zu 592 mV) und eine relativ hohe Kurzschlußstromdichte (bis zu 29.7 mA/cm^2). Aus diesen Ergebnissen kann abgeleitet werden, daß der Emitter und die RLZ nicht signifikant geschädigt worden sind und eine gute Antireflexwirkung vorliegt.

Auch für die mit Siebdruckkontakten versehenen Zellen wurden gute Ergebnisse in Strom und Spannung erreicht (maximale Werte V_{oc}=590 mV und I_{sc}=30,2 mA/cm^2). Allerdings konnte der RTF-Prozeß bei der relativ geringen Anzahl an Proben nicht optimal eingestellt werden, so daß keine Füllfaktoren über 70% erreicht wurden.

Tabelle 5-4 Kenndaten der Hell-Kennlinienmessung an den multikristallinen Solarzellen mit gesputterter AR-Schicht. Die Werte für Leerlaufspannung und Kurzschlußstromdichte belegen, daß der Emitter und die RLZ nicht signifikant geschädigt worden sind.

Prozeß Nr.	V_{oc} [mV]	I_{sc} [mA/cm^2]	FF [%]	η [%]
A3	583	29,5	74,1	12,7
A5	583	29,7	76,1	13,2
A6	580	29,5	73,2	12,5
A7	592	29,1	76,9	13,2

5.7.2 Solarzellen auf monokristallinem Silicium

Auf der Anlage B (vgl. Kapitel 5.5) wurden gesputterte Siliciumnitridschichten als Antireflexbeschichtung für auf Cz-gezogenen Siliciumscheiben (p-leitend, 1 Ωcm, 10x10 cm^2) hergestellten Solarzellen eingesetzt. Es wurde eine einfache, industrienahe Prozeßsequenz zur Herstellung der Zellen verwendet:

- Sägeschadenätzung in 30% Kalilauge und HNF-Reinigung
- Ganzflächiger Siebdruck eines Phosphordotierstoffes
- Diffusion im Durchlaufofen ($R_{sh} \cong 40$ Ω/sq)

- Phosphorglasätzen in Flußsäure
- Vorderseitenkontaktierung: Siebdruck einer Silberpaste
- Rückseitenkontaktierung: Siebdruck einer Aluminiumpaste
- RTF
- Siliciumnitridabscheidung mittels Sputtern oder PECVD
- Kanten lasern und brechen

Einige der Solarzellen wurden zum Vergleich mit einem auf die Antireflexwirkung optimierten PECVD-Prozeß beschichtet und dienen als Referenz. Die Hell-Kennlinienparameter der besten Zellen von jeder Gruppe sind, zusammen mit dem durch die Antireflexschicht erreichten Zugewinn in der Kurzschlußstromdichte, in Tabelle 5-5 dargestellt.

Für den Prozeß B2 wurde ein Wirkungsgrad von 15,6% erreicht. Der durch die AR-Schicht erzeugte Zugewinn im Kurzschlußstrom beträgt 39%. Dies ist ein sehr guter Wert für eine einlagige AR-Schicht und nahezu identisch zu dem für die PECVD-Schicht erzielten Wert von 40%. Daraus kann die hohe optische Qualität der gesputterten Schicht abgeleitet werden. Die niedrigeren Werte für die Schichten B1 und B4 sind auf die für diese Anwendung suboptimale Dicke der AR-Schicht zurückzuführen. Auch bei diesem Experiment konnte keine signifikante Schädigung des Emitters oder der RLZ festgestellt werden.

Tabelle 5-5: Aus der Hell-Kennlinie extrahierte Solarzellenparameter und der durch die AR-Beschichtung erzielte Zugewinn im Kurzschlußstrom. Die Schichten B1, B2 und B4 wurden gesputtert, die Schicht C wurden mittels PECVD abgeschieden. Für B2 ergibt sich ein vergleichbarer Zugewinn im Kurzschlußstrom wie für die Schicht C.

Prozeß. Nr.	A [cm²]	V_{oc} [mV]	I_{sc} [mA/cm²]	FF	η [%]	AR-Gewinn [%]
B1	96,04	605	30,2	0,784	14,3	27
B2	96,04	611	32,8	0,779	15,6	39
B4	85,92	607	31,8	0,789	15,2	34
C	96,04	607	32,4	0,783	15,4	40

5.8 Konzeption eines Prototyps

Im folgenden wird ein Konzept einer Doppel-Magnetron-Sputteranlage vorgestellt. Die assoziierten Prozeßkosten werden abgeschätzt.

5.8.1 Produktionsanlage

Im Rahmen des Projektes SOLPRO [27] wurde von der Firma Leybold Systems GmbH[48] eine Twin-Mag-Sputteranlage für die AR-Beschichtung von ca. 9 Mio. Siliciumscheiben (125x125 mm^2) pro Jahr konzipiert. Bei einer dynamischen Siliciumnitrid-Abscheidung mit einer Rate von 35 nm m/min müssen sechs Zellen gleichzeitig prozessiert werden, um den geforderten Durchsatz zu erreichen. Bei der Verwendung von einer Doppel-Magnetron-Einheit entspricht dies einer Targetbreite von ca. 1,2 m und somit in etwa einer Pilotproduktionsanlage, wie sie im Bereich der Glasbeschichtungsindustrie eingesetzt wird. Für die Scheiben ergibt sich so eine Abscheidezeit von ca. einer Minute für 48 Zellen. Abbildung 5-5 zeigt die schematische Darstellung einer solchen Anlage.

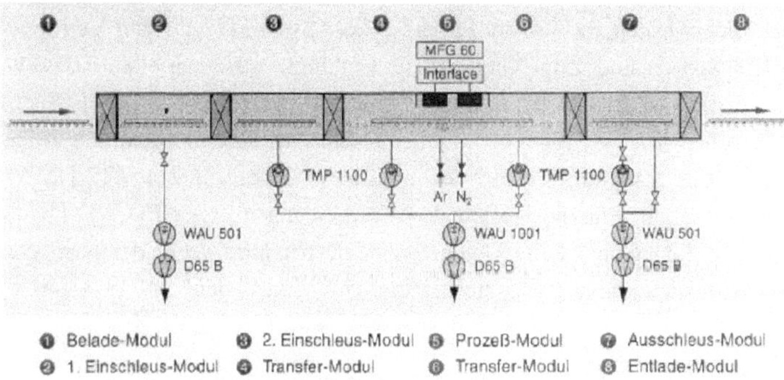

Abbildung 5-5 Schematische Darstellung einer Doppel-Magnetron-Sputteranlage für die Antireflexbeschichtung von Siliciumscheiben [27]. Die Scheiben werden in Modul 1 auf ein Tablett abgelegt und dann durch die einzelnen Kammern der Anlage geschleust, bis sie im Modul 8 wieder vom Tablett entnommen werden.

[48] jetzt: Balzers Process Systems GmbH

Im Modul 1 werden 6x8 Scheiben auf ein Tablett mit geeigneten Öffnungen abgelegt. Die Scheiben werden dann in zwei Einschleusemodulen auf Abscheidebedingung gebracht, d.h. der erforderliche Druck von ca. 0,5 Pa wird eingestellt. In diesem Bereich kann aber auch ein Erhitzen der Substrate erfolgen. Im Modul 4 wird das Tablett zuerst auf eine konstante Geschwindigkeit gebracht. Durch die Zufuhr und Steuerung der Prozeßgase sowie der Leistung der MF-Spannungsquelle werden die Abscheidebedingungen beim Passieren der Sputtertargets eingestellt. Im Modul 6 erfolgt die Übergabe des Tabletts auf das Ausschleus-Modul 7. Im Modul 8 werden die Scheiben schließlich entnommen. Das Tablett wird zum Modul 1 zurückgeführt. Ein ähnliches Handhabungskonzept wird auch bei einer zwischenzeitlich hergestellten Durchlaufanlage für die PECVD-Abscheidung verwendet [130].

5.8.2 Prozeßkosten

Für die oben beschriebene Produktionsanlage wurden die Kosten für die AR-Beschichtung mit einer gesputterten Siliciumnitridschicht kalkuliert. Für 125x125 mm^2 große, mc-Si-Solarzellen mit einem Wirkungsgrad von 15% ergaben sich Kosten in Höhe von 0,086 DM/W_p. Die ermittelten Werte basieren auf Daten, die von der Firma Leybold Systems GmbH zur Verfügung gestellt worden sind. Zum Vergleich sei angefügt, daß Wang et al. 0,05 \$/W_p für die APCVD-Beschichtung mit Titandioxid ermittelt haben [142]. Aberle et al. geben in [143] für die Siliciumnitridabscheidung in einem Rohrofenreaktor 0,15 \$/W_p an, die mit den in Kapitel 3 berechneten 0,27 DM/W_p übereinstimmen. Für die Kosten der Abscheidung in einer PECVD-Durchlaufanlage liegen noch keine Daten vor, sie dürften aber wegen der geringeren Abscheideraten im Vergleich zum Sputtern höher ausfallen.

5.8.3 Fazit und Ausblick

Im Rahmen dieses Kapitels wurde an Hand der durchgeführten Untersuchungen gezeigt, daß die Doppel-Magnetron-Sputtertechnologie ein hohes Potential für die Abscheidung von Siliciumnitrid in der Solarzellentechnologie besitzt. Das besonders hohe Potential für Schichten, die neben guten optischen Eigenschaften auch eine hohe Passivierungsqualität für Oberfläche und Volumen auszeichnet, legt nahe, daß die Entwicklung solcher Schichten vorangetrieben werden sollte.

6 Laserunterstützte Kontaktierung von Solarzellen mit passivierter Rückseite

Die leistungsbegrenzenden Eigenschaften des Rückseitenkontaktes kristalliner Silicium-Solarzellen gewinnen auf Grund der abnehmenden Scheibendicke an Bedeutung. Die punktuelle Rückseitenkontaktierung durch eine passivierende Schicht stellt nach augenblicklichem Stand der Technik die effizienteste Methode dar. Die assoziierte Strukturierungsstechnologie basierte bisher auf der photolithographischen Definition der Punktkontaktstruktur. Dieses Verfahren ist aber zu kostenintensiv, um Einzug in die industrielle Solarzellentechnologie zu finden. Im Rahmen dieser Arbeit wird der Einsatz von Laserstrahlung zur Erzeugung der Kontaktstruktur geprüft. Dabei kommen zwei verschiedene prinzipiell neue Kontaktierungsverfahren zum Einsatz: das Öffnen der passivierenden Schicht mit nachfolgender Aluminiumbeschichtung und das lokale Aufschmelzen eines Verbunds aus Silicium, Siliciumnitrid und Aluminium. Nach einer Einleitung werden die physikalischen Grundlagen für die untersuchten Kontaktmethoden bereitgestellt und den alternativen Verfahren gegenübergestellt. Im folgenden werden dann die mit Hilfe geeigneter Strahlquellen durchgeführten Untersuchungen dargestellt. Schließlich wird die Methode zur Herstellung hocheffizienter Solarzellen angewendet und die industrielle Relevanz des Ansatzes bewertet.

6.1 Einleitung

Die Herstellung eines BSF durch Einlegieren einer ganzflächig gedruckten Aluminiumpaste stellt den Standard zur Reduktion der ORG der Solarzellenrückseite in der industriellen Fertigung dar. Bei Verwendung dünnerer Siliciumscheiben (ca. d<200 µm) resultiert dieses Verfahren jedoch in einer für die Produktion nicht tolerierbaren, starken Verwerfung der Solarzelle [144]. Darüber hinaus gibt es, bei der Beibehaltung des gängigen

Aluminium-BSF-Verfahren für zukünftige, kostengünstige Zelltechnologien, weitere Gründe, die für eine Suche nach einer alternativen Methode sprechen. Zum einen ergeben sich hohe Kosten für die Aluminiumpaste (Kapitel 3.3.2). Zum anderen ist die erreichbare Passivierungsqualität begrenzt und stark von der Dicke der aufgebrachten Schicht abhängig. Schließlich liegt die Rückseitenreflektivität des einlegierten Aluminium bei nur ca. 60% [104].

Das bei der PERC- und LBSF-Zelle angewendete Konzept des punktuellen Öffnens und Kontaktierens von Siliciumdioxid führte zu den höchsten bisher auf Silicium erreichten Wirkungsgraden (vgl. Kapitel 2.4.3). Eine Übertragung in die industrielle Solarzellentechnologie blieb aber selbst für den relativ einfachen PERC-Ansatz bisher aus. Die Hauptgründe hierfür sind die hohen Kosten der assoziierten Verfahrensschritte Reinigung[49], Oxidation und die photolithographische Öffnung der Kontaktstruktur. Die Entwicklung von Niedertemperatur-Plasmaprozessen und der erfolgreiche Einsatz zur Herstellung der PERC-Struktur [145] läßt erwarten, daß kurz- bis mittelfristig günstige Verfahren für die großtechnische Reinigung und Passivierung der Siliciumoberfläche zur Verfügung stehen. Der hohe Aufwand der photolithographischen Definition der Kontaktstruktur stellt aber weiterhin eine hohe Hürde für die industrielle Umsetzbarkeit dar. Eine schematische Darstellung des Strukturierungsprozesses ist in Abbildung 6-1 gezeigt.

Als erster Schritt wird, typischerweise durch Aufschleudern, ein Photolack aufgebracht[50]. Anschließend wird der Lack belichtet und entwickelt. Es folgt das naßchemische Ätzen der Passivierung in Flußsäure. Dann wird der Photolack in Aceton entfernt. Jetzt erst kann die Aluminiumbeschichtung erfolgen. Neben den hohen Materialkosten für die Chemikalien sind die vielen Handhabungsschritte im Sinne einer Reduktion der Kosten kritisch.

---

[49] Die Reinigung der Solarzellenoberfläche

[50] Teilweise wird zuvor noch ein Haftvermittler auf die Scheibenoberfläche aufgebracht.

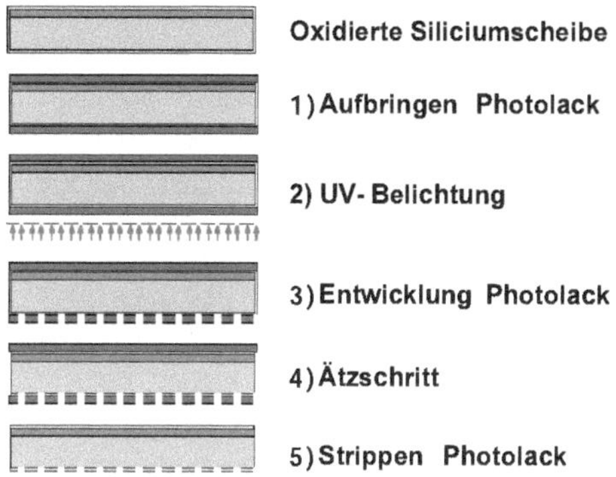

Abbildung 6-1 Photolithographische Definition der Kontaktstruktur einer passivierten Solarzellenrückseite.

Deshalb wurde im Rahmen dieser Arbeit das Ziel verfolgt, die Strukturierung unter Einsatz von Laserstrahlung durchzuführen. Hierfür wurden zwei verschiedene Methoden getestet:

Lokale Laserablation der Passivierungsschicht

Der photolithographischen Strukturierung relativ nahe ist der Ansatz, die dünne Passivierungsschicht durch Verdampfen der Schicht selbst oder durch Verdampfen des darunterliegenden Siliciums mit nachfolgendem Abplatzen der Schicht zu entfernen.

Lokales Laserlegieren eines Si-Passivierungsschicht-Metall-Verbundes

Die im Rahmen dieser Arbeit entstandene Idee [146] basiert auf einem Verhalten, das beim Kontaktsintern von PERC-Solarzellen beobachtet wurde. Siliciumoxid-passivierte PERC-Solarzellen können bis zu einer Temperatur von knapp 500°C erhitzt werden, bevor sich deutliche Einbrüche in der sonst hervorragenden Passivierungswirkung zeigen. Bei ungesinterten Passivierungsschichten aus siliciumreichen Siliciumnitrid erfolgt dieser Einbruch bereits bei einer Temperatur von ca. 300°C. Der Einbruch in der Passivierungswirkung ist mit einer gleichzeitigen, starken Verringerung des Rückseitenkontaktwiderstandes verbunden. Die Temperatur, bei der dieser Einbruch auftritt, kann durch vorheriges Sintern der Passivierungsschicht ohne

Aluminium erhöht werden. Ab einer Sintertemperatur von über 425°C (bei aufgedampfter Aluminiumschicht) kann das *Durchlaufen* des Aluminiums nicht mehr verhindert werden. Ein Ansatz zur Ausnutzung dieses Effektes ist es nun, die Kontaktformierung durch das lokale Aufschmelzen des Silicium-Siliciumnitrid-Aluminium-Verbundes zu erreichen. Der Einsatz eines Lasers bietet sich an, da die Temperaturerhöhung nur kurzzeitig erfolgen darf, um das umliegende Siliciumnitrid nicht zu beschädigen.

An die beiden Methoden müssen zwei prinzipielle Anforderungen gestellt werden:

- ein niedriger Kontaktwiderstand an der Grenzfläche
- Erhalt der Lebensdauer des Siliciums in der Basis und der Passivierungswirkung der Schicht in den nicht kontaktierten Bereichen

Die Untersuchung dieser beiden Kriterien und die Anwendung der Methoden auf die Solarzellenherstellung bilden den Kernpunkt dieses Kapitels.

6.2 Grundlagen

6.2.1 PERC-Kontaktstruktur

Die PERC-Rückseitenstruktur besteht aus einer lokal geöffneten Passivierungsschicht, die anschließend ganzflächig kontaktiert wird. Die Geometrie ist ein Resultat der Minimierung der assoziierten Leistungsverluste:

- Rekombination an der Grenzfläche
- Rekombination an der Grenzfläche Aluminium-Silicium
- optische Verluste durch Transmission und Absorption an der Grenzfläche Passivierungsschicht-Silicium
- optische Verluste durch Transmission und Absorption an der Grenzfläche Aluminium-Silicium
- Widerstandsverluste im Silicium
- Widerstandsverluste an der Grenzfläche Aluminium-Silicium
- Widerstandsverluste in der Aluminiumschicht

In der Literatur finden sich verschiedene Arbeiten zur Optimierung des PERC-Rückseitenkontaktes auf der Basis von Halbleiter-Simulationsmodellen:

- Sterk [21] berechnete den Wirkungsgrad für Solarzellen mit PERC-Punktkontaktstruktur unter Variation der Kontaktgeometrie auf der Basis einer 2- und 3-dimensionalen Simulation. Als ideale Kontaktgeometrie für Siliciumscheiben mit einem spezifischen Widerstand im Bereich 0,5-1 Ωcm wurde ein breites Maximum um einen Punktabstand von 1 mm bei einer Flächenabdeckung von 1% ermittelt. Diese Ergebnisse wurden experimentell bestätigt.
- Catchpole und Blakers [147] haben 3-dimensionale Simulationen unter Verwendung von DESSIS [98] durchgeführt. Für die Punktkontaktstruktur ergibt sich ein breites Maximum im Bereich eines Punktabstandes von 800-2400 µm bei einer Flächenabdeckung von 1-2%. Außerdem wurde alternativ eine streifenförmige Kontaktstruktur untersucht. Der beim streifenförmigen Ansatz reduzierte Halbleiterwiderstand reicht nicht zur Kompensation der erhöhten Verluste durch Rekombination an den Kontaktflächen. Zum gleichen Schluß kommt Altermatt bei der Simulation von lokal diffundierten p^{++}-Bereichen unterhalb der Rückseitenkontakte [148].

Bei diesen Simulationen wird von einem spezifischen Kontaktwiderstand ρ_c im Bereich 0,1-0,2 $m\Omega cm^2$ für den gesinterten Aluminium-Siliciumkontakt ausgegangen. Fischer ermittelte experimentell 0,22 bzw. 0,17 $m\Omega cm^2$ bei einer Sintertemperatur von 350°C bzw. 400 °C [149].

Üblicherweise wird die PERC-Struktur auf hochdotiertem Material (ρ<1 Ωcm) eingesetzt. Der Gesamtwiderstand der Struktur wird dann durch die Stromansammlungseffekte im Halbleiter dominiert. Für die beiden zu untersuchenden Laserkontaktierungsmethoden wird aber gerade der Kontaktwiderstand kritisch sein. Eine ausführliche Darstellung zu den Kontakteigenschaften des Halbleiter-Metallkontaktes findet sich bei Schroder [150].

6.2.2 Bekannte Laserverfahren in der Solarzellentechnologie

Das bekannteste Anwendungsbeispiel von Laserablation in der Solarzellentechnologie ist die bereits in Kapitel 2.4.4 dargestellte Herstellung von Gräben zur stromlosen Metallisierung der Solarzellenvorderseite. Dieses Konzept wurde von Honsberg et al. [151] auf die Solarzellenrückseite übertragen.

Dube et al. [152,153] berichten über ein Laserablations-Verfahren mit dem eine AR-Siliciumnitridschicht punktuell geöffnet wird. Anschließend werden die Punkte durch stromlose Nickel-Abscheidung verbunden und so die Kontaktfinger hergestellt.

Eine Methode, die ebenfalls auf die Ablation durch Laserstrahlung zurückgreift, ist das Laserlochbohren mit Nd:YAG-Lasern zur elektrischen Verbindung der Solarzellenvorderseite mit der Solarzellenrückseite [154].

Bei allen dem Autor bekannten Veröffentlichungen zur Laserablation in der kristallinen Silicium-Photovoltaik erfolgt ein naßchemisches Nachätzen, z.B. mit KOH [155]. Das naßchemische Ätzen dient der Beseitigung der beim Laserprozeß entstandenen Kristalldefekte. Ein Verfahren mit einem sich an die Ablation anschließenden ganzflächigen Aufdampfen, wie es im Rahmen dieser Arbeit durchgeführt worden ist, ist nicht bekannt.

6.3 Alternative Technologien zur Rückseitenkontaktierung

Im folgenden werden die Alternativen zum siebgedruckten Aluminium-BSF als Standardverfahren und der laserunterstützten Rückseitenkontaktierung vorgestellt. Es werden nur Technologien betrachtet, durch die zumindest eine leichte Passivierung der Rückseite erreicht wird (vgl. Kapitel 5.2.3).

6.3.1 Bor-BSF

Ein alternatives Verfahren zur Bildung eines BSF stellt die Diffusion von Bor dar. Die Bor-Diffusion hat den Vorteil, daß im Vergleich zur Aluminiumlegierung das Verwerfen der Scheibe vermieden wird. Bowden et al. [144] berichten über eine effektive ORG von 830 cm/s auf multikristallinem Silicium. Münzer et al. haben gezeigt, daß ein solcher Prozeß erfolgreich in die Produktion umgesetzt werden kann [156]. Allerdings kommt die Bildung eines Bor-BSF für multikristalline Solarzellen auf Grund der hohen notwendigen Diffusionstemperaturen bzw. langen Diffusionszeiten nur begrenzt in Frage. Der zusätzliche Diffusionsschritt erzeugt außerdem relative hohe Kosten.

6.3.2 Methoden zur Kontaktierung einer passivierte Rückseite

Prinzipiell gibt es eine Vielzahl von Technologien zur Realisierung von Kontakten durch eine passivierende Schicht. Abbildung 6-2 gibt eine Übersicht über die wichtigsten dieser Verfahrensmöglichkeiten. Die prinzipielle Unterscheidung erfolgt darüber, ob die Metallisierungsschicht vor oder nach dem Öffnen der Passivierungsschicht aufgebracht wird.

Das Durchfeuern einer aufgedruckten Paste wird standardmäßig zur Kontaktierung der Vorderseite verwendet. Bei der Anwendung für den Rückseitenkontakt müssen entweder zwei Druckschritte erfolgen oder es muß ebenfalls ein zusammenhängendes Gitter gedruckt werden. Es ist noch zu prüfen, ob es hierfür geeignete Passivierungsschichten gibt, die den Feuerprozeß unbeschadet überstehen. Ähnlich liegen die Verhältnisse beim Aufdampfen.

Die Verwendung eines Heißstempels stellt eine Alternative zum punktuellen Erhitzen mit dem Laser dar. Berechnungen nach den Ausführungen von Kapitel 4.4.1 ergeben aber, daß die Wirkzeit des Aufschmelzens unter 1 µs liegen sollte, um eine starke Beschädigung der dielektrischen Schicht zu vermeiden. Dies ist bei einem mechanischen Berühren der Scheibenoberfläche nur schwer umzusetzen.

Die wichtigsten Methoden zum mechanischen Öffnen einer Schicht sind das Prägen der Struktur, das Bohren von Löchern und das Sägen bzw. Ritzen der Oberfläche, wobei die ersten beiden Verfahren auf Grund der Sprödigkeit von Silicium kaum in Frage kommen. Dauwe et al. [157] haben aber einen Sägeprozeß erfolgreich zur Öffnung der Passivierungsschicht bei der Herstellung einer PERC-ähnliche Zellstruktur umgesetzt. Sie erreichten einen Wirkungsgrad von 19,5% mit Siliciumnitrid und 20,9% mit Siliciumdioxid als Rückseitenpassivierung. Die gesägten Strukturen wurden nach dem Öffnen naßchemisch geätzt, um den Sägeschaden zu entfernen.

Zu den maskierenden chemischen Verfahren zur Schichtöffnung gehört die in der Einleitung bereits diskutierte photolithographische Definition mit anchließendem Ätzen der Struktur. Dies kann außer auf naßchemischen Wege auch durch Plasmaätzen erfolgen.

Eine Alternative bildet das Drucken einer ätzenden Paste. Eine industrielle Umsetzung ist bislang noch nicht bekannt und würde zumindest einen zusätzlichen Schritt zur Entfernung der Ätzreste erfordern. Prinzipiell bildet dieses Verfahren aber eine interessante und vermutlich kostengünstig realisierbare Möglichkeit, deren Umsetzbarkeit aber schließlich davon abhängig ist, ob sie sich für die jeweilige Passivierungsschicht realisieren läßt.

Neben der Ablation durch Laserstrahlung stehen prinzipiell auch andere Strahlquellen insbesondere die Emission von Ionen und Elektronen zur Verfügung, mit denen Schichten entfernt werden können. Die hohe Teilchenenergie ist aber im allgemeinen mit einer Strahlenschädigung verbunden, die - falls ausheilbar - zumindest einen zusätzlichen Schritt erfordert.

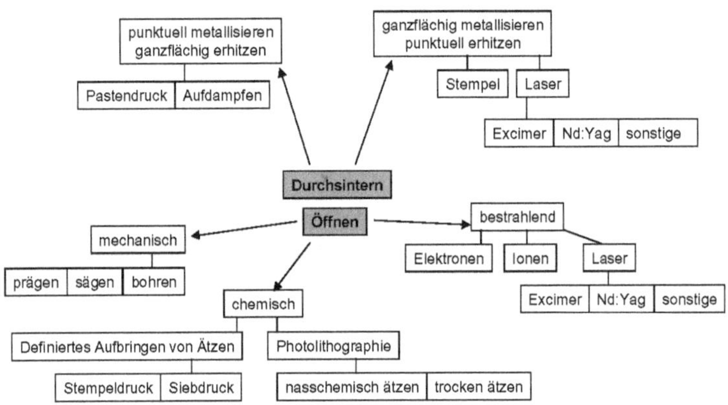

Abbildung 6-2 Verfahrensmöglichkeiten zur Herstellung eines Rückseitenkontaktes durch eine passivierende Schicht. Die Unterscheidung in zwei Hauptgruppen basiert auf der unterschiedlichen Reihenfolge von Strukturierung und Kontaktierung (Durchsintern bzw. Öffnen).

6.3.3 Zwischenbewertung

Das hohe Wirkungsgradpotential einer lokal kontaktierten passivierten Solarzellenrückseite macht diesen Ansatz äußerst attraktiv. Von der Vielzahl der Möglichkeiten zur Herstellung einer solchen Kontaktstruktur zeigen laserunterstützte Technologien Vorteile auf Grund der Einfachheit der Prozesse und potentiell niedriger Prozeßkosten. Es erscheint deshalb naheliegend, die Eignung von Laserprozessen zur Herstellung solcher Strukturen zu prüfen.

6.4 Technologie

Im folgenden wird kurz in die Laser-Mikrostrukturierung eingeführt und die verwendete Technologie vorgestellt.

6.4.1 Lasermikrostrukturierung

Seit der Realisierung des ersten Lasers von T. Maiman im Jahre 1960 ist eine Vielzahl verschiedener Lasersysteme entwickelt worden (Einführungen in das Themengebiet geben z.B. Müller [158] und Eichler [159]).

Die große Leistungsfähigkeit, Variabilität und Bandbreite von Lasersystemen haben dazu geführt, daß Laser in zunehmendem Maße Einzug in die industrielle Materialbearbeitung finden [160]. Die wichtigsten Parameter bei der Laserbearbeitung lassen sich in die Gruppen Strahlparameter, Eigenschaften von Werkstoff und Prozeßgas, Anlagenparameter einteilen. Der Einfluß auf die Ergebnisparameter ist schematisch in Abbildung 6-3 dargestellt [161].

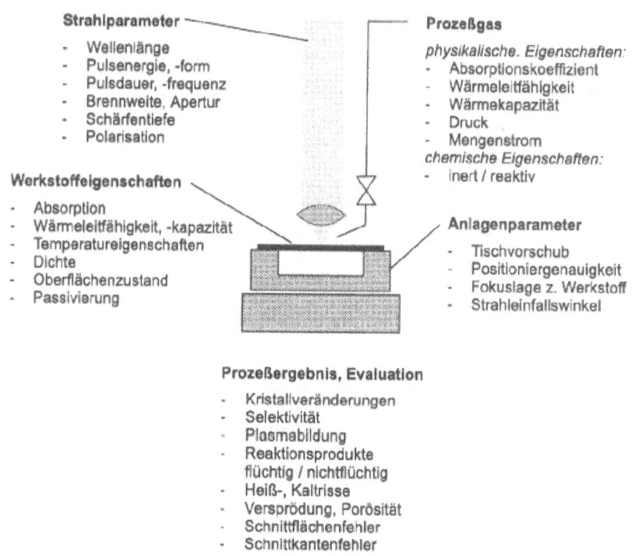

Abbildung 6-3 Einteilung der Eingangs- und Ausgangsgrößen für die Laserstrukturierung (nach Dauer [161]).

Für Anwendungen mit hohen Anforderungen an die Leistungsdichte des Strahlungsübertrags kommen gepulste Laser zum Einsatz. Der CO_2-Laser emittiert bei einer Wellenlänge von 10,6 µm und ist auf Grund der geringen Absorption von Silicium in diesem Spektralbereich nur begrenzt für die Materialbearbeitung geeignet. Zur Strukturierung von Silicium werden aus diesen Gründen als Strahlquellen überwiegend Nd:YAG und Excimer-Laser eingesetzt. Im folgenden soll die Laserstrukturierung getrennt für die Ablation und das Schmelzen betrachtet werden.

Laserablation von Silicium

Für die Laserablation von Silicium zur Herstellung der punktkontaktierten Rückseite kann aus prinzipiellen Überlegungen die Forderung abgeleitet werden, daß die Tiefe des Lochs gering und - damit verknüpft - der Randwinkel klein gehalten werden sollte (vgl. Abbildung 6-4):

- Ist das Loch mehrere µm tief und liegen am Lochrand steile Flanken vor, so entstehen Kontaktprobleme auf Grund einer unzureichenden Bedeckung dieser Flanken mit Aluminium.
- Je tiefer das Loch ist, desto mehr Material wird sich um das Loch herum ablagern. Diese Ablagerungen können sowohl zu einer Beschädigung der Passivierungsschicht als auch zu einer unzureichenden Beschichtung bei der Metallisierung führen.
- Ein tiefes Loch hat eine größere Oberfläche und führt somit zu einer erhöhten Rekombinationsrate.

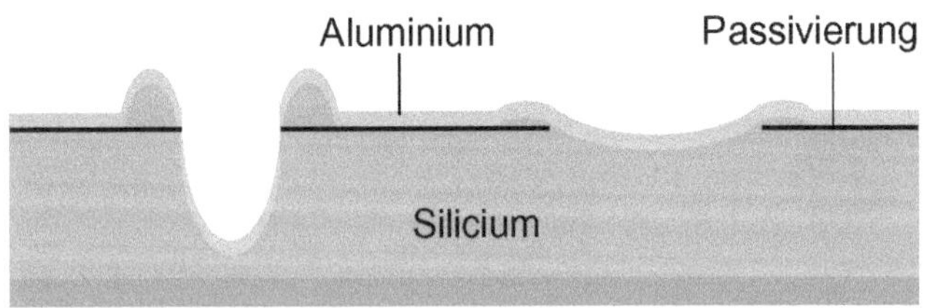

Abbildung 6-4 Schematische Darstellung der Metallisierung von laserablatierten Löchern. Für tiefe Löcher mit steilen Flanken besteht die Gefahr, daß der Aluminiumfilm abreißt und der Widerstand deutlich zunimmt.

Eine zentrale Forderung für die Ablation flacher Löcher in einem bestimmten Material ist, daß dieses eine hinreichende Absorption für die Laserstrahlung aufweist. Für die Öffnung passivierender Schichten, wie z.B. Siliciumdioxid und Siliciumnitrid, bedeutet dies, daß die Laserquelle derart gewählt werden sollte, daß in der Schicht selbst oder zumindest in dem darunterliegenden Silicium ein hoher Absorptionskoeffizient vorliegt. In Abbildung 6-5 sind der Literatur [162] entnommene Werte für die Absorptionslängen von Siliciumdioxid SiO_2, stöchiometrischem Siliciumnitrid Si_3N_4 und Silicium dargestellt. Außerdem sind die aus Messungen ermittelten Werte von einem siliciumreichen PECVD-abgeschiedenem SiN_x ($x \cong 0{,}7$) angegeben, für das im Vergleich zum stöchiometrischen Siliciumnitrid deutlich die Verschiebung der Absorptionskante zu erkennen ist. Alle dargestellten Werte gelten für Raumtemperatur. Das am Fraunhofer ISE entwickelte Passivierungsnitrid, das für die Versuche im Rahmen dieser Arbeit verwendet wurde, weist einen noch höheren Siliciumgehalt auf [114]. Außerdem sind in der Abbildung die Wellenlängen der für die Siliciumablation wichtigsten Lasersysteme angegeben (KrF-Excimer 248 nm, Nd:YAG 532 nm und 1064 nm).

Für Siliciumdioxid gibt es keine Laserquelle, deren Strahl bei einer typischen Schichtdicke von 100 nm nennenswert absorbiert werden würde[51]. Die Strahlung des KrF-Excimer-Laser wird aber auf Grund der verschobenen Bandkante bereits gut von siliciumreichem Siliciumnitrid absorbiert[52]. Silicium weist in diesem Wellenlängenbereich bereits nahezu maximale Absorption auf. Die Absorption nimmt für die Nd:YAG-Wellenlängen 532 und vor allem 1064 nm beträchtlich ab. Diese bei Raumtemperatur geltenden Aussagen müssen etwas modifiziert werden, wenn die erhöhte Materialtemperatur in Betracht gezogen wird, die durch die absorbierte Laserstrahlung entsteht. Im Bereich von 1064 nm nimmt die Absorptionslänge z.B. bei einem Temperaturanstieg von 300K auf 1200K um ca. zweieinhalb Größenordnungen ab [163]. Deshalb können auch mit Nd:YAG-Lasern relativ flache Löcher in Silicium ablatiert werden [161].

---

[51] Selbst bei einem F_2-Excimer-Laser ($\lambda = 157$ nm) tritt noch keine signifikante Absorption auf.

Eine weitere wichtige Voraussetzung für die Realisierung flacher Löcher sind kurze Pulse, um den Wärmeeintrag durch Leitung zu reduzieren. Eine geringe Wärmebelastung der Lochumgebung ist darüber hinaus wichtig, um eine Beschädigung der Passivierungsschicht zu vermeiden.

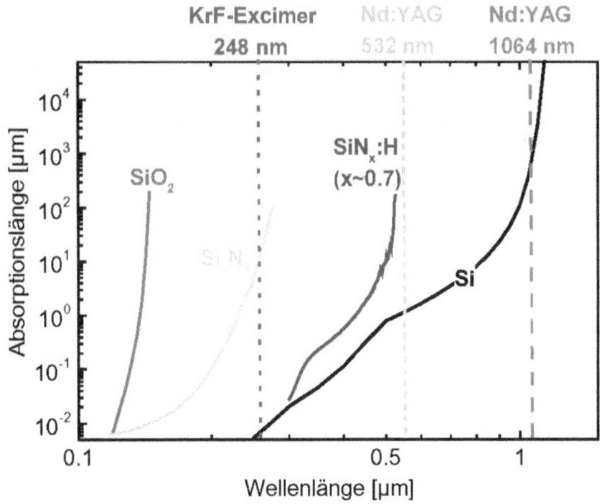

Abbildung 6-5 Absorptionslänge in Abhängigkeit von der Wellenlänge der verschiedenen, für die Ablation relevanten Materialien und die Emissionslinien der wichtigsten Strahlquellen (für T = 300 K). KrF-Excimer-Laser zeigen sowohl für Silicium als auch für siliciumreiches Siliciumnitrid eine sehr hohe Absorption.

Lasersintern durch eine dielektrische Schicht

Während es für die Laserablation bereits eine fundierte Grundlagenliteratur gibt, sind für die Kontaktbildung von einer Metallschicht und Silicium mit einer dazwischen liegenden, dielektrischen Schicht keine Abhandlungen bekannt. Die prinzipiellen Anforderungen für die Kontaktierung einer passivierten Solarzellenrückseite bestehen aber ebenfalls in einer guten Kontaktbildung und einer geringen Beeinflußung der umliegenden Gebiete. Eine gute Strahlabsorption wird beim Lasersintern prinzipiell erreicht, da die oberste Schicht aus Metall besteht. Eine große Oberflächenrauhigkeit bzw. das Aufschmelzen der Schicht verbessern die Einkopplung so, daß trotz der hohen Reflektivität des Metalls das Erhitzen kein prinzipielles Problem darstellt.

Das Einsetzen des lokalen Aufschmelzens der passivierenden, dielektrischen Schicht und des darunterliegenden Siliciums setzt wiederum voraus, daß zumindest ein Wärmetransport bis zur Grenzschicht stattfindet. Gleichzeitig sollte die Wärmeeinwirkung nicht zu lange aufrechterhalten werden, da sonst die Passvierungsschicht in den umliegenden Gebieten auf Grund der hohen Wärmeleitfähigkeit beschädigt wird. Unter Verwendung des in Kapitel 4.4 eingeführten Formalismus zur Beschreibung der Wärmeausbreitung ergibt sich für Aluminium eine Wärmeleitung mit isothermen Fluß im Bereich von 100 ns. In diesem Bereich liegen auch die typischen Pulslängen von Excimer- und Nd:YAG-Lasern.

6.4.2 Excimer-Laser

Der Excimer-Laser ist ein gepulster Gaslaser, dessen Photonenenergie auf den optischen Übergängen von Dimeren aus einem Edelgas- und einem Halogenatom (ArF, KrF, XeCl und XeF) oder Halogenmolekülen beruht[53]. Wichtige Kenndaten von handelsüblichen Excimer-Lasern sind in Tabelle 6-1 zusammengestellt. Die Pulsdauer variiert in einem Bereich von 15 ns bis 120 ns, das entspricht Spitzenleistungen von mehreren Megawatt. Mit dem KrF-Excimerlaser lassen sich die höchsten Pulsenergien (bis 450 mJ) und die höchste mittlere Leistung bis 80 W erreichen. Die Arbeitswellenlänge von 248 nm liegt überdies im Bereich maximaler Absorption von Silicium und hoher Absorption von siliciumreichen Siliciumnitrid. Dies ergibt günstige Ablationsbedingungen für die Erzeugung flacher Löcher mit geringem Materialaustrieb.

Die Excimer-Laserablations-Versuche wurden von Mitarbeitern des Forschungszentrums Karlsruhe an einem dort aufgebauten Mikrostrukturierungssystem PS2000 der Firma Exitech durchgeführt. Die in diesem System integrierte Strahlquelle der Firma Lambda Physik (LPX 210i) hat bei einer Befüllung mit KrF laut Herstellerangabe eine mittlere Leistung von 70 Watt bei einer Repetitionsrate von 100 Hz. Die maximale Pulsenergie beträgt ca. 919 mJ. Das System enthält eine optische Einheit zur Strahlhomogenisierung.

[53]Eine Ausnahme bildet der F_2-Excimer-Laser der bei der niedrigsten bisher erreichten Wellenlänge von 157 nm arbeitet.

Die jeweils gewünschte Struktur wird durch die Abbildung einer Maske auf die Bearbeitungsebene erzeugt. In Verbindung mit der Strahlhomogenisierung wird bei dem eingesetzten System eine Homogenität von besser als 1% erreicht. Das Lasersystem verfügt über einen Strahlteiler und eine CCD-Kamera, mit der die Pulsenergie überwacht werden kann. Die Pulsenergiedichte läßt sich im Bereich 0,4 bis 20 J/cm^2 einstellen. Die Pulsdauer beträgt 20 ns [164]. Es besteht die Möglichkeit, die Prozeßkammer mit Argon zu spülen.

Die relativ niedrige Pulsrate der Excimerlaser stellt für die industrielle Umsetzbarkeit eine Begrenzung für den Kontaktierungsprozeß dar, die auf Grund der hohen Pulsenergie durch die Verwendung von optischen Strahlteilungssystemen aufgehoben werden kann (vgl. Kapitel 6.4.4).

Tabelle 6-1 Kenndaten handelsüblicher Excimer-Laserstrahlquellen [165].

	ArF	KrF	XeCl	XeF
Wellenlänge [nm]	193	248	308	351
Pulsenergie [mJ]	275	450	250	200
max. mittlere Leistung [W]	45	80	45	35
max. Pulswiederholrate [Hz]	200	200	200	200

6.4.3 Nd:YAG-Laser

Der Nd:YAG-Laser ist ein Festkörper-Laser, der auf den optischen Übergängen eines Einkristalls aus Neodym-dotiertem Yttrium-Aluminium-Granat beruht. Die emittierte Strahlung hat eine Wellenlänge von 1064 nm. Durch die Verwendung geeigneter, nachgeschalteter Kristalle kann die Wellenlänge in ihre höheren Harmonischen umgewandelt werden. Frequenzverdoppelte, -verdreifachte und vervierfachte Nd:YAG-Laser lassen sich mit hohen Umwandlungswirkungsgraden herstellen.

Der große Vorteil des Nd:YAG-Lasers im Vergleich zum Excimer-Laser ist die hohe Pulsfrequenz, die sich mit einem gütegeschalteten System erreichen läßt. Durch die Güteschaltung kann in kurzen zeitlichen Abständen die Resonanzqualität der Lasereinheit verändert und somit die Besetzungsinversion gesteuert werden.

Als Nd:YAG-Strahlquelle wurde ein am Fraunhofer ISE aufgebauter Nd:YAG-Laser verwendet (Typenbezeichnung „BLS 611“ der Firma Baasel, Starnberg Deutschland). Es besteht die Möglichkeit, den Laser gepulst oder kontinuierlich zu betreiben. Das Gerät verfügt über einen Güteschalter, durch den die Pulsdauer auf 100 ns reduziert wird und die Pulswiederholfrequenz im Bereich 1 bis 50 kHz eingestellt werden kann. Das Gerät emittiert ausschließlich im Grundmode bei 1064nm.

Mit einer optischen Einheit kann der Strahl auf die Proben fokussiert werden (vgl. Abbildung 6-6). Die Fokusebene kann stufenlos verstellt werden und die Linse hat eine Brennweite von 58 mm.

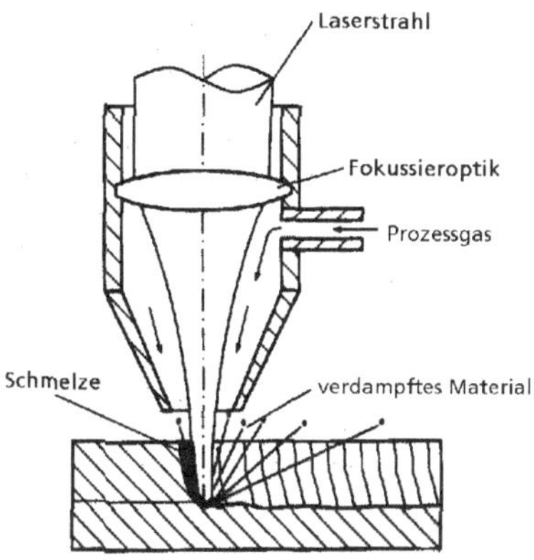

Abbildung 6-6 Optische Einheit zur Laserbearbeitung mit einem Nd:YAG-Laser. Durch die Zuführung eines inerten Prozeßgases wird die Oxidation geschmolzenen Materials vermieden [159].

Die Bewegung des Substrats erfolgt auf einem Tisch mit einer Ansaugeinrichtung, der in der Horizontalen durch eine programmierbaren xy-Steuerung bewegt werden kann. Die minimale Schrittweite beträgt 2 µm. Die Pulsenergie wird durch Vorgabe von Pumplampenstrom (16 bis 28A) und Pulswiederholfrequenz (1 bis 50 kHz) eingestellt. Die Anlage besitzt keine Einrichtung zur Kontrolle der Pulsenergie. Die Anzahl der pro Bearbeitungspunkt verwendeten Pulse kann über die Öffnungszeit der Laserblende vorgegeben werden. Die wichtigsten Strahlparameter, wie sie vom Hersteller spezifiziert werden, sind in Tabelle 6-2 dargestellt. Als inertes Prozeßgas wird Argon verwendet.

Tabelle 6-2 Daten bei 3kW Pumplampenleistung und 1000Hz Pulswiederholfrequenz [Herstellerspezifikation für Baasel BLS 611]

Strahldivergenz ($1/e^2$)	2 mrad
Strahldurchmesser am Auskoppelspiegel	0,7 mm
Pulsspitzenleistung	30 kW
Pulsenergie	3,0 mJ
Pulsbreite	100 ns
Puls/Puls-Schwankungen	3%
Betriebsmode	TM_{00}

6.4.4 Strukturerzeugung

Für die Herstellung eines Punktkontaktrasters gibt es prinzipiell 3 Möglichkeiten: die Bewegung des Substrats, die Bewegung und die Teilung des Laserstrahls. Die einfachste und langsamste Form stellt ein festpositionierter Laserkopf dar, dessen Strahl senkrecht auf einem in der Höhe regulierbaren XY-Tisch auftrifft. Auf diesem Tisch werden dann die Siliciumscheiben fixiert und durch entsprechendes Verfahren des Tisches wird die gewünschte Struktur übertragen. Diese Methode stellt den Standard für die im Rahmen dieser Arbeit durchgeführten Versuchen dar.

Zwei Alternativen, die einen wesentlich höheren Durchsatz ermöglichen und somit beide für eine industrielle Umsetzung in Frage kommen, sind in Abbildung 6-7 zu sehen. Die Darstellung links zeigt eine Anlage, die den Auftreffpunkt des Laserstrahls mit Hilfe zweier drehbarer Spiegel mit einer Geschwindigkeit von bis zu 3 m/s über die Waferoberfläche bewegen kann. Kommt als Strahlquelle ein System mit hinreichend hoher Pulsfrequenz zum Einsatz, wie zum Beispiel der Nd:YAG Laser, kann diese hohe Fahrgeschwindigkeit in einen hohen Durchsatz umgesetzt werden.

Eine Strahlteilung bietet sich dann an, wenn die Pulsenergie der Laserquelle deutlich über der für die Bearbeitung eines Punktes notwendigen Pulsenergie liegt. Für die Herstellung eines Punktrasters ermöglicht der Einsatz eines zweidimensionalen, hexagonalen Gitters mit sphärischen Mikrolinsen eine besonders effiziente Strahlausnutzung. In Abbildung 6-7 ist dieser Ansatz bei Verwendung eines Lasers mit schmalem Strahl dargestellt.

Der aus der Strahlquelle ausgekoppelte Laserstrahl wird mit einem Linsensystem aufgeweitet. Der aufgeweitete Strahl fällt auf ein Feld aus sphärischen Mikrolinsen. Eine in der Fokusebene liegende Oberfläche kann so großflächig, entsprechend dem durch die Anordnung der Mikrolinsen vorgegebenen Muster strukturiert werden.

Solche Mikrolinsenfelder können photolithographisch auf Quarzscheiben erzeugt werden [166]. Die im Rahmen der Arbeit eingesetzten Mikrolinsenfelder wurden von der Firma Süss in Neuchatel/Schweiz auf 4 Zoll großen Quarzscheiben hergestellt. Die Verwendung von Siliciumdioxid als Linsenmaterial ermöglicht auf Grund der geringen Absorption auch die Kombination mit Excimer-Laserstrahlung. Die Machbarkeit eines Einsatzes von Mikrolinsen zur Durchsatzerhöhung wurde mit einem Aufbau getestet, bei dem in den Strahlengang eines frequenzverdoppelten Nd:YAG-Lasers eine Strahlaufweitungseinheit und das Quarz-Mikrolinsenfeld gebracht werden. Die Strahlaufweitung ist im Bereich 1-8-fach einstellbar.

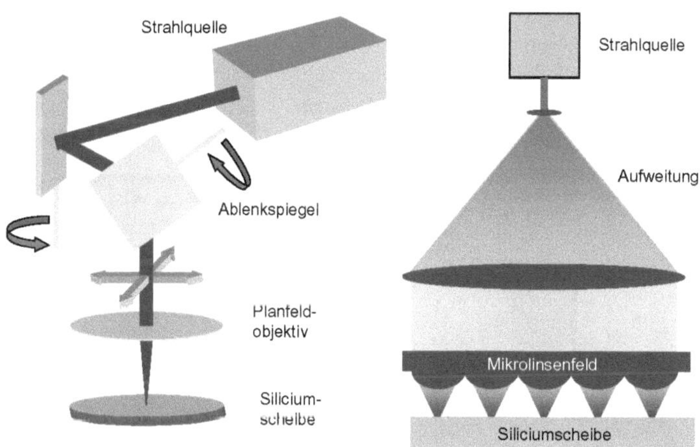

Abbildung 6-7 Verfahren zur Erhöhung der Geschwindigkeit der Laserbearbeitung (links: rechnergesteuertes Spiegelsystem mit Steuerung des Laserstrahls über das Substrat; rechts: Aufbau zur effizienteren Strahlausnutzung mit Hilfe eines Mikrolinsenarrays).

6.5 Laser-Prozesse

Im folgenden sind die durchgeführten Laser-Prozesse zur Öffnung der Passivierungsschichten an Hand einer qualitativen Charakterisierung auf der Basis von Lichtmikroskop- und REM-Aufnahmen dargestellt. Als Passivierungsschichten kommen 60 nm starkes PECVD-Siliciumnitrid und ca. 200 nm starkes thermisches Siliciumdioxid zum Einsatz.

6.5.1 Excimer-Laser

In Abbildung 6-8 sind Excimer-Laserablations-Löcher in Siliciumnitrid und Siliciumdioxid dargestellt. Die Unterschiede im Ablationsergebnis lassen sich auf die in Kapitel 6.4.1 dargestellten Absorptionslängen zurückführen. Die Siliciumdioxidschicht absorbiert die Laserstrahlung nicht. Der Ablationsprozeß findet über die Absorption in der Oberflächenschicht des Siliciums statt. Die hohe Absorption in dem oberflächennahen Bereich führt zum raschen Erhitzen und Verdampfen. Durch den hohen Dampfdruck wird das Siliciumoxid abgesprengt und lagert sich in der Umgebung des Loches ab. Die Siliciumnitridschicht hingegen absorbiert die einfallende Laserstrahlung und verdampft. Als Ergebnis ist deshalb ein scharf definiertes Loch ohne nennenswerten Schmelzaustrieb oder Siliciumnitridablagerungen zu sehen.

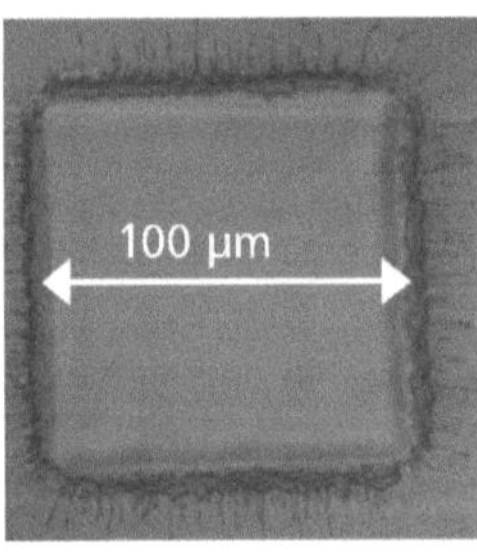

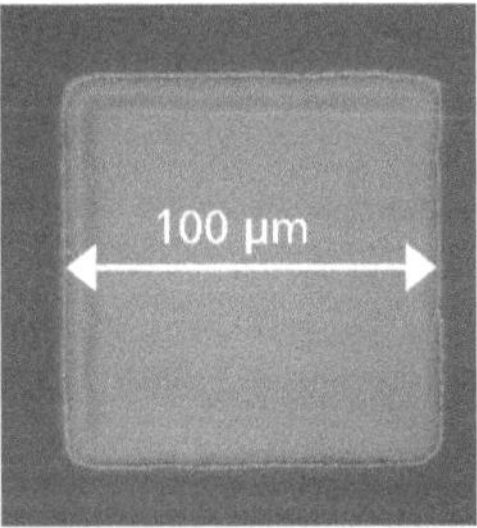

Abbildung 6-8 Lichtmikroskopbilder von Excimer-Laserablationslöchern in 200 nm Siliciumdioxid (linke Seite) und 60 nm siliciumreichen Siliciumnitrid (rechte Seite). Bei der Siliciumdioxidschicht wird der Laserstrahl erst im Silicium absorbiert. Auf Grund von Schmelzaustrieb und hohem Dampfdruck erfolgt ein Abplatzen der Schicht. Die Siliciumnitridschicht absorbiert die eingestrahlte Energie und wird komplett verdampft.

Im Rahmen einer Studienarbeit [167] wurde am Forschungszentrum Karlsruhe der Excimer-Ablationsprozeß für das am Fraunhofer ISE hergestellte, passivierende PECVD-Siliciumnitrid [114] optimiert. Die qualitative Charakterisierung des Ablationsprozesses erfolgte mit dem Elektronenmikroskop. Eine vollständige Entfernung des Siliciumnitrids ergibt sich bei einer Energiedichte von ca. 1,5 J/cm^2 und einer Pulsanzahl von mindestens 4 Pulsen.

In Abbildung 6-9 sind REM-Aufnahmen von Siliciumnitridresten eines unvollständigen Abtrags zu erkennen. Auf der linken Seite ist der Randbereich eines quadratischen Lochs abgebildet. Von links nach rechts sind die unbeschädigte, die angeschmolzene Siliciumnitrid, verbliebene Siliciumnitrd-Perlen und schließlich die freie Siliciumfläche zu erkennen. Im rechten Bild ist ein solcher Rand entlang der Bruchkante abgebildet. Die geringe Abtragstiefe ist zu erkennen. Für die Abtragsrate ergeben sich bei einer Pulsenergie von 1,5 J/cm^2 Werte bis maximal 100 nm/Puls für das Siliciumnitrid und nur ca. 10 nm im Silicium. Dies dürfte auf die extrem hohe Absorption im Silicium zurückzuführen sein. Für eine Variation der Pulsrate ergibt sich im Bereich 5-35 Hz kein signifikanter Einfluß auf die Abtragsrate.

Für alle im Rahmen der weiteren Charakterisierung dargestellten Ablationsexperimente wurden die Experimente unter Argon-Atmosphäre durchgeführt, um eine Oxidation der Oberfläche zu vermeiden.

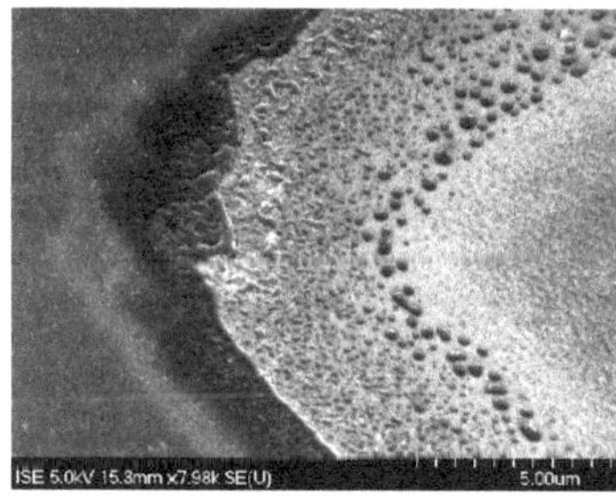

Abbildung 6-9 REM-Aufnahmen des Randbereichs eines nicht vollständig mit dem Excimerlaser geöffneten Lochs in der Aufsicht (links) und an einer Bruchkante (rechts). Die Tröpfchen bestehen aus nicht vollständig ablatiertem Siliciumnitrid.

6.5.2 Nd:YAG-Laser

Auf Grund der vergleichsweise geringen Absorption im Silicium und des gaußförmigen Intensitätsprofils des Strahls stellt sich für die Nd:YAG-Ablation die Aufgabe, ein flaches Loch mit großem Durchmesser herzustellen (vgl. Kapitel 6.4.3). In Abbildung 6-10 sind zwei Nd:YAG ablatierte Löcher dargestellt. Der Bereich um das Loch ist durch einen Teil des bei der Ablation entfernten Materials bedeckt. Die große Lochtiefe in Verbindung mit den steilen Lochflanken, der hohe Kraterrand und die Ablagerungen um das Loch bilden ungünstige Voraussetzungen für die nachfolgende Kontaktbildung. Die Entwicklung eines geeigneten Prozesses zielt zuerst auf die Erhöhung des Lochdurchmessers und eine Reduktion der Lochtiefe.

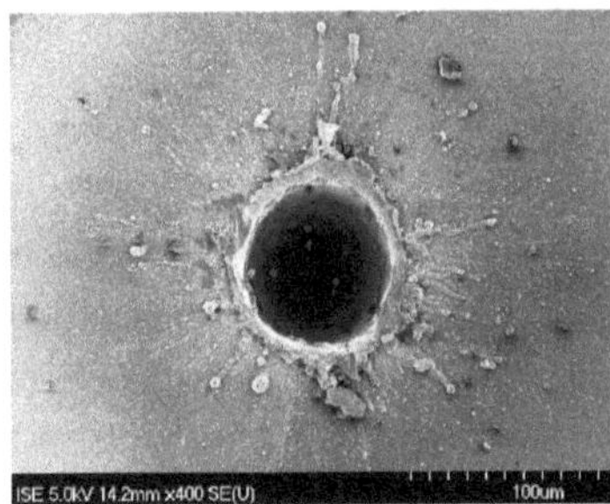

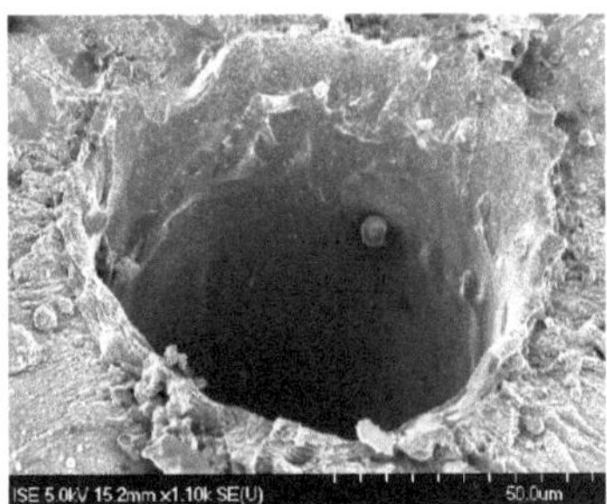

Abbildung 6-10 REM-Aufnahmen zweier Nd:YAG-Laser-ablatierter Löcher in unterschiedlicher Vergrößerung (links 400-fach, rechts 1100-fach). Deutlich sind der durch den Schmelzaustrieb entstandene Kraterrand und die Ablagerung um das Loch zu erkennen.

Die Bestimmung des Lochdurchmessers D erfolgt durch eine Auswertung im Lichtmikroskop. Die wichtigsten Parameter für den Abtragsprozeß sind:

- Pumplampenstrom I_P
- Pulswiederholfrequenz f_P
- Pulsanzahl N_P
- Lage der Fokusebene x_F (x_F=0: Fokusebene fällt mit der Scheibenoberfläche zusammen; $x_F < 0$: Fokusebene oberhalb der Scheibenoberfläche)

Die Wahl des Materials der Passivierungsschicht hat auf Grund der niedrigen Absorption für die beiden verwendeten Materialien über einen weiten

Parameterbereich einen geringen Einfluß auf die Lochtiefe. Es zeigt sich allerdings eine etwas höhere Ablationsschwelle für die dickere Siliciumdioxidschicht (vgl. Tabelle 6-3).

Tabelle 6-3 Lochdurchmesser D für die beiden verwendeten Passivierungsschichten (200 nm SiO_2 und 60 nm SiN_x) bei einer Variation der Parameter Pumplampenstrom I_P, Pulswiederholfrequenz f_P, Pulsanzahl N_P und Lage der Fokusebene x_F. Es ergeben sich nur geringe Unterschiede im Abtragsverhalten.

x_F [mm]	I_P [A]	f_P [kHz]	N_P	D_{SiO2} [µm]	D_{SiNx} [µm]	Kommentar
0	21,6	20	7	25	24	gleiches Verhalten
-0,3	21,6	10	7	0	20	SiN leichter zu ablatieren
-0,6	21,7	1	7	0	80	SiN leichter zu ablatieren
-0,6	22,2	1	1	65	70	SiN leichter zu ablatieren
-0,6	23,7	1	1	90	90	gleiches Verhalten
-0,6	25,7	1	7	92	96	gleiches Verhalten
-0,6	27,7	1	7	108	96	SiO_2 leichter zu ablatieren
-1,0	27,5	1	1	100	100	gleiches Verhalten

Lage der Fokusebene

Durch ein Auswandern des Fokus nimmt die maximale Intensität auf der Scheibenoberfläche ab, während sich die Raumbereiche gleichhoher Intensität vergrößern. Deshalb stellt die Veränderung der Fokusebene ein geeignetes Mittel zur Veränderung der Lochgeometrie dar.

Wandert die Fokusebene in die Siliciumscheibe hinein, so liegt dort der Bereich maximaler Intensität. Als Folge können schmale tiefe Löcher hergestellt werden, wie sie z.B. beim Lasertrennen eingesetzt werden. Bei einer Lage der Fokusebene oberhalb der Scheibenoberfläche nimmt die Intensität mit zunehmender Tiefe ab.

In Abbildung 6-11 sind Ablationsergebnisse bei Lage der Fokusebene oberhalb und unterhalb der Scheibenoberfläche dargestellt. Eine Lage der Fokusebene unterhalb der Scheibenoberfläche führt bei dem eingestellten Parametersatz zu einer vollständigen Öffnung. Die identische Auswanderung in entgegengesetzter Richtung bewirkt noch keine Öffnung der Schicht.

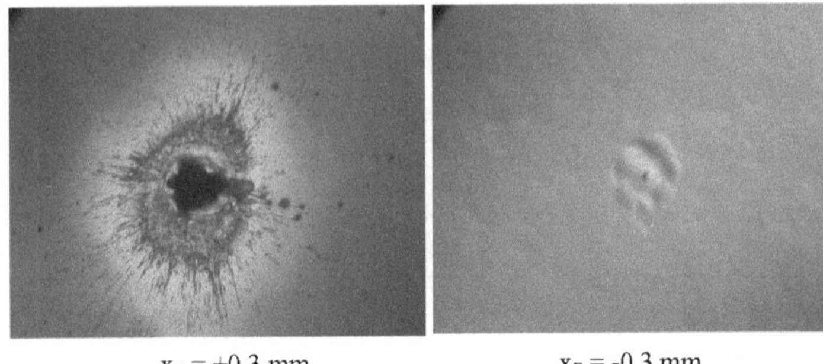

x_F = +0,3 mm x_F = -0,3 mm

Abbildung 6-11 Lichtmikroskopbilder von Nd:YAG-Laser-ablatierten Löchern bei Spiegelung der Lage der Fokusebene an der Scheibenoberfläche (100-fache Vergrößerung; 60 nm Siliciumnitrid auf Silicium; links: Fokusbereich unterhalb; rechts: Fokusbereich oberhalb der Scheibe; I_P=22 A f_P=10 kHz, N_P=7).

Für die vorliegende Anforderung erweist sich eine Lage der Fokusebene oberhalb der Scheibenoberfläche als günstiger, da der Energieeintrag in die Scheibe reduziert wird. Für den Abtrag sind allerdings insgesamt höhere Pulsenergien notwendig.

In Abbildung 6-12 sind die Ablationsergebnisse bei einer Variation der Fokuslage oberhalb der Scheibenoberfläche dargestellt. Der Durchmesser der Löcher nimmt bei zunehmendem Auswandern des Fokus zu. Eine signifikante Veränderung des Schmelzaustriebs ist für die beiden flächenmäßig größeren Löcher nicht zu erkennen.

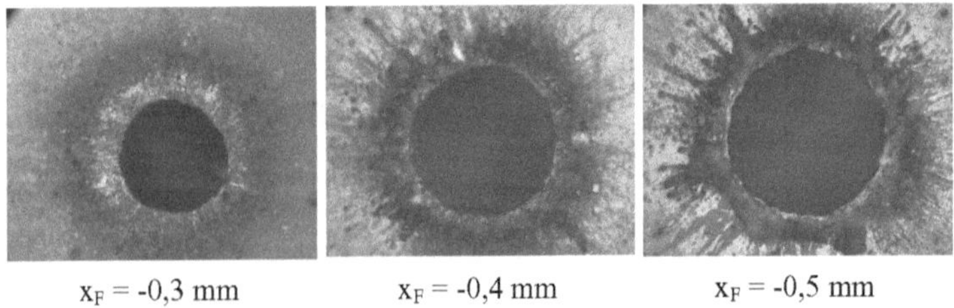

x_F = -0,3 mm x_F = -0,4 mm x_F = -0,5 mm

Abbildung 6-12 Lichtmikroskopbilder von Nd:YAG-Löchern bei Variation der Lage der Fokusebene (100-fache Vergrößerung; 60 nm Siliciumnitrid auf Silicium; I_P=24,5 A, f_P=1 kHz, N_P=7).

Variation der Pulsenergie

Die Energie des emittierten Laserpulses wird bei dem eingesetzten Nd:YAG-Laser durch den Pumplampenstrom und die Pulswiederholfrequenz bestimmt. Eine Erhöhung des Pumplampenstroms bzw. der Pumpdauer führen zu einer erhöhten Besetzung des Laserniveaus, die sich bei der Emission in einer höheren Pulsenergie niederschlägt.

In Abbildung 6-13 sind die Auswirkungen einer Variation von Pumplampenstrom und Pulswiederholrate auf den Lochdurchmesser dargestellt. Den stärksten Einfluß im untersuchten Parameterbereich zeigt die Erhöhung der Pumpdauer. Mit einer Pulswiederholrate von 1000 Hz können Lochdurchmesser über 100 µm erreicht werden. Ein hoher Lampenstrom trägt ebenfalls zur Lochvergrößerung bei. Interessanterweise tritt hier aber eine Sättigung bei einem Lampenstrom im Bereich von 27,1 A ein, die evtl. auf ein instabiles Verhalten des Lasers in der Nähe des maximalen Pumpstroms von 28 A zurückzuführen ist.

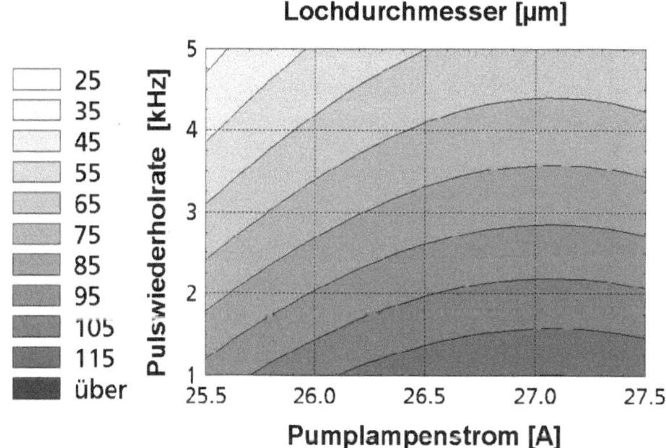

Abbildung 6-13 Lochdurchmesser in Abhängigkeit des Pumplampenstroms I_P und der Pulswiederholfrequenz f_P (Werte in µm; x_F=-0,8 mm; N_P=7). Die Zunahme der Pumpdauer führt zu einer starken Erhöhung des Lochdurchmessers.

Variation der Pulszahl

Die Erhöhung der Pulszahl erzeugt tiefere Löcher. Eine deutliche Zunahme des Lochdurchmessers ist kaum festzustellen. In den durchgeführten Experimenten sind deshalb vor allem Einzelpulsprozesse eingesetzt worden. Die Multipulsablation kann sich allerdings günstig auf die Oberflächenbeschaffenheit im Loch auswirken, so daß vereinzelt auch mehrere Pulse pro Loch verwendet werden.

6.5.3 Laserfeuern

Die Versuche zum lokalen Aufschmelzen des Silicium-Siliciumnitrid-Aluminium-Gemisches zur Kontaktbildung (Laserfeuern) wurden ebenfalls mit dem am Fraunhofer ISE aufgebauten Nd:YAG-Lasersystem durchgeführt. Die Charakterisierung des Kontaktprozesses erfolgte hauptsächlich über die Herstellung von Solarzellen[54]. Zu erwarten ist, daß sich ein relativ tiefer Kontakt günstig auf die Kontakteigenschaften auswirkt. Der entscheidende Parameter stellt hierbei die Pulsenergie dar. In Abbildung 6-14 ist das Ergebnis des lokalen Aufschmelzens für verschiedene Pumplampenströme dargestellt. Eine Erhöhung der Pulsenergie führt von einem oberflächlichen Aufschmelzen zu der Ausbildung eines Aluminiumsiliciumgemisches.

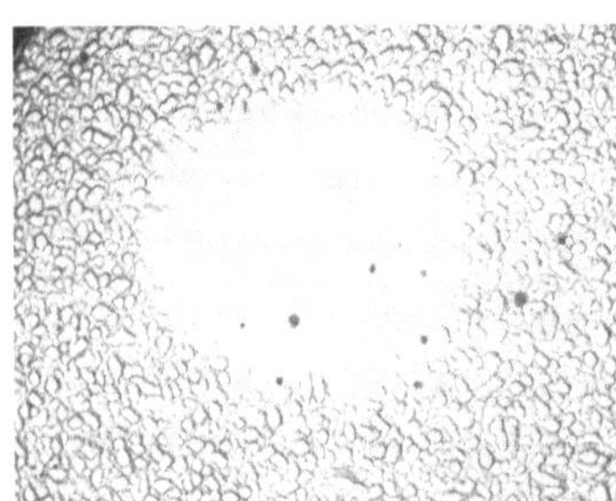
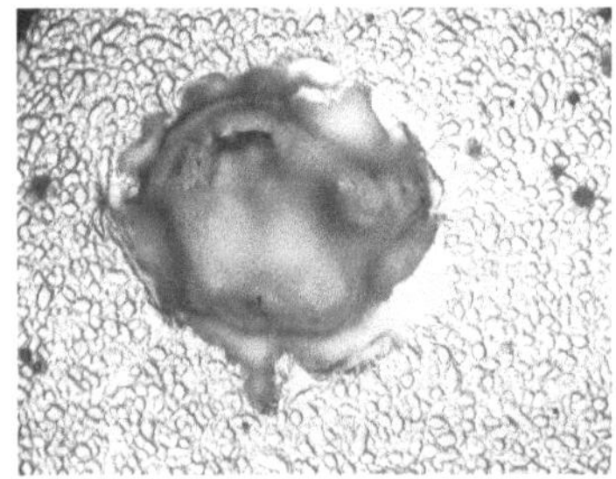

Abbildung 6-14 Lichtmikroskopbilder von lokal aufgeschmolzenen Aluminiumschichten. Bei niedriger Pulsenergie (links) ist das Aluminium nur oberflächlich aufgeschmolzen. Bei hoher Pulsenergie (rechts) entsteht eine Aluminium-Siliciummischung mit geringem Schmelzaustrieb.

[54] Eine sorgfältige Analyse der Kontaktform, z.B. auf der Basis von REM-Untersuchungen an Probenquerschliffen des punktuellen Kontaktes, steht noch aus.

6.5.4 Einsatz von Mikrolinsenfeldern zur Durchsatzerhöhung

Der Mikrolinsenaufbau wurde zur lokalen Entfernung einer 60 nm dicken Siliciumnitridschicht verwendet. Die sphärischen Mikrolinsen haben eine Brennweite von ca. 750 µm und einen Mitte-Mitte-Abstand von 250 µm. Die Ergebnisse der Ablation sind in Abbildung 6-15 dargestellt. Mit einem einzigen Puls konnten einige 100 Löcher vollständig geöffnet werden. Es wurden Löcher mit einem Durchmesser von bis zu 40 µm hergestellt.

Die erzielten Ergebnisse sind vielversprechend. Eine sinnvolle Übertragung des Konzeptes auf die Strukturierung der punktkontaktierten Solarzellenrückseite erfordert allerdings einen etwas höheren Abstand der Mikrolinsen in Kombination mit einem Excimer-Laser. Bei der Verwendung eines Excimer-Lasers können evtl. Probleme durch die geringere Strahlparallelität entstehen. Eine Alternative zum Einsatz sphärischer Linsen stellt die Verwendung gekreuzter Zylinderlinsen dar.

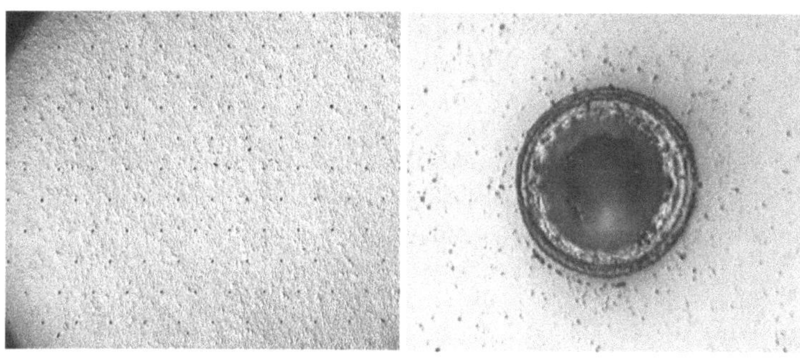

Abbildung 6-15 Multilochablation unter Verwendung eines Quarz-Mikrolinsenfeldes (links: Feld mit ca. 180 geöffneten Löchern mit einer Lochgröße von ca. 10 µm; rechts: Ein erzeugtes Loch mit einem Durchmesser von ca. 37 µm).

6.6 Elektrische Charakterisierung

Mit Hilfe einer Teststruktur werden die Eigenschaften der laserunterstützten Kontaktierung untersucht und mit den Referenzwerten für das photolithographische Standardkontaktierungsverfahren verglichen.

6.6.1 Teststruktur

Die beiden wichtigsten Parameter für die Herstellung der punktkontaktierten Rückseite sind ein niedriger Kontaktwiderstand und eine niedrige effektive ORG der kontaktierten Rückseite. Die Charakterisierung der Qualität der laserunterstützten Kontaktierung kann - naheliegenderweise - über die Herstellung einer PERC-Solarzelle auf hochwertigem Silicium erfolgen. Auf Grund der niedrigen Sättigungsstromdichten in Basis und Emitter stellt dieser Zelltyp ein sehr sensibles Charakterisierungsverfahren dar. Die Herstellung von PERC-Solarzellen hat aber besonders in einem frühen Stadium der Prozeßentwicklung den Nachteil, daß der damit verknüpfte Zellprozeß sehr aufwendig ist. Außerdem kann sich die relativ hohe Anzahl an Prozessen, die mit der Herstellung verbunden sind, erschwerend auf die Identifikation von Effekten auswirken. Deshalb wurde im Rahmen dieser Arbeit eine einfache Teststruktur verwendet mit welcher der laserunterstützte Kontaktformierungsprozeß charakterisiert wurde (s. Abbildung 6-16).

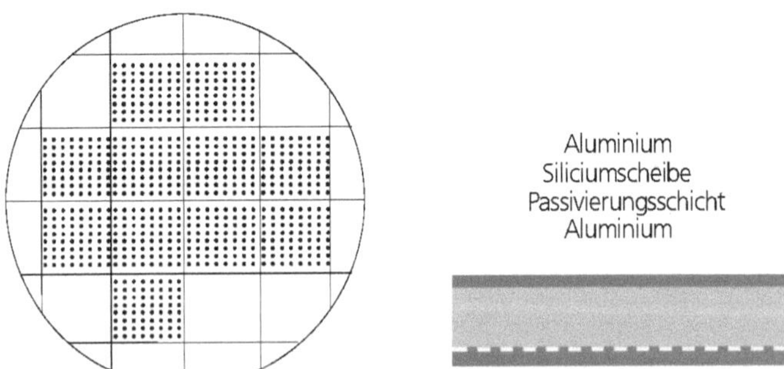

Abbildung 6-16 Teststrukur zur Charakterisierung der laserunterstützten Kontaktierung.

Die Teststruktur besteht aus einer 4-Zoll-FZ-Siliciumscheibe, die in 12 Quadrate mit je 2 cm Kantenlänge unterteilt ist, wobei teilweise ein Quadrat als ungeöffnete Referenz dient. Obwohl für das PERC-Konzept typischerweise Material mit einem spezifischen Widerstand im Bereich 0,2 bis 0,5 Ωcm verwendet wird, wurde für die Experimente 1,25 Ωcm-Material eingesetzt. Durch die hohe Diffusionslänge und die kritischeren Verhältnisse bzgl. des Kontaktwiderstandes eignet es sich besser für eine Analyse der relevanten Parameter. Die Herstellung und Charakterisierung der Teststruktur für die Laserablation erfolgte durch :

1. beidseitiges Reinigen der Oberflächen und Aufbringen einer Schicht aus PECVD-Siliciumnitrid oder thermischem Siliciumoxid
2. Sintern bei 425°C, 25 min
3. Laserablation mit Nd:YAG, bzw. Excimer-Laser und als Referenz photolithographisches Öffnen der Passivierungsschicht
4. Messung der Minoritätsträgerlebensdauer mittels MW-PCD
5. Plasmaätzen der nicht-geöffneten Seite
6. Beidseitiges Aufdampfen von je 2 μm Aluminium
7. Kontaktsintern
8. Aufnahme der Strom-Spannungs-Kennlinie im Dunkeln und Bestimmung des Widerstands zwischen Vorder- und Rückseite

Die photolithographischen Referenzen wurden mit quadratischen Punkten der Größe $100x100\mu m^2$ bei einem Punktabstand von 500, 1000 und 2000 μm versehen.

Für die KrF-Excimer-Laserablation wurden ebenfalls Punkte der Größe $100x100\mu m^2$ mit je 4 bzw. 7 Pulsen und einem Punktabstand von 1000, 1500 und 2000 μm, sowie Pulsenergiedichten von 2,2 und 2,7 J/cm^2 aufgebracht.

Für die Nd:YAG-Ablation wurden Laserparameter-Werte im Bereich von -0,6 bis -1 mm für die Strahlaufweitung, 1 bis 5 kHz für die Pulswiederholfrequenz und 20 bis 28 A für den Pumplampenstrom, sowie eine Pulsanzahl von 1 bis 10 Pulse und ein Lochabstand im Bereich von 400 bis 2000 μm verwendet. Es wurden solche Prozesse ausgewählt, die bei der Optimierung der

Laserablation gute Abtragsergebnisse, d.h. relativ flache und flächenmäßig große Löcher ergeben haben. Ein Teil der Proben wurde nach der Laserablation in einem reaktiven Ionen-Plasma nachgeätzt.

Die Bestimmung des Widerstands erfolgt durch Aufnahme der Strom-Spannungs-Kennlinie. Der Widerstand des oberen ganzflächigen Kontakts kann vernachlässigt werden, d.h. der ermittelte Widerstand wird durch den gemittelten Wert des Halbleiter- und Kontaktwiderstands in den einzelnen Kontaktpunkten dominiert (vgl. Kapitel 6.2.1).

6.6.2 Ladungsträgerlebensdauer

Für die KrF-Excimer-laserablatierten Löcher ergab sich im untersuchten Parameterbereich keine signifikante Abhängigkeit der ermittelten Ladungsträgerlebensdauern von den Parametern Pulsenergie und Pulsanzahl. Als wichtigster Parameter tritt hier die Dichte der eingebrachten Löcher bzw. die auf Grund der festliegenden Punktgröße linear verknüpfte Flächenabdeckung auf[55]. Die Ergebnisse sind im Vergleich zu den photolithographischen Referenzwerten in Abbildung 6-17 dargestellt.

Die Ladungsträgerlebensdauern bewegen sich für beide Passivierungsarten auf einem sehr hohen Niveau. Die für die Nitridbeschichtung erreichten Lebensdauern im Bereich von über 800 µs bei einer Flächenabdeckung der Löcher von 0,25% entsprechen einer effektiven ORG der geöffneten Seite von unter 20 cm/s.[56] Auch bei der typischerweise bei PERC-Zellen eingesetzten Flächenabdeckung von 1% beträgt die Lebensdauer noch über 300 µs bzw. die effektive ORG liegt unter 80 cm/s. Für das Siliciumdioxid ergeben sich ebenfalls sehr hohe Werte im Bereich von 210 µs bzw. 160 µs bei einer Flächenabdeckung von 0,25% bzw. 1%.

Im Vergleich der Excimer-Ergebnisse mit den Referenzen zeigt sich weder für das Siliciumdioxid noch für das Siliciumnitrid ein signifikanter Unter-

[55] Bei einer Punktgröße von 100x100 μm^2 entspricht eine Lochdichte von 100 cm^{-2} gerade einer Flächenabdeckung von 1% bzw. einem Lochabstand von 1 mm.

[56] Die hier dargestellten Abschätzungen der ORG gehen von der Annahme einer verschwindenden ORG auf der nicht geöffneten Seite und einer Lebensdauer des Volumens von mindestens 2000 µs aus.

schied in den jeweiligen Lebensdauerwerten. Die Excimer-Laserbehandlung führt demzufolge zu keiner tiefreichenden Beschädigung des Siliciummaterials oder der umliegenden Passivierungsschicht.

Die Lebensdauerwerte der photolithographischen Strukturierung bei hoher Lochdichte (Flächenabdeckung 4%, τ_{eff}=50-70 µs) liegen allerdings deutlich unter den Werten bei kleiner Lochdichte (Flächenabdeckung 0,25%-1%, τ_{eff}=140-900 µs). Dies unterstützt die These, daß eine gute Passivierungswirkung unter Anwendung des Punktkontaktkonzeptes eng mit der Umsetzung einer geringen Flächenabdeckung bzw. einem großen Punktabstand verknüpft ist. Deshalb können Technologien mit hoher Flächenabdeckung kaum von dem Potential der Punktkontaktrückseite profitieren (vgl. Kapitel 6.3.2).

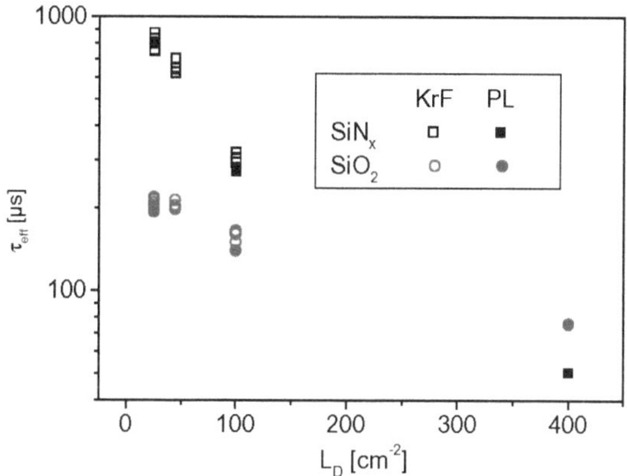

Abbildung 6-17 Effektive Ladungsträgerlebensdauer für KrF-Excimer und photolithographisch geöffnete Löcher in Abhängigkeit von der Dichte der eingebrachten Löcher für Siliciumdioxid und Siliciumnitrid L_D. Es kann kein signifikanter Unterschied zwischen den beiden Öffnungsmethoden festgestellt werden.

Auch die Auswertung der Nd:YAG-geöffneten Proben erfolgt über die Dichte der eingebrachten Löcher. Diese entspricht hier aber nicht direkt einer Flächenabdeckung, da die Größe der Löcher variiert. Eine Abhängigkeit von einem der Laserparameter konnte nicht festgestellt werden. Die Ergebnisse sind in Abbildung 6-18 zusammen mit den photolithographischen Referenzen und den ungeöffneten Proben dargestellt.

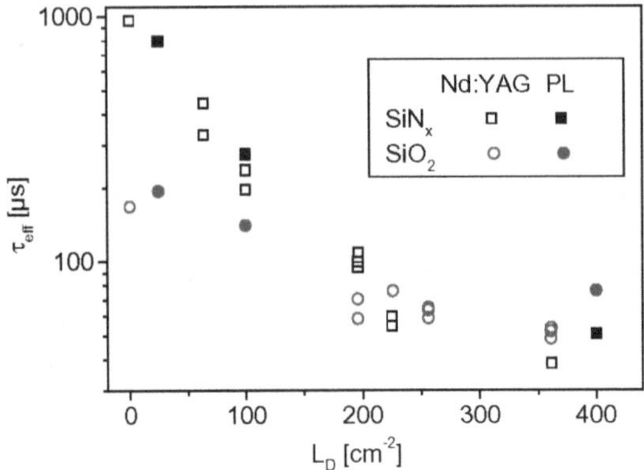

Abbildung 6-18 Effektive Ladungsträgerlebensdauer für Nd:YAG- und photolithographisch geöffnete Löcher in Abhängigkeit von der Dichte der eingebrachten Löcher L_D für Siliciumdioxid und Siliciumnitrid (die Werte L_D=0 entsprechen den ungeöffneten Referenzen). Die Werte für die Nd:YAG geöffneten Punkte liegen etwas unter den photolithographisch geöffneten Referenzen.

Die Nd:YAG geöffneten Löcher zeigen sowohl für Siliciumnitrid als auch Siliciumoxid eine etwas geringere Lebensdauer als die photolithographischen Referenzen[57]. Insgesamt ergeben sich aber auch hier sehr hohe Lebensdauern, die auf eine nur geringe Schädigung von Material und Passivierung hindeuten. Die in Kapitel 6.5.2 dargestellte Materialschädigung bleibt auf einen begrenzten Raumbereich um die Löcher beschränkt.

6.6.3 Widerstandsbestimmung

Bei der Bestimmung des Widerstandes der Teststruktur ergab sich das Problem, daß die Siliciumnitridproben auf Grund der Durchlässigkeit der Schichten keine sinnvolle Auswertung zuließ. Eine Reduktion des ermittelten Widerstandes im Vergleich der Messungen vor bzw. nach dem Kontaktsintern konnte nicht eindeutig auf die Verbesserung der Kontaktbildung im geöffneten Bereich zurückgeführt werden. Von einer Darstellung dieser Daten wird deshalb abgesehen.

---

[57] Zu beachten ist auch, daß die Löcher maximal einen Durchmesser von 100 µm haben. Die Lochoberfläche wird allerdings auch durch die größere Tiefe erhöht.

In Abbildung 6-19 ist die gemessene Strom-Spannungs-Kennlinie der photolithographisch geöffneten Teststruktur, auf den Widerstand umgerechnet und auf eine Fläche von 1 cm^2 normiert, dargestellt. Die Werte für $r_A \geq 1\%$ konnten nicht vollständig ermittelt werden, da wegen des hohen assoziierten Stroms die Strombegrenzung der verwendeten Meßeinheit erreicht wurde.

Die Konstanz des Widerstands im jeweiligen Meßbereich zeigt das ohmsche Verhalten der Struktur, sowohl in Vorwärts- als auch in Rückwärtsrichtung. Der für die beiden Teststrukturen ermittelte Wert $R_{S,Test}=0{,}7\ \Omega cm^2$ für eine Flächenabdeckung $r_A = 1\%$ entspricht den aus den Dunkel-Kennlinien von PERC-Solarzellen ermittelten Werten für den parasitären Serienwiderstand[58].

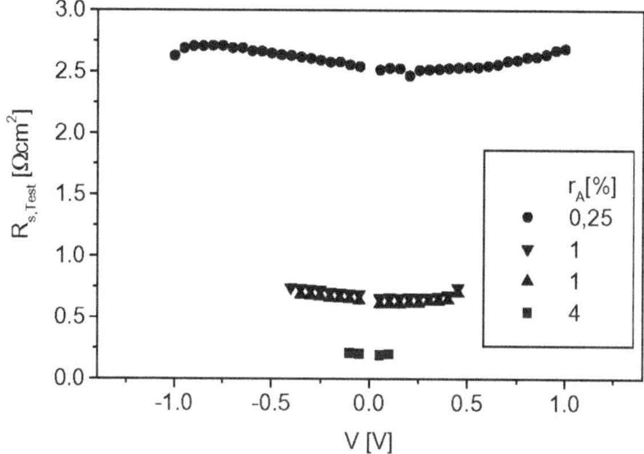

Abbildung 6-19 Auf die Fläche der Teststruktur normierter Widerstand in Abhängigkeit von der Spannung für die drei photolithographisch geöffneten Referenzen mit unterschiedlichem Flächenabdeckungsfaktor r_F.

Die Kennlinien der lasergeöffneten Proben zeigen z.T. kein ohmsches Verhalten für kleine Spannungswerte, insbesondere dann, wenn der Widerstand deutlich über 5 Ωcm^2 liegt. Eine detaillierte Analyse der oftmals asymmetrischen Kennlinien wurde nicht durchgeführt. Für die Anwendung auf die Solarzellen ist aber vor allem der Spannungsbereich um den Arbeitspunkt

---

[58] Gute Werte für R_s liegen im Bereich 0,3 bis 0,5 Ωcm^2 für 1,25 Ωcm p-leitendes Silicium. Auf den Füllfaktor umgerechnet ergibt sich ein Wert von max. 80%

interessant. Die im folgenden dargestellten Werte sind bei einer Spannung von +0,5 V, bzw. der höchsten meßbaren Spannung ausgewertet.

Die KrF-Excimer-lasergeöffneten Zellen wurden bei 425°C und bei 475°C für je 25 Minuten gesintert. Nach jedem Sintern wurde die Kennlinie aufgenommen, die Ergebnisse sind in Tabelle 6-4 dargestellt. Für die Variation der Laserparameter ergibt sich kein signifikanter Einfluß auf den Widerstand.

Die Widerstandswerte für die mit dem Excimer-Laser prozessierten Proben sind deutlich erhöht. Bei einer Sintertemperatur von 425°C lassen sich noch keine ausreichenden Kontakte herstellen. Nach der zweiten Sinterung ergibt sich eine deutliche Reduktion der Widerstände, die Werte bleiben allerdings noch weit oberhalb der Referenzen und liegen in einem Bereich, in dem signifikante Einbußen der Zellparameter zu erwarten sind.

Rückstände der Passivierungsschicht können auf Grund der durchgeführten Analysen mit großer Wahrscheinlichkeit ausgeschlossen werden. Die Ursache des hohen Widerstandes könnte in einer sperrenden, defektreichen Oberflächenschicht im Silicium liegen. Die Sperrung könnte dann durch Migration des Aluminiums durch diese Schicht oder ein Ausheilen des Defektes bei erhöhten Sintertemperaturen abgebaut werden.

Tabelle 6-4 Serieller Widerstand der Teststruktur für die KrF-Excimerlaser geöffneten Löcher im Vergleich zu den photolithographischen Referenzen (gemittelte Werte über die variierten Laserparameter).

Probentyp Sintertemperatur	$R_S(r_F=1\%)$ [Ωcm^2]	$R_S(r_F=0{,}44\%)$ [Ωcm^2]	$R_S(r_F=0{,}25\%)$ [Ωcm^2]
KrF 425°C	71	64	94
KrF 425°C/ 475°C	4,6	8,4	12,5
PL-Referenz 425°C	0,7	-	2,8

Auch bei den Nd:YAG geöffneten Proben ergaben sich hohe ermittelte Widerstände im Bereich 100 Ωcm^2 nach dem Sintern. Zur Beseitigung des starken Materialaustriebs wurden einige Proben vor der Aluminiumbeschichtung für 10 Minuten in einem reaktiven Plasma geätzt. Hierdurch konnte bei einzelnen Proben eine Reduktion des seriellen Widerstandes auf unter 1 Ωcm^2 bei einem Flächenanteil von ungefähr 1% erreicht werden.

Die REM-Analyse des Querschliffes einer Probe, die vor der Aluminiumbedampfung nachgeätzt wurde, ist im Vergleich zu einer ungeätzten Probe in Abbildung 6-20 dargestellt. Die nicht-geätzte Probe zeigt einen deutlichen Schmelzaustrieb. Es ergibt sich nur eine unvollständige Anlagerung des Aluminiums auf der porösen Oberfläche. Durch das Plasmaätzen wird der erstarrte Kraterrand beseitigt und es wird eine zusammenhängende Aluminiumschicht gebildet (vgl. Kapitel 6.4.3).

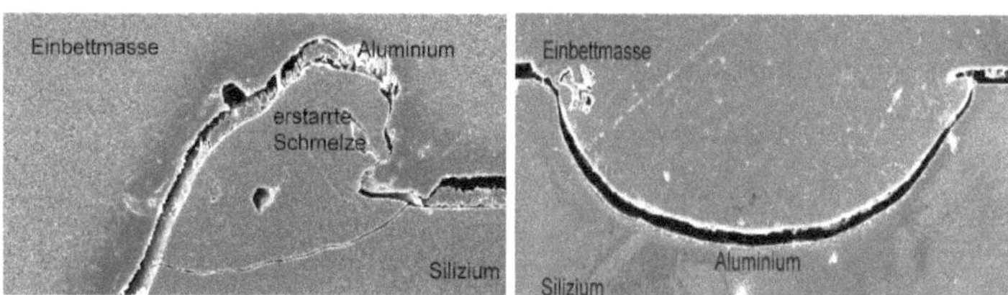

Abbildung 6-20 REM-Bilder von zwei Querschliffen an Löchern, die mittels Nd:YAG- Laser in Silicium eingebracht und anschließend mit 2 µm Aluminium bedampft wurden (links/rechts: Kraterrand ohne / Loch mit Plasmanachätzen). Das Nachätzen im reaktiven Plasma beseitigt den Schmelzaustrieb und die Aluminiumschicht kann sich zusammenhängend anlagern.

6.7 Solarzellen

Die entwickelten Laserprozesse werden zur Herstellung von RP-PERC-Solarzellen eingesetzt. Im folgenden werden die Ergebnisse dieser Zellen vorgestellt.

6.7.1 Solarzellenprozeß

Der am Fraunhofer ISE entwickelte RP-PERC-Solarzellenprozeß ermöglicht die Herstellung hocheffizienter Solarzellen bei nur zwei bzw. drei photolithographischen Maskenschritten (Struktur des Zelltyps siehe Abbildung 2-10)[59].

[59]Durch die photolithographische Definition des sogenannten Emitter-Windows, d.h. eines lateral zwar homogenen, aber auf die Größe der Solarzelle beschränkten Emitters, wird u.a. die einfachere Messbarkeit der Kennlinien erreicht. Es ist kein Trennen mehrerer auf einer Siliciumscheibe prozessierten Solarzellen notwendig. Alle eingesetzten Photolithographieschritte erfordern nur ein *grobe* Justierung der Masken im Bereich von ca. 10 µm.

Der Solarzellenprozeß wurde von Knobloch et al. ausführlich in [168] beschrieben. Für die Charakterisierung der Laserprozesse wurden 4 Zoll-FZ-Siliciumscheiben verwendet, auf denen jeweils vier 2x2 cm^2 große Solarzellen hergestellt wurden. Die wichtigsten Schritte des Solarzellenprozesses sind:

1. Reinigung und Oxidation
2. Photolithographische Definition des Emitterfensters
3. Herstellung der Oberflächentextur
4. Reinigung und homogene Emitterdiffusion
5. Reinigung und Oxidation (Bildung des Antireflexoxids)
6. Photolithographische Definition der Rückseitenpunkte
7. Rückseitiges Aufdampfen der Aluminiumschicht 2 µm
8. Photolithographische Definition des Vorderseitenkontaktgitter
9. Aufdampfen von Titan, Palladium und Silber und Lift-Off
10. Galvanische Verstärkung im Silbercyanidbad
11. Kontaktsintern

Die höchsten am Fraunhofer ISE mit diesem Solarzellenprozeß (Punktgröße 100x100 μm^2, r_F=1%) erreichten Zellwirkungsgrade sind in Tabelle 6-5 dargestellt. Die mit einer Siliciumnitridschicht passivierten Zellen sind mit einem Plasmaprozeß geöffnet worden [145]. Für die siliciumoxidpassivierten Zellen werden bisher, trotz der ausgezeichneten Passivierungsqualität des Siliciumnitrids, die besten Ergebnisse erreicht. Dieser Effekt kann auf die höhere Reflexion an der Silicium-Siliciumoxid-Grenze und die Verbesserung der Passivierungswirkung durch den *alneal* (Kapitel 5.3.2) zurückgeführt werden [23].

Tabelle 6-5 Solarzellenparameter der RP-PERC-Referenzzellen unter Einsatz von p-leitendem FZ-Silicium. Der beste bisher erreichte Wert liegt bei 22,0%.

ρ_{Si} [Ωcm]	Passivierungsschicht	V_{oc} [mV]	I_{sc} [mA/cm²]	FF [%]	η [%]
0,5	Siliciumoxid	683	39,7	81,3	22,0
	Siliciumnitrid	674	39,4	81,1	21,5
1,25	Siliciumoxid	664	40,2	81,0	21,6

Solarzellenprozeß bei Einsatz der laserunterstützten Kontaktierung

Die Zellen, die mittels Laserablation mit Siliciumoxid hergestellt wurden, weisen anstelle des Schrittes 6 den Laserprozeß auf. Für diejenigen Zellen die mit Siliciumnitrid als Passivierungsschicht hergestellt wurden, wurde vor Schritt 6 das Siliciumoxid auf der Rückseite entfernt und 60 nm Siliciumnitrid im PECVD-Verfahren aufgebracht. Für diejenigen Zellen, die mittels Laserfeuern hergestellt wurden, wurde Schritt 6 ausgelassen und nach Schritt 7 erfolgte die Kontaktierung durch den Laserprozeß.

Zur Herstellung der Solarzellen wurde Material mit einem spezifischen Widerstand von 1,25 Ωcm und 0,5 Ωcm eingesetzt.

6.7.2 Ergebnisse

In Tabelle 6-6 sind die jeweils besten erzielten Zellergebnisse für die verschiedenen Laserprozeßarten unter Variation des spezifischen Widerstand und des Materials der Passivierungsschicht zusammengefaßt.

Tabelle 6-6 Beste Zellergebnisse für die verschiedenen laserunterstützten Kontaktierungsprozesse (KrF: KrF-Excimerlaser; Nd:YAG: Nd:YAG-Festkörperlaser; LA: Laserablation; LF: Laserfeuern; PÄ: Plasmaätzen).

Prozeß	ρ_{Si} [Ωcm]	Passiv.	V_{oc} [mV]	I_{sc} [mA/cm²]	FF [%]	η [%]
KrF-LA	1,25	SiO_2	646	39,3	77,5	19,6
		SiN_x:H	646	38,3	77,2	19,1
	0,5	SiO_2	661	39,7	77,6	**20,4**
		SiN_x:H	660	37,4	79,7	19,7
Nd:YAG-LA	0,5	SiO_2	636	36,5	80,1	18,6
		SiN_x:H	637	36,1	80,7	18,6
Nd:YAG-LA+PÄ	0,5	SiO_2	672	38,8	81,7	**21,3**
Nd:YAG-LF	0,5	SiN_x:H	664	36,8	78,9	**19,3**

KrF-Excimer-Laserablation

Für die KrF-Excimer-Laserablation wurden die siliciumoxidpassivierten Zellen am Ende des Prozesses in mehreren Sinterschritten bei 425°C, 450°C und 475°C gesintert. Es wurde ein maximaler Wirkungsgrad von 20,4% mit einer siliciumoxidpassivierten Solarzellenrückseite erreicht[60]. Auf dem niedriger dotierten Ausgangsmaterial wurde ein ebenfalls sehr guter Wert von 19,6% ermittelt. Die im Vergleich zu den besten bisher hergestellten photolithographisch strukturierten Referenzzellen niedrigeren Wirkungsgrade resultieren hauptsächlich aus dem niedrigeren Füllfaktor. Ein Füllfaktor über 70% konnte nur bei Solarzellen erreicht werden, die mindestens bei 450°C gesintert wurden. Durch die Auswertung der Dunkel-Kennlinien der Solarzellen konnte dies, in Übereinstimmung mit den an Teststrukturen durchgeführten Widerstandsmessungen (vgl. Kapitel 6.6.3), auf einen erhöhten parasitären Serienwiderstand der Zellen zurückgeführt werden. Eine Erhöhung der Sintertemperatur auf 500°C führt zu einem Einbruch der Zellparameter, der vermutlich auf einen Kurzschluß der RLZ durch den Vorderseitenkontakt zurückzuführen ist.

Die siliciumnitridpassivierten Proben wurden bei Temperaturen von 350°C, 375°C, 400°C und 425°C gesintert. Es ergeben sich Solarzellenwirkungsgrade von bis zu 19,7% auf 0,5 Ωcm- und 19,1% auf 1,25 Ωcm-Material. Füllfaktoren nahe 80% werden nur bei Sintertemperaturen ab 400°C erreicht. Allerdings stellt sich dann ein Absinken der Zellparameter Leerlaufspannung und Kurzschlußstrom ein, die auf die Zerstörung der Passivierungswirkung der Schicht hindeuten.

Ein Plasmanachätzen wurde an KrF-Excimer-lasergeöffneten Solarzellen bisher nicht durchgeführt. Durch die im Vergleich zum Nd:YAG-Laser wesentlich geringere Eindringtiefe des kurzwelligen Excimer-Laserstrahls sollte es bereits mit sehr kurzen Ätzprozessen möglich sein, die für den niedrigen Füllfaktor verantwortliche Schädigung zu entfernen. Es sollte dann möglich sein, den Referenzen entsprechende Zellresultate zu erreichen. Trotzdem sei an dieser Stelle bemerkt, daß die dargestellten Excimer-Resultate, die besten sind, die bisher für eine laserunterstütze Kontaktierung in der Solartechnologie ohne Verwendung eines Nachätzschrittes berichtet wurden (vgl. Kapitel 6.2.2).

---

[60] Die maximale ermittelte Leerlaufspannung der mit Excimer-Laserablation hergestellten Solarzellen beträgt 673 mV und liegt nur 10 mV unter dem Wert für die photolithographische Referenz, allerdings erreichte diese Zelle nur einen Füllfaktor von 73%.

Nd:YAG -Laserablation

Die Nd:YAG-ablatierten Solarzellen unter Einsatz des Siliciumnitrid wurden bei 425°C gesintert. Durch nochmaliges Sintern bei höheren Temperaturen konnte keine Verbesserung der Zellresultate erzielt werden. Für die nicht nachgeätzten Proben bildet das in Tabelle 6-6 dargestellte Ergebnis von 18,6% eine von zwei Ausnahmen bei denen Füllfaktoren im Bereich von 80% erreicht wurden. Der Lochabstand betrug bei diesen beiden Zellen nur 500 µm. Bei größerem Lochabstand gab es im allgemeinen keine Ergebnisse mit einem Füllfaktor über 75%.

Die relativ niedrigen Werte für die Leerlaufspannung und den Kurzschlußstrom sind vor allem auf den geringen Lochabstand zurückzuführen. Allerdings wurden auch bei einem Lochabstand von 1 mm nicht die Werte der KrF-Excimer-geöffneten Solarzellen erreicht. Dies steht in Übereinstimmung mit der, bei den Lebensdaueruntersuchungen festgestellten, leichten Abnahme der Lebensdauer beim Nd:YAG-Prozeß (vgl. Kapitel 6.6.2).

Das beste bisher mit der laserunterstützen Prozessierung erreichte Ergebnis ergibt sich mit einem Wirkungsgrad von 21,3% für die 10 Minuten im Plasma nachgeätzten Proben. Der Lochabstand der hier dargestellten Zelle beträgt nur 750 µm. Hierdurch konnte ein ausgezeichneter Füllfaktor von 81,7% erreicht werden. Durch den geringeren Lochabstand sind die Werte für die Leerlaufspannung und der Kurzschlußstrom geringfügig unter den Werten der Referenzen.

Die mit Siliciumnitrid passivierten Probe wurden bei 375°C und 400°C gesintert. Der dargestellte Bestwert von 18,6% bei einem Füllfaktor von 80,7% ergab sich für die Sinterung bei 400°C. Bei einer Sintertemperatur von 375°C wurden Füllfaktoren von bis zu 75% erreicht. Der hohe Füllfaktor und die niedrigen Werte für die Leerlaufspannung könnten darauf hindeuten, daß sich bereits ein Kontakt durch die nicht-ablatierte Siliciumnitridschicht gebildet hat. Eine eindeutige Aussage ist allerdings auf der Basis der durchgeführten Experimente noch nicht möglich.

Nd:YAG -Laserfeuern

Es wurde eine geringe Anzahl von Zellen mit der Methode des lokalen Aufschmelzens des Schichtsystems aus Silicium, Siliciumnitrid und Aluminium durchgeführt. Das beste bisher erreichte Ergebnis beträgt 19,3%. Der Punktabstand beträgt bei dieser Probe 1000 µm. Es wurde ein Füllfaktor von 79% bei einer Leerlaufspannung von über 660 mV erreicht. Durch eine Erhöhung der Pulsintensität konnte mit einem einzigen Puls pro Kontaktpunkt bei mehreren Zellen ein Füllfaktor von 80% erreicht werden. Diese Ergebnisse für das Laserfeuern sind auf Grund der großen Einfachheit des Prozesses besonders vielversprechend.

6.8 Konzeption eines Prototyps

Im folgenden werden Konzepte zur Herstellung einer Produktionsanlage auf der Basis einer mittels Laserstrukturierung, punktkontaktierten Solarzellenrückseite vorgestellt. Die assoziierten Prozeßkosten werden abgeschätzt.

6.8.1 Produktionsanlage

In der Abbildung 6-21 sind Produktionsanlagen für die beiden Laserprozesse schematisch dargestellt. Die ganze Prozeßstrecke befindet sich in einer Durchlauf-Vakuumanlage, die einen Ein- und Ausschleusebereich enthält. Der Aufbau der Anlage entspricht im wesentlichen der in Kapitel 5.8.1 vorgestellten Sputterbeschichtungsanlage, enthält aber weitere Stationen.

Der erste Teil der Anlagen ist für die beiden Prozeßvarianten der laserunterstützten Kontaktierung identisch. Die Siliciumscheiben werden in eine entsprechende Halterung eingelegt. Zur Vorbereitung einer passivierenden Siliciumnitridbeschichtung wird das Substrat aufgeheizt und eine Plasmareinigung der Scheibenoberfläche durchgeführt. Ein geeigneter Plasmareinigungsprozeß wurde von Schaefer am Fraunhofer ISE entwickelt [169]. Dann erfolgt die eigentliche Passivierungsbeschichtung. Dies kann entweder mit einer PECVD-Beschichtung oder, falls eine ausreichende Passivierungsqualität nachgewiesen wird, mit der Doppel-Magnetron-Sputtertechnologie erreicht werden.

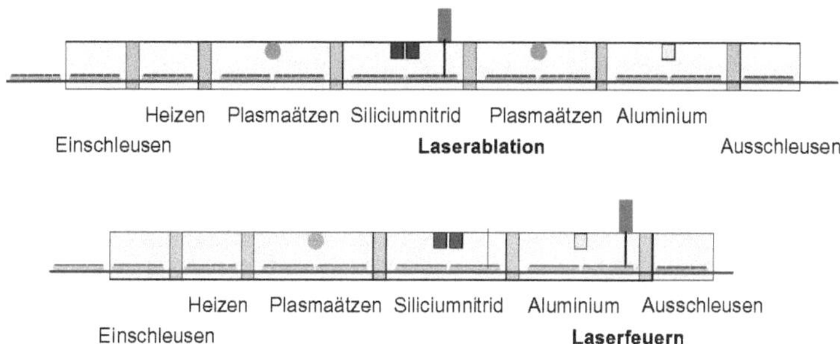

Abbildung 6-21 Schematische Darstellung einer Produktionsanlage zur Herstellung einer passivierten Punktkontaktrückseite auf der Basis des Laserablationsprozesses (oben) und des Laserfeuerns (unten). Durch den horizontalen Transport der Siliciumscheiben durch die Behandlungsstrecke ist eine minimale Beanspruchung der Scheiben durch Handhabungsvorgänge gewährleistet. Dies ermöglicht den Einsatz dünner Siliciumscheiben.

Beim Laserablationsprozeß werden die Zellen anschließend durch den Laserstrahl strukturiert. Für die Wahl des Lasersystems kommen bei der hier dargestellten nachfolgenden Plasmareinigung, sowohl der Nd:YAG als auch der Excimer-Laser in Frage, wie die Ergebnisse dieses Kapitels zeigen. Zur Erzielung des geforderten Durchsatzes von 3 s pro Scheibe kann z.B. ein Spiegelsystem für den Nd:YAG-Laser oder eine Strahlteilungseinheit in Verbindung mit dem Excimer-Laser zum Einsatz kommen (vgl. Kapitel 6.4.4 und [170]). Die Aluminiumbeschichtung kann dann, je nach erforderlicher Schichtdicke, z.B. durch DC-Magnetron-Sputtern oder Elektronenstrahlaufdampfen erfolgen[61]. Schließlich erfolgt das Ausschleusen der Scheiben und das Sintern der Kontakte, das auch bei Normaldruck durchgeführt werden kann.

Für den Laserfeuerprozeß kann die Aluminiumschicht direkt nach der Siliciumnitridbeschichtung aufgebracht werden. Anschließend erfolgt die punktuelle Kontaktierung durch lokales Laserlegieren. Ein zusätzliches Sintern muß nicht erfolgen. Der Laserprozeß kann auch unter Normaldruck

[61] Ab einer geforderten Schichtdicke von ca. 500 nm ist der Einsatz von Aufdampfanlagen meist kostengünstiger als der Einsatz einer Sputteranlage. Elektronenstrahlaufdampfanlagen sind allerdings im allgemeinen nicht für die Abscheidung von oben geeignet [171].

durchgeführt werden. Durch die Verwendung dieses Prozesses kann die Vakuumstrecke also deutlich kürzer gehalten werden. Da für den Kontaktierungsprozeß ein einzelner Puls ausreicht, kann die Erzielung des geforderten Durchsatzes mit einem spiegelgesteuerten Nd:YAG-Laserstrahl erfolgen.

Für beide Kontaktierungssysteme muß die nachfolgende Lötbarkeit der Rückseite für die Verschaltung im Modul erreicht werden. Als ein mögliches Verfahren kommt hierbei das Aufbringen geeigneter Lötpasten in Frage.

6.8.2 Prozeßkosten

Ein großer Vorteil der vorgeschlagenen Anlagensysteme liegt in der Reduktion des gesamten Rückseitenkontaktierungsprozesses auf eine Anlage mit nur einer Handhabungsvorrichtung. Die niedrigen Kosten zu denen z.B. in der Glasindustrie mehrlagige Beschichtungen durchgeführt werden können, zeigen das große Kostenreduktionspotential auf. Für die vorgestellten Anlagentypen wurden die Herstellungkosten auf der Basis der aus dem Projekt SOLPRO vorhandenen Daten und Kosten für geeignete Lasersysteme und Preisen für Aluminiumbeschichtungsquellen kalkuliert. Für die Laserablation bzw. das Laserfeuern ergeben sich Herstellungskosten für den Rückseitenkontaktierungsprozeß von 0,24 DM/W_p bzw. 0,19 DM/W_p. Die kalkulierten Größen sind im Vergleich zu den Daten in den vorangegangenen Kapiteln mit einer höheren Unsicherheit zu beaufschlagen. Die nicht genau bekannten Kosten wurden allerdings konservativ abgeschätzt.

6.8.3 Fazit und Ausblick

Für die Laserablation bietet sich das folgende weitere Vorgehen an. In einer weiteren Studie sollte das Verständnis über den die Kontaktwerte verschlechternden Mechanismus der laserbearbeiteten Oberfläche verbessert werden. Sollte dieser Defekt nicht vermieden werden können, so wird die Kombination aus Laserabtrag und ganzflächigem Plasma-Nachätzen zu optimieren sein. Dies beinhaltet die Reduktion der Ätzzeit. Nach den hier erzielten Ergebnissen ist zu erwarten, daß sich diesbezüglich der Einsatz kurzwelliger Strahlungsquellen als vorteilhaft erweisen wird. In einer weiteren Untersuchung könnte dann auch geklärt werden, ob dabei eher ein frequenzvervielfachter Nd:YAG-Laser oder eine Kombination aus Excimer-Laser und einem geeigneten optischen System wie dem hier eingesetzten Mikrolinsenarray verwendet werden sollte.

Für das Laserfeuern sind ebenfalls weitere Versuche zur Optimierung des Prozesses anzusetzen. Ein idealer lasergefeuerter Kontakt würde im Kontaktpunkt ein leichtes lokales BSF erzeugen. Hierdurch könnte die Gesamtpassivierungswirkung des Rückseitenkontaktverfahrens weiter verbessert werden.

Ein wichtiges Forschungsgebiet für die industrielle Umsetzung des gesamten Rückseitenkontaktprozesses wird die Entwicklung einer durchlauffähigen Aluminiumbeschichtung sein. Hierfür kommen – wie oben bereits erwähnt – als Technologien insbesondere die Elektronenstrahlverdampfung und die Gleichspannungs-Sputtertechnologie in Frage. Erste Versuche zum Aluminiumsputtern wurden bereits durchgeführt, weitere sind in Vorbereitung.

Das höhere Wirkungsgradpotential und die geringere mechanische Beanspruchung der Zellen im Vergleich zum ganzflächigen Aluminium-BSF sind vorzügliche Voraussetzungen für die industrielle Umsetzung der im Rahmen der Arbeit entwickelten laserunterstützten Kontaktierung.

7 Zusammenfassung

Im Rahmen der vorliegenden Arbeit wurden neue Produktionstechnologien für die Herstellung kristalliner Siliciumsolarzellen untersucht und bezüglich ihres Potentials zur Kostensenkung bewertet.

Hierfür wurde eine Arbeitsmethodik entwickelt, die sicherstellen soll, daß die aufgewendeten Forschung- und Entwicklungskapazitäten effizient eingesetzt werden. Diese Methodik hat sich sowohl im Rahmen dieser Arbeit als auch bei zwei Forschungsprojekten unter Beteiligung von insgesamt über 20 Industrieunternehmen bewährt.

Den Ausgangspunkt bildet eine sorgfältige technische und ökonomische Analyse der heute vorherrschenden Produktionstechnologien in der Solarzellenfertigung. Als eine zentrale Forderung an zukunftsorientierte Technologien wurde die Notwendigkeit einer minimalen mechanischen Belastung der Siliciumscheiben durch Handhabungsvorgänge identifiziert. Nur wenn diese Forderung erfüllt ist, kann das Kostenreduktionspotential durch Verringerung der Scheibendicke und eine höhere Automation ausgeschöpft werden. Diese Bedingung kann idealerweise durch einen horizontalen, tragenden Transport der Siliciumscheiben zur und durch die Prozeßumgebung umgesetzt werden und wird von allen im Rahmen der Arbeit untersuchten Technologien erfüllt.

Als neue Technologie zur Herstellung eines selektiven Emitters wurde die schnelle thermische Diffusion auf der Basis von siebdruckfähigen Dotierstoffen in einem RTP-Reaktor eingesetzt. Der Anreiz zur Verwendung eines solchen Verfahrens resultiert zum einen aus der Anforderung einer hohen Dotierkonzentration unterhalb der Kontakte. Ein solch hochdotierter Emitter ist zum verlustarmen Kontaktieren im industriell vorherrschenden Siebdruckverfahren notwendig, erhöht aber gleichzeitig die Verluste durch Rekombination. Zum anderen soll durch die Verwendung von lichtbeheizten Diffusionsanlagen die Prozeßzeit für die Herstellung des Emitters reduziert werden.

Eine zur Abschätzung des Wirkungsgradpotentials durchgeführte Solarzellen-simulation zeigt, daß eine effiziente Umsetzung des selektiven Emitter-konzepts für siebgedruckte Solarzellen stark an die Verwirklichung schmaler und hoher Kontakte und eine gute Passivierung der Oberfläche geknüpft ist. Eine Verbesserung der Kontakteigenschaften siebgedruckter Kontakte auf niedrig dotierten homogenen Emittern kann allerdings das aufgezeigte Poten-tial zur Wirkungsgraderhöhung durch selektive Emitter erheblich schmälern.

Bei der schnellen thermischen Diffusion steht die Siliciumscheibe nicht im Temperaturgleichgewicht mit der Umgebung. Eine auf der Basis des dotier-konzentrationsabhängigen Oxidwachstums durchgeführte Temperaturhomo-genitätsbestimmung ergibt, daß zwischen Rand und Mitte der Scheibe eine effektive Temperaturabweichung von 25 K auftritt. Der negative Einfluß auf die Zellparameter konnte durch mehrere auf einer Scheibe hergestellten Solarzellen nachgewiesen werden.

Aus der Untersuchung der Diffusionsprofile der hergestellten Emitter ergibt sich, daß bei den verwendeten kurzen Diffusionsprozessen ein hoher Anteil an interstitiellem Phosphor gebildet wird. Es konnte weiterhin gezeigt werden, daß bei einer kurzen, einstufigen Diffusion die Bildung eines selektiven Emitters möglich ist, der sowohl eine ausreichende Dotierung unter den Kontakten als auch in den Bereichen dazwischen aufweist. Ein auf der Basis dieser einstufigen, selektiven Emitter entwickelter Solarzellenprozeß ermöglichte die Herstellung von Solarzellen mit einem maximalen Wirkungs-grad von 15,5% und einem Füllfaktor von über 75%. Die gute Passivierbar-keit des Emitters wird durch die hohe erzielte Leerlaufspannung von 623 mV und eine hohe Quanteneffizienz im kurzwelligen Spektralbereich belegt. Eine weitere Verbesserung der Ergebnisse sollte durch die Einführung eines Durchfeuerprozesses für die Siebdruckkontaktierung und die Verwendung einer Siebdruckanlage mit optischer Justiereinrichtung möglich sein.

Siliciumnitrid wird auf Grund seiner guten optischen und hervorragenden Passivierungseigenschaften in zunehmendem Maße als funktionelle Schicht in der Solarzellentechnologie eingesetzt. Die Doppel-Magnetron-Sputterabschei-dung ist ein relativ neues Verfahren, das bei hoher Schichthomogenität und Abscheiderate zur Siliciumnitridbeschichtung in der Glasindustrie verwendet wird. Im Vergleich zum Einzel-Magnetron-Sputtern bietet es große Vorteile durch die Vermeidung von elektrischen Überschlägen bei der reaktiven Abscheidung isolierender Materialien. Im Rahmen dieser Arbeit wurde die Eignung für den Einsatz in der Photovoltaik geprüft.

Die Bestimmung der Minoritätsträgerlebensdauer an beschichteten Siliciumscheiben zeigt, daß bereits bei einer Abscheidung bei Raumtemperatur eine Oberflächenrekombinationsgeschwindigkeit unter 1000 cm/s erreicht werden kann. Die Berücksichtigung höherer Abscheidetemperaturen, in einer für diesen Einsatz optimierten Anlage, sollte die Lücke zu den exzellenten, mit der PECVD-Beschichtung erzielten Passivierungsergebnissen schließen helfen.

Beim Einsatz der Sputtertechnologie zur Abscheidung von Antireflexschichten bei der Solarzellenherstellung wird keine Schädigung des Emitters oder der Raumladungszone beobachtet. Im Vergleich zur PECVD-Abscheidung ergeben sich keine signifikanten Unterschiede der Lichteinkopplungseigenschaften der Schichten. Mit einem auf der Siebdruckkontaktierung basierenden Solarzellenprozeß wurde ein Wirkungsgrad von 15,6% erreicht.

Die Analyse der Bindungsverhältnisse in den gesputterten Schichten zeigt, daß sich sehr defektarmes Siliciumnitrid herstellen läßt. Darüber hinaus können hohe Konzentrationen von Wasserstoff in gebundener Form eingebaut werden. Darauf aufbauend sollten sich Prozesse zur Volumenpassivierung von defektreichem Siliciummaterial entwickeln lassen.

Die dritte untersuchte Technologie basiert auf der laserunterstützten Kontaktierung einer passivierten Solarzellenrückseite. Dieser Ansatz soll eine kostengünstige Umsetzung des Punktkontaktkonzeptes ermöglichen, durch das die Rekombination an der Solarzellenrückseite im Vergleich zum industriell eingesetzten Al-BSF deutlich reduziert werden kann. Dabei wurden zwei verschiedene Ansätze verfolgt.

Beim ersten Ansatz wird die Passivierungsschicht durch laserinduziertes Verdampfen der Schicht oder des darunterliegenden Siliciums entfernt. Die Kontaktierung erfolgte durch anschließendes Aufdampfen und Sintern einer Aluminiumschicht. Als Laserquellen bieten sich für die Entfernung der Passivierungsschicht insbesondere kurzpulsige Laser an.

Es wurde gezeigt, daß mit einem KrF-Excimer-Laser, auf Grund der hohen Absorption des emittierten UV-Lichtes in Silicium, sehr flache Löcher bei vollständiger Entfernung der Passivierungsschicht erzeugt werden können. Im Gegensatz dazu werden bei der Verwendung eines Nd:YAG-Lasers auf Grund der geringen Absorption in Silicium relativ tiefe Löcher erzeugt. Die entwickelten Excimer- bzw. Nd:YAG-Laserprozesse wurden in den RP-PERC-Solarzellenprozeß implementiert. Auf diese Weise wurden auf FZ-Silicium Wirkungsgrade bis zu 20,4% bzw. 18,6% erreicht. Als wesentliches Problem für die Kontaktierung der Nd:YAG-laserablatierten Löcher wurde die Bildung von Schmelzrückständen im Loch und vor allem am Kraterrand identifiziert. Durch den Einsatz eines zehnminütigen Plasmaätzprozesses nach der Nd:YAG-Laserablation konnte ein Wirkungsgrad von 21,3% bei einer Leerlaufspannung von 672 mV erreicht werden. Auf Grund der geringeren Tiefe der eingebrachten Schädigung wird vermutet, daß bei der Excimer-Laserablation der geschädigte Bereich an der Siliciumoberfläche bereits innerhalb einer deutlich kürzeren Ätzzeit gereinigt werden kann.

Der zweite Ansatz beruht auf dem lokalen Aufschmelzen eines Verbundes aus Silicium, Passivierungsschicht und einer darüber aufgebrachten Aluminiumschicht. Mit diesem Konzept wurde ein Wirkungsgrad von 19,3% bei einem Füllfaktor von knapp 80% erreicht. Bei geeigneter Laserparameterwahl ist bereits ein Puls ausreichend, um einen guten Kontakt herzustellen. Das identifizierte Optimierungspotential bei dieser Prozeßfolge läßt für die Zukunft noch deutlich bessere Ergebnisse erwarten.

Für alle drei Technologien wurde eine Produktionsanlage für die Herstellung von Solarzellen in industriellem Umfang konzipiert. Die ermittelten Prozeßkosten zeigen, unter Berücksichtigung der Kosten alternativer Verfahren und dem jeweils erreichbaren Wirkungsgrad, das hohe Potential der untersuchten Technologien zur Reduktion der Herstellungskosten photovoltaischer Module auf.

Anhang A Abkürzungen und Nomenklatur

Im folgenden werden die mehrfach vorkommende Abkürzungen und physikalische Größen tabellarisch aufgelistet und erläutert.

A.1 Verwendete Abkürzungen

Abkürzung	Beschreibung
APCVD	Chemische Gasphasenabscheidung bei Atmosphärendruck (engl. *Atmospheric Pressure Chemical Vapour Deposition*)
AR	Antireflex
BGN	Verringerung des Bandabstandes (engl. *Band-Gap-Narrowing*)
BSF	Rückseitenfeld (engl. *Back Surface Field*)
CVD	Chemische Gasphasenabscheidung (engl. *Chemical Vapour Deposition*)
Cz-Silicium	Czochralski-Silicium (nach dem Czochralski-Verfahren aus dem Tiegel gezogenes monokristallines Silicium-Material)
DLAR	Doppellagige Antireflexschicht (engl. *Double Layer Anti-Reflection coating)*
EEG	Energieeinspeisevergütungsgesetz
F&E	Forschung und Entwicklung
FTM	Frank-Turnbull- Mechanismus
HE	Homogener Emitter
IF	Industrielle Fertigung (vgl. Tabelle 3-2)
IP	Industrie-Pilotproduktion (vgl. Tabelle 3-2)
IPT	Fraunhofer-Institut für Produktionstechnologie, Aachen
ISE	Fraunhofer-Institut für Solare Energiesysteme, Freiburg
KOM	Kick-Out-Mechanismus
LBSF	Lokales Rückseitenfeld (engl. *Local Back Surface Field*)
LGBC	Laser strukturiert mit ‚vergrabenen' Kontakten (engl. Laser Grooved Buried Contact)
LM	Leerstellen-Mechanismus
LP	Labor-Pilotfertigung (vgl. Tabelle 3-2)
LZ	Große Labor(einzel)zellen (vgl. Tabelle 3-2)

mc-Silicium	multikristallines Silicium
MW-PCD	Mikrowellendetektiertes Photoleitfähigkeitsabklingen (engl. *Micro-Wave detected Photo Conductance Decay*)
Nd:YAG	Neodym:Yttrium-Aluminium-Granat
OFP	Oberflächenpassivierung
ORG	Oberflächenrekombinationsgeschwindigkeit
PERC	Solarzelle mit passiviertem Emitter und Rückseite (engl. *Passivated Emitter and Rear Cell*)
PERL	Solarzelle mit passiviertem Emitter und Rückseite und lokaler Diffusion (engl. *Passivated Emitter and Rear Locally Diffused Cell*)
PID	Proportional-Integral-Differentiell(-Steuerung)
RLZ	Raumladungszone
RS	Rückseite
RTA	Schnelles thermische Ausheilen (engl. *Rapid Thermal Annealing*)
RTO	Schnelles thermische Oxidieren (engl. *Rapid Thermal Oxidation*)
RTP	Schnelles thermische Prozessieren (engl. *Rapid Thermal Processing*)
SE	Selektiver Emitter
SH	Stripping-Hall(-Meßmethode)
SIMS	Sekundär-Ionen-Massenspektrometrie
SLAR	Einlagige Antireflexschicht (engl. *Single Layer Anti-Reflection coating)*
SOD	Spin-On-Dotierstoff
SRH	Shockley-Read-Hall
VP	Volumenpassivierung
VS	Vorderseite

A.2 Nomenklatur

Größe	Beschreibung	Einheit
I_{sc}	Kurzschlußstromdichte	mA/cm^2
V_{oc}	Leerlaufspannung	mV
η	Wirkungsgrad	%
FF	Füllfaktor	%
P	Leistung	W
R_{Sh}	Schichtwiderstand	Ω/sq
$R_{Sh,n+}$	Schichtwiderstand des niedrig dotierten Emitterbereiches	Ω/sq
$R_{Sh,n++}$	Schichtwiderstand des hochdotierten Emitterbereiches	Ω/sq
Δx_F	Fingerabstand (von Mitte zu Mitte)	μm
R_S	(Ersatz-)Serienwiderstand (aus Zwei-Dioden-Modell)	Ωcm^2
$R_{S,V}$	(Ersatz-)Serienwiderstand für den Vorderseitenkontakt	Ωcm^2
$R_{S,R}$	(Ersatz-)Serienwiderstand für den Rückseitenkontakt und die Basis	Ωcm^2
R_V	Breitbandreflexion des Vorderseitenkontaktes (abgeschatteter Flächenanteil)	%
A	Zell- oder Scheibenfläche	cm^2
d	Zell- oder Scheibendicke	cm^2
R_P	(Ersatz-)Parallelwiderstand (aus Zwei-Dioden-Modell)	Ωcm^2
$N_{S,n+}$	Oberflächenkonzentration der freien Ladungsträger des niedrig dotierten Emitterbereiches	
S	Oberflächenrekombinationsgeschwindigkeit	cm/s
S_V	Oberflächenrekombinationsgeschwindigkeit an der vorderen Grenzfläche	cm/s
S_R	Oberflächenrekombinationsgeschwindigkeit an der hinteren Grenzfläche	cm/s
L_{eff}	Effektive Diffusionslänge der Minoritätsladungsträger	μm
τ_{eff}	Effektive Lebensdauer der Minoritätsladungsträger	μs
n_{AR}	Brechungsindex der Antireflexschicht	-
d_{AR}	Dicke der Antireflexschicht	nm

ρ_c	Spezifischer Kontaktwiderstand	Ωcm^2
ρ_F	Spezifischer Widerstand des Kontaktfingers	Ωcm
B	Rekombinationskoeffizient	cm^3/s
n_0	Elektronen-Ladungsträgerdichte im thermischen Gleichgewicht	cm^{-3}
p_0	Löcher-Ladungsträgerdichte im thermischen Gleichgewicht	cm^{-3}
Δn	Überschußladungsträgerdichte der Elektronen	cm^{-3}
x_j	Tiefe der Raumladungszone	μm
E_t	Energieniveau einer Störstelle	eV
σ_p, σ_n	Einfangquerschnitte für Löcher und Elektronen	cm^2
v_{th}	mittlere thermische Geschwindigkeit der Ladungsträger	cm/s
N_t	Störstellendichte	cm^{-3}
Δn_s, Δp_s	Elektronen- und Löcherüberschußladungsträgerdichten an der Oberfläche	cm^{-3}
D_{it}	Grenzflächenzustandsdichte	cm^{-2}/eV
I_0, I_{01}, I_{02}	Sättigungsstromdichten (Parameter im 1- und 2-Diodenmodell)	mA/cm^2
I_P	Laser-Pumplampenstrom	W
f_P	Pulswiederholfrequenz (auch Repetitionsrate)	Hz
N_P	Pulsanzahl	
x_F	Lage der Fokusebene	mm
L_D	Lochdichte (Anzahl Löcher pro Normfläche)	cm^{-2}
r_F	Flächenabdeckung	%

Anhang B Charakterisierungsmethoden

Die verwendeten Meßverfahren werden im folgenden in kurzer Form vorgestellt. Eine vollständige Darstellung, der in der Halbleiter- und Solarzellentechnologie üblichen Meßverfahren, findet sich z.B. bei Schroder [172].

B.1 Schichtwiderstandsmessung

Der Schichtwiderstand einer lateral homogenen dünnen leitenden Halbleiterschicht der Dicke d ist definiert als:

$$R_{sh}(d) = \frac{1}{\int_0^d [n(x)\mu_n(x) + p(x)\mu_p(x)]dx} \tag{B.1}$$

wobei $n(x)$ und $p(x)$ die Konzentrationen und $\mu_n(x)$ und $\mu_p(x)$ die Mobilitäten für Elektronen und Löcher sind.

Der Schichtwiderstand wurde mittels einer 4-Punkt Messung bestimmt. Das hierzu verwendete Gerät besitzt vier in einem festen Abstand zueinander angeordnete Prüfspitzen, durch die eine stromfreie Messung des Widerstandes erfolgt (siehe Abbildung B-1). Die Umrechnung des gemessenen Widerstandes in den Schichtwiderstand erfolgt über die Schichtdicke und an das Material angepasste Korrekturfaktoren.

Die Schichtwiderstandsbestimmung für RTP-diffundierte Emitter erfolgte jeweils an fünf Punkten, die im Text angegebenen Werte sind die Mittelwerte und die Standardabweichung.

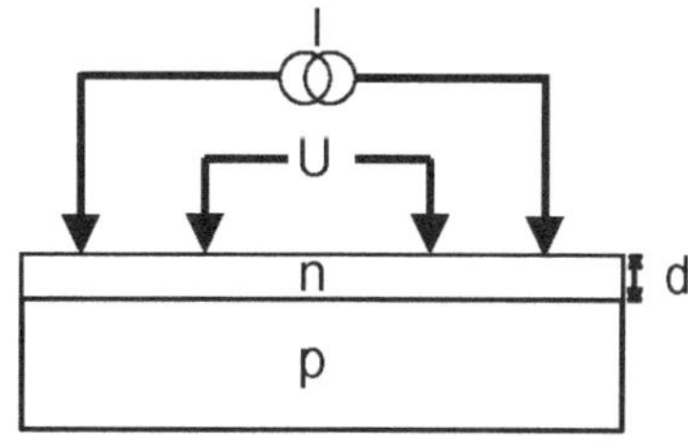

Abbildung B-1 Vier-Punkt-Messung: Messprinzip. Die Pfeile symbolisieren die Meßspitzen.

Der Schichtwiderstand gibt allerdings nur einen integralen Wert wieder und sagt prinzipiell nichts über den Verlauf des Dotierprofils und z.B. die Oberflächenkonzentration aus. Sind der Schichtwiderstand und das Profil für vergleichbare Diffusionsparameter bekannt, so läßt sich das Profil aber in einem gewissen Rahmen ableiten. Auf Grund der Einfachheit der Messung ist der Schichtwiderstand deshalb der in der Solarzellentechnologie meist verwendetete Parameter zur Charakterisierung der Emitter-Diffusion.

Die Eigenschaften einer Back-Surface-Field–Diffusion können allerdings mit der Schichtwiderstandsmessung nicht ohne weiteres bestimmt werden, da der Übergang von p-dortierten auf p+-dotierten Bereich keine elektrisch getrennte Schicht zur Folge hat. Deshalb kann das Back-Surface-Field einer n^+pp^+-Solarzelle nur überlagert mit dem Signal der Dotierkonzentration im Volumen der Solarzelle gemessen werden.

B.2 Dotier-Profil-Messungen

Die Dotierprofile wurden mit zwei Methoden bestimmt. Die Konzentration der freien Ladungsträger wurde mit dem Stripping-Hall-(SH)-Meßverfahren bestimmt. Zur Messung der Atomkonzentration wurde die Secondary Ion Mass Spectroscopy (SIMS) verwendet.

B.2.1 Stripping-Hall-Messung (SH)

Basierend auf dem Hall-Effekt wird der Hall-Schicht-Koeffizient eingeführt und bestimmt. Über diesen erfolgt die Berechnung der freien Ladungsträgerkonzentration. Außerdem kann noch die Mobilität ermittelt werden. Die Tiefenprofilierung erfolgt typischerweise über einen Ätzvorgang. Die SH-Messungen wurden von Mitarbeitern des ECN in Petten/Niederlande mit einem HL5900 Differential Profiler der Firma Bio-Rad Microscience durchgeführt.

B.2.2 Secondary-Ion-Mass-Spectroscopy (SIMS)

Beim Sekundär-Ionen-Massenspektrometer werden aus der Probe durch Ionenbeschuß teilweise ionisierte Atome herausgeschlagen und anschließend massenspektrometrisch untersucht. Über die Tiefe des Sputterkraters kann so ein Atomkonzentrationsprofil erstellt werden. Die SIMS-Messungen wurden von der Firma RTG in Berlin durchgeführt.

B.3 Lebensdauermessung

Die (mittlere) Minoritätsladungsträgerlebensdauer τ ist einer der Schlüsselparameter des Solarzellenmaterials. Aus ihr läßt sich zusammen mit dem Diffusionskoeffizienten D über $L=(D\tau)^{1/2}$ die (mittlere) Diffusionslänge der Minoritäten im Material bestimmen.

Die effektive Minoritätsladungsträgerdauer wurde mit einer Microwave-Photoconductance-Meßapparatur bestimmt. Das Meßprinzip beruht auf der Messung des Abklingverhaltens einer Ladungsträgererzeugung im Silicium. Die Anregung erfolgt durch das gepulste bzw. ‚gehackte' Lichtsignal eines Lasers, dessen Licht ein Eindringtiefe in der Größenordnung der Zelldicke aufweist und so eine gute Durchdringung des Materials gewährleistet. Das Abklingverhalten wird durch die Messung der Intensität der Reflektion eines Mikrowellensenders ermittelt. Die Intensität der Reflektion korreliert mit der Anzahl der freien Ladungsträger bzw. der Photoleitfähigkeit des Materials. Durch die Verwendung einer ‚Bias'-Lichtquelle wird das Ladungsträgerinjektionsniveau bei der Messung eingestellt. Die Messungen wurden am Fraunhofer ISE durchgeführt.

Die so bestimmte effektive Minoritätsladungsträgerdauer τ_{eff} beinhaltet die Einflüsse der Minoritätsladungsträgerlebensdauer τ_{bulk} des Material im Volumen und der effektiven Oberflächenrekombinationsgeschwindigkeiten von Vorder- und Rückseite $S_{eff,front}$ und $S_{eff,rear}$. Darüber hinaus gehen die Grunddotierung und die Dicke des Materials, die entweder leicht bestimmbar oder ohnehin bekannt sind, in die Auswertung ein. Zur Ermittlung von Informationen über eine dieser 3 Größen, sollten die anderen Parameter möglichst ‚günstig' (τ_{Mat} hoch bzw. $S_{eff,front}$ und $S_{eff,rear}$ niedrig) sein, denn dann ist eine gute Abschätzung des gesuchten Parameters möglich (vgl. z.B. [9]).

B.4 Strom-Spannungs-Kennlinienmessung

Bei der Strom-Spannungs-Kennlinienmessung wird in Hell- und Dunkelmessung unterschieden. Beide Meßverfahren wurden an einer Meßeinrichtung der Abteilung SWT am Fraunhofer ISE durchgeführt.

B.4.1 Hell-Kennlinienmessung

Die Hell-Kennlinienmessung dient insbesondere der Wirkungsgradbestimmung und somit der Bestimmung des Schlüsselparameters der Solarzelle. Die Strom-Spannungs-Charakteristik der Solarzelle wird unter Verwendung einer Lichtquelle gemessen. Über die Lichtquelle wird versucht, dem Referenzspektrum (AM1.5) und der Referenzbestrahlungsstärke (1000 W/m^2) möglichst nahe zu kommen. Die Solarzelle wird für die Messung auf der Referenztemperatur (25°C) gehalten. Spektrale und intensitätsmäßige Korrekturen werden anhand von Referenzmessungen an kalibrierten Zellen durchgeführt. An der verwendeten Meßeinrichtung werden regelmäßig Vergleichsmessungen zum Kalibrierlabor des Fraunhofer ISE durchgeführt.

Neben dem Wirkungsgrad können aus der Kennlinie die zur Charakterisierung wichtigen Parameter Leerlaufspannung V_{oc}, Kurzschlußstromdichte I_{sc} und Füllfaktor FF bestimmt werden. Der rechnerische Zusammenhang ist durch $\eta = V_{oc} I_{sc} FF/(100 \text{ mW/cm}^2)$ gegeben. Die Interpretation dieser Größe erfolgt über das Zwei-Dioden-Modell und die halbleiter-physikalischen Grundlagen.

Die Leerlaufspannung hängt im wesentlichen von den Dotierungsverhältnissen, der Größe der Rekombinationsströme und des Photostromes ab. Die Rekombinationsströme sind insbesondere durch die Volumenlebensdauer und die ORG für Vorder- und Rückseite bestimmt. Eine Degradation der Leerlaufspannung ergibt sich zudem durch Störstellen in der Raumladungszone oder durch Überbrückungen. Typische Leerlaufspannungsgrößen für industrielle Solarzellen liegen im Bereich 570-600 mV für multikristallines Material und 590-620 mV für monokristallines Material. Hocheffiziente Solarzellen erreichen bis über 700 mV.

Der Kurzschlußstrom gibt vor allem die Güte der Ladungsträgergenerations- und -sammeleigenschaften der Solarzelle wieder. Da die Lichtabsorption im Silicium als Materialkonstante festliegt, wird die Ladungsträgergeneration durch die Lichteinkopplungs- und Lichteinfangeigenschaften bestimmt. Hier sind also die Reflexion bei Lichteintritt (Vorderseite) an den Kontakten und der Waferoberfläche und der Lichtaustritt (Rück- und Vorderseite) von entscheidender Bedeutung. Die Ladungsträgersammeleigenschaften wiederum sind insbesondere durch die Rekombinationsströme bestimmt, wobei eine

Gewichtung über die Generationsdichte erfolgt. Außerdem können sich serielle Widerstände reduzierend auf den Kurzschlußstrom auswirken. Ursache hierfür sind die elektrischen Widerstände, welche die Majoritätsladungsträger im Volumen bis zur Abführung in den Kontakten erfahren, sowie die Kontakt- und Leitungswiderstände der Kontakte selbst. Allerdings kommen Einbußen durch hohe Widerstände wesentlich schneller im Füllfaktor zum Tragen. Typische Größen der Kurzschlußstromdichte für industrielle Solarzellen liegen im Bereich 30-35 mA/cm². Hocheffiziente Solarzellen erreichen maximal 42 mA/cm².

Der Füllfaktor, der bildlich gesprochen die „Rechtwinkligkeit" der Kennlinie wiedergibt, wird außer durch einen hohen Serienwiderstand der Zelle, insbesondere durch mögliche Kurzschlüsse und Verunreinigungen der Raumladungszone reduziert. Der Füllfaktor bewegt sich für die zum größten Teil im Siebdruckverfahren kontaktierten industriellen Solarzellen im Bereich 72-78%. Für die zumeist aufgedampften Kontakte hocheffizienter Solarzellen werden bis zu 82% erreicht.

B.4.2 Dunkel-Kennlinienmessung

Die Dunkel-Kennlinienmessung findet analog zur Hellmessung allerdings ohne Lichteinstrahlung statt. Über die Dunkel-Kennlinienmessung können die elektrischen Parameter der Solarzelle genauer bestimmt werden als mit der Hellmessung, da der Beitrag des photogenerierten Stromes wegfällt. Hierbei wird auf die Modellierung der Solarzelle im Zweidioden-Modell bezuggenommen.

B.5 Reflexionsmessungen

Die Reflexionsmessungen wurden an einem Spektrometer mit Gittermonochromator der Firma Perkins Elmer (Lambda 9) aufgenommen. Dabei wurde der direkt-hemisphärische Reflexionsgrad $R(\lambda)$ bestimmt, d.h. es wurde die Reflexion eines monochromatischen Lichtstrahles mit einer über den Halbraum integrierenden Ulbrichtkugel gemessen.

B.6 Spektrale Empfindlichkeit

Zur spektralen Charakterisierung der Solarzellen wird diese mit monochromatischen Licht beleuchtet und im Kurzschluß betrieben, d.h. die Kurzschlußstromdichte wird in Abhängigkeit von der Wellenlänge bestimmt. Um der Überschußenergie der kurzwelligen Photonen Rechnung zu tragen, normiert man auf die Photonenenergie und erhält so die externe Quanteneffizienz EQE(λ). Aus dieser läßt sich mittels einer Reflexionsmessung über IQE(λ)=EQE(λ)/(1-R(λ)) noch die interne Quanteneffizienz IQE(λ) berechnen. Diese gibt dann auf Grund der mit der Wellenlänge stark abnehmenden Absorption im Silicium aussagekräftige Informationen über wichtige Solarzellenkenngröße wie Vorderseitenoberflächenpassivierung (Verhalten bei unter 450 nm), Volumendiffusionslänge und Rückseitenoberflächenpassivierung (Verhalten bei ca. 700-1000 nm), Lichteinfangqualität (Verhalten bei über 1050 nm). Die Messungen wurden am Fraunhofer ISE durchgeführt. Die verwendete Meßapparatur wurde von J. O. Schumacher aufgebaut [118].

Anhang C Technologiebewertung

Im folgenden werden Bewertungsfunktion für die, in Kapitel 3.4 eingeführte, Portfolio-Technik definiert und exemplarisch auf die im Rahmen der Arbeit untersuchte Sputtertechnologie angewendet.

C.1 Bewertungsfunktionen

Für die im Rahmen dieser Arbeit durchgeführten Bewertungen wurden die folgenden Funktionen eingeführt.

Kostenreduktionspotential

Das Kostenreduktionspotential läßt sich direkt über die Kostenverteilung der Modulkosten berechnen. Es wird die in Kapitel 3.3.2 dargestellte Kostenverteilung verwendet. Die reinen Modulherstellungskosten pro Leistungseinheit werden zu 75% als flächen- und zellstückzahlabhängig angenommen, dies sind z.B. die Kosten für Glas, Laminat und der größte Teil der Anlagenkosten. Dieser Kostenanteil wird durch eine Erhöhung des Wirkungsgrades voll erfaßt. Die restlichen, geschätzten, 25% der reinen Modulherstellungskosten ergeben sich aus den leistungsproportionalen Kosten. Für die Kostenreduktion α_η, die proportional zur relativen Steigerung des Modulwirkungsgrades um $\delta\eta$ ist, ergibt sich ein Gewichtungsfaktor von 92%, d.h.

$$\alpha_\eta = 0,92 \cdot \delta\eta \qquad \text{(C.1)}$$

Die Kostenreduktion durch eine Verbesserung der mechanischen Ausbeute bei gleichzeitiger Reduktion der Siliciummaterialkosten erfordert eine Feststellung des optimalen Materialeinsatzes. Im Rahmen der durchgeführten Bewertung werden dabei nur Kostenersparnisse durch die Verwendung dünnerer Siliciumscheiben berücksichtigt, dementsprechend bleibt die Verwendung z.B. von günstigerem Ausgangsmaterial unberücksichtigt. Nimmt man weiterhin an, daß

- eine Reduktion des Materialeinsatzes zur Herstellung der Siliciumscheiben zu 2/3 in die Gestehungskosten für den Zellhersteller (40% der gesamten Modulkosten) eingeht,

- der Sägeverschnitt $d_{Verlust}$ konstant 200 µm beträgt und d_{red} die absolute Reduktion der Scheibendicke d darstellt, mit $\delta d_{red} = d_{red}/(d + d_{Verlust})$,
- zu jeder Dicke d der Scheibe (bzw. δd_{red}) die Anzahl der für diese Dicke kritische Prozeßschritte N_{krit} angegeben werden kann und der Nutzen der Reduktion der Dicke durch diese Anzahl geteilt wird,
- die Verringerung des Ausschusses δA_{red} nur von der Dicke d der Scheibe bzw. δd_{red} abhängt und sich der Ausschuß kostenmäßig voll in dem Kostenanteil der Solarzelle am Modul (60%) niederschlägt,

so erhält man die folgende Optimumsbedingung für die Kostenersparnis durch Dicken- und Ausschußreduktion α_A:

$$\alpha_A(\delta d_{red}, N_{krit}, \delta A_{red}) \overset{!}{=} \max\left(\frac{2/3 \cdot 0{,}4 \cdot \delta d_{red}}{N_{krit}} + 0{,}6 \cdot \delta A_{red}\right) \qquad \text{(C.2)}$$

Die relative Prozeßkostenreduktion δPK führt entsprechend dem Anteil an den gesamten Modulkosten zu einer Reduktion α_{PK}:

$$\alpha_{PK} = 0{,}23 \cdot \delta PK \qquad \text{(C.3)}$$

Zur Positionierung von α im Portfolio wird nun noch eine Gewichtungsfunktion definiert, die eine sinnvolle Positionierung ergibt. Eine Funktion die dieser Anforderung gerecht wird ist z.B.:

$$\alpha = 1 - 2^{-(\alpha_\eta + \alpha_A + \alpha_{PK})} \qquad \text{(C.4)}$$

Umsetzungswahrscheinlichkeit

Die Bewertung der Umsetzungswahrscheinlichkeit ist im Gegensatz zu der direkt aus einer Kostenanalyse ableitbaren Bewertung des Kostenreduktionspotentials deutlich stärker auf eine subjektive Abschätzung der relevanten Größen angewiesen. Für die Bewertungsfunktionen gelten aber natürlich Plausibiltätskriterien, wie z.B., daß eine Zunahme des zeitlichen oder finanziellen Aufwandes immer mit einer Abnahme der Umsetzungswahrscheinlichkeit verbunden sein sollte. Für die oben definierte Gliederung wurden die folgenden Bewertungsfunktionen gewählt, die alle auf den Bereich 0 bis 1 normiert sind:

Die Forschungs- und Entwicklungszeit T beschreibt die Zeit, die bis zur Umsetzung der Technologie in einer ersten Produktionsanlage angesetzt wird. Für die zugehörige Umsetzungswahrscheinlichkeit β_T wird ein Zeitraum von 2 Jahren (T = 2a) als mittel bis hoch eingestuft, d.h. $\beta_{T=2a} \equiv 0{,}5$. Als sinnvolle Funktionsdefinition mit den zuvor dargestellten Randbedingungen wird eine Exponentialfunktion zur Basis 2 gewählt:

$$\beta_T = 2^{-\left(\frac{T}{2a}\right)} \tag{C.5}$$

Die Forschungs- und Entwicklungsaufwendungen A beschreiben die finanziellen Aufwendungen, die für die Umsetzung bis zur ersten Produktionsanlage abgeschätzt werden. In Bezugnahme auf die Ausführungen zu Beginn von Kapitel 3.4 wird für die Bewertung eine Gewichtung mit dem absoluten jährlichen Kostenreduktionspotential α_a durchgeführt, da dies am ehesten der Sichtweise eines Solarzellen- bzw. Modulherstellers entspricht. Alternativ könnte z.B. für einen Anlagenhersteller die Anzahl der in einem Zeitraum zu erwartenden Anlagenverkäufe miteinbezogen werden. Das absolute jährliche Kostenreduktionspotential KP_a ergibt sich aus den augenblicklichen Wattpeakkosten C_{WP}, der Jahresproduktion P_a und dem Kostenreduktionspotential α, d.h. $\alpha_a = C_{WP} P_a \alpha$. Eine geschätzte Amortisation der Kosten innerhalb von 2 Jahren soll als mittelschnell betrachtet werden, d.h. $\beta_{A=2\alpha a} \equiv 0{,}5$. Analog zur obigen Wahl der Bewertungsfunktion wird die Umsetzungswahrscheinlichkeit auf Grund des Entwicklungsaufwands β_A definiert als:

$$\beta_A = 2^{-\left(\frac{A}{2\alpha_a}\right)} \tag{C.6}$$

Zur Zuordnung einer quantitativen Größe zum Entwicklungsrisiko werden im Rahmen dieser Arbeit zwei gleich stark bewertete Größen definiert. Zum einen wird eine Wahrscheinlichkeit p_U eingeführt, die beschreibt, in wieweit die Technologie unter den zuvor definierten Randbedingungen Kostenreduktionspotential, Entwicklungszeit und –Entwicklungsaufwand technologisch in eine Produktionsanlage umgesetzt werden kann. Zum anderen wird die Wahrscheinlichkeit p_{kA} eingeführt, die beschreibt mit welcher Wahrscheinlichkeit bis zur Umsetzung davon ausgegangen werden kann, daß keine Alternative mit höherem Kostenreduktionspotential zur Verfügung steht. Dies könnte zum Beispiel durch Kauf einer Produktionsanlage eines Anlagenherstellers möglich sein. Es folgt also für β_R

$$\beta_R = \tfrac{1}{2}\,(p_U + p_{kA}) \tag{C.7}$$

Bei der Gewichtung der einzelnen β_i wird berücksichtigt, daß in den meisten Fällen dem Entwicklungsaufwand und –risiko eine größere Bedeutung als der Entwicklungszeit zukommt. Dieser Gewichtung wird durch

$$\beta = 0{,}2\,\beta_T + 0{,}4\,\beta_A + 0{,}4\,\beta_R \tag{C.8}$$

Rechnung getragen.

C.2 Bewertung der Sputtertechnologie

Im folgenden wird die Bewertung der Sputtertechnologie nach der eingeführten Bewertungsmethodik durchgeführt. Es werden zwei der zu Beginn des Kapitels aufgeführten Anwendungsgebiete bewertet: der Einsatz als reine Antireflexschicht ohne Passivierungswirkung und als Antireflexschicht mit Oberflächen- und Volumenpassivierung.

In Kapitel 5.1 wurden vier wesentliche Einsatzgebiete für dünne dielektrische Schichten identifiziert. Mit den im Rahmen dieser Arbeit durchgeführten Untersuchungen wird deutlich, daß gesputterte Siliciumnitridschichten sich gut für einige dieser Einsatzgebiete eignen. Im Detail wurde der Einsatz als reine Antireflexschicht ohne Passivierungswirkung (Bereich A) und als Antireflexschicht mit Oberflächen- und Volumenpassivierung (Bereich B) bewertet. Für den Bereich B wird die PECVD-Abscheidung im Rohrofen als Referenz verwendet. Die für den Bereich A geforderten Eigenschaften werden auch durch das kostengünstigere mittels APCVD hergestellte Titandioxid erfüllt und dient deshalb als Referenz.

C.2.1 Kostenreduktionspotential

Für beide Bereiche wird angenommen, daß sich der Wirkungsgrad im Vergleich zum Referenzmaterial nicht ändert. Bezüglich der Ausbeute sind ebenfalls keine wesentlichen Unterschiede zur APCVD-Titandioxidabscheidung zu erwarten. Anders verhält sich das bei der handhabungsintensiven

PECVD-Abscheidung. In Tabelle C-1 wird das Kostenreduktionspotential für eine Dickenreduktion der Siliciumscheiben von bis zu 150 µm abgeschätzt. Für eine Dickenreduktion von 50 µm ergibt sich eine Reduktion der Prozeßkosten von 3,6%. Die Prozeßkostenreduktion ergibt sich direkt aus der Kostenabschätzung und beträgt auf die Modulkosten umgerechnet für den Bereich A 0,3% und für den Bereich B 1,8%.

Tabelle C-1: Kostenreduktionspotential α_A bei Verringerung der Zelldicke um d_{red} für die Siliciumnitridabscheidung durch Sputtern im Vergleich zur PECVD-Rohrofen-Technologie. Die Daten basieren auf Schätzungen der Anzahl der kritischen Prozesse N_{krit} und der Reduktion der Ausbeute δA_{red}. Eine Reduktion der Scheibendicke um 50 µm erscheint ideal.

d_{red} [µm]	N_{krit}	δA_{red} [%]	α_A [%]
0	1	0,5	0,3
50	1	0,5	3,6
100	3	0,3	2,4
150	5	0	2,0

C.2.2 Umsetzungswahrscheinlichkeit

Da die Sputteranlagen für die Herstellung von Siliciumnitridschichten bereits existieren, muß für eine einfache AR-Beschichtung nur die Handhabung für die Scheiben und die Probenhalter entwickelt werden. Deshalb wird für den Bereich A eine F&E-Zeit von 0,5 a und für den entsprechenden Aufwand 0,4 MioDM veranschlagt. Da bisher die Oberflächenpassivierungsqualität auf n-leitendem Silicium noch nicht überprüft bzw. entwickelt wurde, wird für den Bereich B eine F&E-Zeit von 2 a und ein Aufwand von 2 MioDM angenommen. Dies berücksichtigt, daß vermutlich eine Heizung für die Probenhalterung umgesetzt werden muß und dies im Rahmen eines Prototypenbaus überprüft wird. Die Wahrscheinlichkeit, daß eine industrielle Umsetzung zu den genannten Konditionen möglich ist kann für den Bereich A mit 1 bewertet werden, da es sich nur um eine Verknüpfung bekannter und funktionierender Technologien handelt. Für den Bereich B ist dies mit wesentlich mehr Unwägbarkeiten verknüpft und deshalb wird $p_U = 0,7$ gesetzt. Die Wahrscheinlichkeit, daß bis zur Umsetzung keine andere vorteilhaftere

Technologie zur Verfügung steht, wird auf Grund der starken derzeitigen Forschungsintensität in diesem Gebiet mit p_{kA} = 0,7 bzw. 0,5 für Bereich A bzw. Bereich B bewertet.

C.2.3 Positionierung im Portfolio

Insgesamt ergibt sich nach den Gleichungen (C.4) und (C.8) für die Bereiche A bzw. B ein Wert von 0,63 bzw. 0,95 für α, 0,85 bzw. 0,6 für β und 0,42 bzw. 0,31 für χ. Die Ergebnisse sind in Abbildung C-1 dargestellt. Nach der Betrachtung aus Kapitel 3.4 sollten also unter Zugrundelegung der oben definierten Bewertungsfunktionen beide Alternativen weiterverfolgt werden. Dabei wird für den Bereich A naheliegenderweise die höhere Umsetzungswahrscheinlichkeit und für den Bereich B das höhere Kostenreduktionspotential identifiziert.

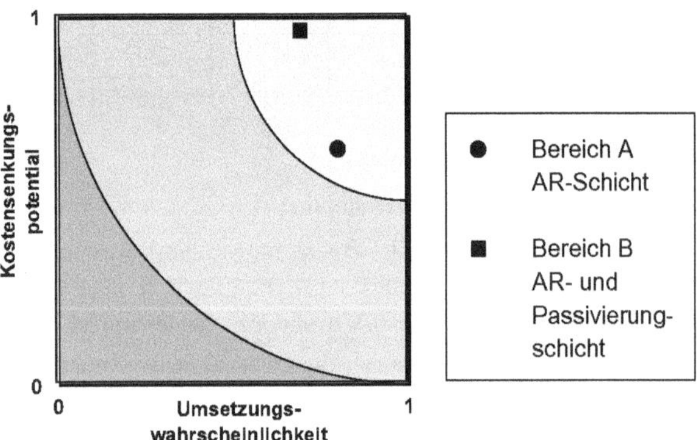

Abbildung C-1 Postionierung der Sputtertechnologie im Bewertungsportfolio.

Anhang D Referenzen

[1] R. G. Little und M. J. Nowlan, *Crystalline Silicon Photovoltaics: The Hurdle for Thin films*, Progr. Photovolt. 5 (1997) 309-315

[2] A. W. Blakers, A. Wang, A. M. Milne, J. Zhao, X. Dai und M. A. Green, *22.6% Efficient Silicon Solar Cells*, Proc. 4th International Photovoltaic Science and Engineering Conf., Sydney (1989) 801-806

[3] M. A. Green, *Solar Cells: Operating Principles, Technology and System Applications*, 1. Ausgabe, University of New South Wales, Kensington, New South Wales (1982)

[4] M. A. Green, *Silicon Solar Cells - Advanced Principles & Practice*, 2. Ausgabe, University of New South Wales, New South Wales (1995)

[5] A. Goetzberger, B. Voß und J. Knobloch, *Sonnenenergie: Photovoltaik - Physik und Technologie der Solarzelle*, 2. Ausgabe, Teubner Studienbücher (1997)

[6] P. Würfel, *Physik der Solarzellen*, Ausgabe, Spektrum Akademischer Verlag (1995)

[7] W. Fahrner und R. Schindler, *Solarzellen-Technologie I und II: Vorlesung auf CD-ROM*, Ausgabe, FernUni Hagen, Hagen (1997)

[8] Wettling, in *Physikalische Blätter*; *Vol. 53* (1997) 1197 - 1202

[9] S. Glunz, *Ladungsträgerrekombination in Silicium und Siliciumsolarzellen*, Dissertation, Albert-Ludwigs-Universität Freiburg (1995)

[10] J. Beier, *Untersuchung zur Anwendbarkeit des Superpositionsprinzips bei Silizium-Solarzellen*, Dissertation, Albert-Ludwigs-Universität Freiburg (1992)

[11] C. i. d. l'eclairage, *Publikation Nr. 85*, (1990)

[12] W. Wettling, *Vorlesung: Photovoltaik Wintersemester 99/00* (2000)

[13] A. G. Aberle, *Advanced Surface Passivation and Analysis of Crystalline Silicon Solar Cells*, Habilitation, Universität Hannover (1998)

[14] J. Schmidt und A. G. Aberle, *Accurate Method for the Determination of Bulk Minority-Carrier Lifetimes of Mono- and Multicrystalline Silicon Wafers*, J. Appl. Phys. 81 (1997) 6186

[15] S. Rein, *Untersuchung der Degradation der Ladungsträgerlebensdauer in Czochralski-Silizium*, Diplomarbeit, Albert-Ludwigs-Universität Freiburg (1998)

[16] A. Schenk, *Finite-temperature full random-phase approximation model of band gap narrowing for silcion device simulation*, J. Appl. Phys. 84 (1998) 3684-3695

[17] P. P. Altermatt, J. O. Schumacher, A. Cuevas, S. W. Glunz, R. R. King, G. Heiser und A. Schenk, *The Extraction of the Surface Recombination Velocity of Si:P Emitters using Advanced Silicon Models*, Proc. 16th European Photovoltaic Solar Energy Conf., Glasgow, UK (2000)

[18] J. O. Schumacher, *Numerical Simulation of Silicon Solar Cells with Novel Cell Structure*, Dissertation, Universität Konstanz (2000)

[19] M. A. Green und M. Keevers, *Optical properties of intrinsic silicon at 300 K*, Progr. Photovolt. 3 (1995) 189-192

[20] P. Campbell und M. A. Green, *Light trapping Properties of Pyramidally textured surfaces*, J. Appl. Phys. 62 (1987) 243-249

[21] S. Sterk, *Simulation und Technologie von hocheffizienten Einsonnen- und Konzentratorsolarzellen aus monokristallinem Silizium*, Dissertation, Albert-Ludwigs-Universität (1995)

[22] D. Huljic, *Schnelle Sinterprozesse für Siebdruckkontakte auf Silizium-Solarzellen*, Diploma Thesis, Universität Konstanz (1998)

[23] S. W. Glunz, S. Schäfer, R. Preu, E. Schneiderlöchner, R. Lüdemann und W. Pfleging, *New Simplified Methods for Processing the Rear Contact Pattern of PERC High-Efficiency Solar Cells*, Proc. 28th IEEE Photovoltaic Specialists Conf., Anchorage, Alaska (2000) im Druck

[24] M. A. Green, K. Emery, K. Bücher, D. L. King und S. Igari, *Solar Cell Efficiency Tables (Version 12)*, Progr. Photovolt. 7 (1998)

[25] W. J. Schmitz, *Methodik zur strategischen Planung von Fertigungstechnologien*, Dissertation, Technische Hochschule Aachen (1996)

[26] W. Eversheim, U. H. Böhlke, C. J. Martini und W. J. Schmitz, *Neue Technolgien erfolgreich nutzen - Wettberwerbsfaktor Produktionstechnik - Teil 2*, VDI-Z 135 (1993) 47-52

[27] R. Preu, G. Güthenke, G. Schweitzer, W. Eversheim und W. Wettling, *Abschlußbericht: SOLPRO - Innovative Produktionstechnologien für Solarzellen*, Fraunhofer ISE, Freiburg (1999)

[28] R. Lüdemann, *Plasmatechnologie für die Photovoltaik*, Dissertation, Universität Konstanz (1999)

[29] J. F. Nijs, J. Szlufcik, J. Poortmans, S. Sivoththaman und R. P. Mertens, *Advanced manufacturing concepts for crystalline silicon solar cells*, IEEE Trans. Electron Devices 46 (1999) 1948-69

[30] K. A. Münzer, K. T. Holdermann, R. E. Schlosser und S. Sterk, *Thin Monocrystalline Silicon Solar Cells*, IEEE Trans. Electron Devices 46 (1999) 2055-2061

[31] W. Pfeiffer, G. Metze und W. Schneider, *Technologie-Portfolio zum Management strategischer Zukunftsgeschäftsfelder*, Vandenhoeck& Ruprecht, Göttingen (1983)

[32] H. M. Markowitz, *Portfolio Selection - Efficient Diversification of Investments*, Ausgabe, Yale University Press, New Haven (1976)

[33] H. Wildemann, *Strategische Investitionsplanung*, Ausgabe, Wiesbaden (1987)

[34] W. Eversheim, G. Güthenke und W. Pelzer, *Potential Portfolio - Customer Orientation and Concentration on Core Competenices are not Contradictory Strategies*, Production Engineering VI (1999) 111-114

[35] R. R. King, R. A. Sinton und R. M. Swanson, *Studies of Diffused Phosphorus Emitters: Saturation Current, Surface Recombination Velocity, and Quantum Efficiency*, IEEE Trans. Electron Devices 37 (1990) 365-370

[36] A. Cuevas, P. A. Basore, G. Giroult-Matlakowski und C. Dubois, *Surface recombination velocity of highly doped n type silicon*, J. Appl. Phys. 80 (1996) 3370-3375

[37] S. Sterk, S. W. Glunz, J. Knobloch und W. Wettling, *High Efficiency (>22%) Si-solar cells with optimized emitter*, Proc. 1st World Conf. on Photovoltaic Energy Conversion, Hawaii, USA (1994) 1303-1306

[38] J. Horzel, J. Szlufcik und J. Nijs, *High Efficiency Industrial Screen Printed Selective Emitter Solar Cells*, Proc. 16th European Photovoltaic Solar Energy Conf., Glasgow, UK (2000) in print

[39] P. Fath, *Processing, Characterisation and Simulation of Mechanically Textured Crystalline Silicon Solar Cells*, Dissertation, Universität Konstanz (1998)

[40] M. L. Grilli, G. Arabito, F. Artuso, V. Barbarossa, M. Belardinelli, U. Besi-Vetrella, F. Ferazza, G. Ginocchietti, R. Nacci, E. Salza und L. Pirozzi, *Screen Printing on Laser Doped Selective Emitters for Large Area Production Silicon Solar Cells*, Proc. 2nd World Conf. on Photovoltaic Energy Conversion, Wien (1998)

[41] A. Rohatgi, S. Narasimha, A. U. Ebong und P. Doshi, *Understanding and Implementation of Rapid Thermal Technologies for High-Efficiency Silicon Solar Cells*, IEEE Trans. Electron Devices 46 (1999) 1970-1977

[42] L. Bergmann und C. Schaefer, *Lehrbuch der Experimentalphysik - Festkörper*, Band 6, 7. Ausgabe, Walter de Gruyter, Berlin (1992)

[43] S. M. Hu, P. Fahey und R. W. Dutton, *On models of phosphorous diffusion in silicon*, J. Appl. Phys. 54 (1983) 6912-6922

[44] R. B. Fair, *Concentration Profiles of Diffused Dopants*in *Impurity Doping Processes in Silcion*; North-Holland, (1981)

[45] M. Uematsu, *Simulation of boron, phosphorous and arsenic diffusion in silicon based on an integrated diffusion model and the anomalous phosphorus diffusion mechanism*, J. Appl. Phys. 82 (1997) 2228-2246

[46] S. M. Sze, *Semiconductor devices, physics and technology*, Ausgabe, John Wiley & Sons, New York (1985)

[47] R. B. Fair, *Diffusion and Ion Implantation in Silicon*in *Semiconductor Materials and Process Technology Handbook*; Noyes Publications, Park Ridge, NJ, U.S.A (1988) 455-540

[48] D. Nobili, *Solubility of P in Si,* in *Properties of Silicon*; (1987) 394-395

[49] A. Eyer und R. Schindler, *Silicon Solar Cell Processing by RTP*, Proc. 1st international Conf. in RTP, (1993)

[50] J. Mavoori, R. Singh, S. Narayanan und J. Chaudhuri, *Experimental evidence of photoeffects in silicon rapid isothermal diffusion*, Appl. Phys. Lett. 65 (1994) 1935-1937

[51] R. Singh, S. Sinha, R. P. S. Thakur und P. Chou, *Some photoeffect roles in rapid isothermal processing*, Appl. Phys. Lett. 58 (1991) 1217-1219

[52] R. Singh, K. C. Cherukuri, L. Vedula, A. Rohatgi und S. Narayanan, *Low Temperature Shallow Junction Formation Using Vacuum Ultraviolet Photons During Rapid Thermal Processing*, Appl. Phys. Lett. 70 (1997) 1700

[53] B. Groh, *Spektrale Abhängigkeit der Dotierstoffdiffusion in Silizium beim Rapid Thermal Processing*, Diplomarbeit, Institut für Angewandte Physik an der Technischen Universität Darmstadt (1997)

[54] R. Schindler, Persönliche Mitteilung (2000)

[55] S. Peters, H. Lautenschlager und R. Schindler, *RTP-Processed 17.5% efficient silicon solar cells featuring a record small thermal budget*, Proc. 16th European Photovoltaic Solar Energy Conf., Glasgow, UK (2000) 1116-1119

[56] L. E. Katz, *Oxidation*, in *VLSI Technology*; McGraw-Hill, New-York (1983) 131-167

[57] Massoud, J. Electrochem. Soc. 132 (1985) 2685-2700

[58] J. Horzel, W. Storm, T. Trenkler, S. Sivothaman, J. Nijs, R. Mertens und G. Adriaenssens, *Improved understanding and characterization of Rapid Thermal Oxides*, Proc. 25th IEEE Photovoltaic Specialists Conf., Washington DC, USA (1996) 581-584

[59] L. Debarge, J. P. Stoquert, A. Slaoui, L. Stalmans und J. Poortmans, *Rapid thermal oxidation of porous silicon for surface passivation*, E-MRS Spring Meeting, Symposium "Rapid thermal processing", Strasbourg (1998)

[60] P. Doshi, J. Moschner, J. Jeong, A. Rohatgi, R. Singh und S. Narayanan, *Characterization and application of rapid thermal oxide surface passivation for the highest efficiency RTP silicon solar cells*, Proc. 26th IEEE Photovoltaic Specialists Conf., Anaheim, CA, USA (1997) 1451,87-90

[61] P. Doshi und A. Rohatgi, *18% efficient silicon photovoltaic devices by rapid thermal diffusion and oxidation*, IEEE Trans. Electron Devices 45 (1998) 1710-16

[62] J. D. Moschner, P. Doshi, D. S. Ruby, T. Lauinger, A. G. Aberle und A. Rohatgi, *Comparison of front and back surface passivation schemes for silicon solar cells*, Proc. 2nd World Conf. on Photovoltaic Energy Conversion, Vienna, Austria (1998) 1894-1897

[63] A. Rohatgi, P. Doshi und S. Kamra, *Highest Efficiency RTP Silicon Solar Cells by Rapid Thermal Diffusion and Oxidation*, Proc. 14th European Photovoltaic Solar Energy Conf., Barcelona, Spain (1997) 660-665

[64] H. Z. Massoud, *Rapid thermal Growth and Processing of Dielectrics*in *Rapid Thermal Processing*; Academic Press, London (1993) 45-73

[65] R. A. Sinton, *Solar Cell Passivation and Selective-Emitter Processes*, Workshop, Boulder, CO (1997) 78-83

[66] N. B. Mason, D. Jordan und J. G. Summers, *A High Efficiency Silicon Solar Cell Production Technology*, Proc. 10th European Photovoltaic Solar Energy Conf., Lisbon, Portugal (1991) 280-283

[67] J. H. Bultman, R. Kinderman, J. Hoornstra und M. Koppes, *Single Step Selective Emitter using Diffusion Barrier*, Proc. 16th European Photovoltaic Solar Energy Conf., (2000) 1424-1426

[68] J. Horzel, J. Slufcik, M. Honore, J. Nijs und R. Mertens, *Novel Method to Form Selctive Emitters in One Diffusion Step Without Etching or Masking*, Proc. 14th European Photovoltaic Solar Energy Conf., Barcelona (1997) 61-64

[69] L. Ventura, J. P. Schunck, J. C. Muller und S. Barthe, *Influence of Baking conditions of Doped Spin-On glas sources on the Formation of Laser Assisted Selective Emitters*, Proc. 25th IEEE Photovoltaic Specialists Conf., Washington DC, USA (1996) 577-580

[70] R. Schindler, A. Breymesser, H. Lautenschlager, C. Marckmann, S. Noel und U. Schubert, *Single Step Rapid Thermal Diffusion for Selective Emitter Formation and Selective Oxidation*, Proc. 25th IEEE Photovoltaic Specialists Conf., Washington DC, USA (1996) 509-512

[71] D. S. Ruby, C. B. Fleddermann, M. Roy und S. Narayann, *Self-Aligned Selective-Emitter Plasma-Etchback and Passivation Process for Screen-Printed Silicon Solar Cells*, Proc. 9th International Photovoltaic Science and Engineering Conf., Miyazaki, Japan (1996)

[72] J. Zhao, A. Wang, M. A. Green und F. Ferrazza, *19.8% efficient "honeycomb" textured multicrystalline and 24.4% monocrystalline silicon solar cells*, Appl. Phys. Lett. 73 (1998) 1991-93

[73] S. W. Glunz, J. Knobloch, D. Biro und W. Wettling, *Optimized High-Efficiency Silicon Solar Cells with J_{sc} = 42 mA/cm² and Eta= 23.3 %*, Proc. 14th European Photovoltaic Solar Energy Conf., Barcelona (1997) 392-395

[74] S. R. Wenham und M. A. Green, *Buried contact solar cell*, U.S.A. Patent 4726850 (1987)

[75] M. A. Green, C. M. chong, F. Zhang, A. Sproul, J. Zolper und S. R. Wenham, *20% Efficient Laser Groved, Buried Contact Silicon Solar Cells*, Proc. 20th IEEE Photovoltaic Specialists Conf., Las Vegas, Nevada, USA (1988) 414

[76] M. A. Green, S. R. Wenham und J. Zhao, *Progress in high efficiency silcion cell and module research*, Proc. 23rd IEEE Photovoltaic Specialists Conf., Louisville, Kentucky, USA (1993) 8-13

[77] T. M. Bruton, K. C. Heasman, J. P. Nagle, D. W. Cunningham, N. B. Mason, R. Russel und M. A. Balbuena, *Large Area High Efficiency Silicon Solar Cells made by the Laser Grooved, Buried Grid Process*, Proc. 12th European Photovoltaic Solar Energy Conf., Amsterdam (1994) 761-762

[78] S. Narayanan, J. Wohlgemuth, J. Creager, S. Roncin und M. Perry, *Large Area High Efficiency Polycrystalline Silicon Buried Contact Solar Cells*, Proc. 12th European Photovoltaic Solar Energy Conf., Amsterdam (1994) 740-742

[79] C. B. Honsberg, S. E. Edmiston, A. Fung, M. Molitor und S. R. Wenham, *New Simplified buried Contact Process for Czochralski and Multicrystalline Wafers*, Proc. 14th European Photovoltaic Solar Energy Conf., Barcelona (1997) 146-149

[80] J. Horzel, R. Einhaus, K. d. Clercq, F. Duerinckx, E. v. Kerschaver, M. Honore, J. Szlufcik, J. Nijs und R. Mertens, *Optmisation results for an industrially applicable selective emitter process*, Proc. 2nd World Conf. on Photovoltaic Energy Conversion, Wien (1998) 1483-1486

[81] L. Debarge, J. C. Muller, B. Forget, D. Fournier und L. Frisson, *Screen-Printed Paste and Spin-on source applied to Selective Emitter Formation in a single Rapid Thermal Diffusion Step*, Proc. 16th European Photovoltaic Solar Energy Conf., Glasgow (2000) 1504-1507

[82] U. Besi-Vetrella, G. Arabito, V. Barbarossa, E. Salza, F. Artuso, M. .Bellardinelli, M. L. Grilli und L. Pirozzi, *Structural and Electrical Characterization of Laser Doped Silicon*, Proc. 2nd World Conf. on Photovoltaic Energy Conversion, Vienna, Austria (1998) 1366-1369

[83] N. Mardesich, Proc. 15th IEEE PVSC (1981) 446-449

[84] S. R. Wenham, M. R. Willison, S. Narayanan und M. A. Green, *Efficiency Improvement in Screen Printed Polycrystalline Silicon Solar Cells by Plasma Treatments*, Proc. 18th IEEE Photovoltaic Specialists Conf., (1985) 1008-1013

[85] S. Schaefer, R. Lüdemann und S. W. Glunz, *Self-Aligned Metallization and Reactive Ion Etched Buried Base Contact Solar Cells*, Progr. Photovolt. 7 (1999) 387-392

[86] D. Huljic, Persönliche Mitteilung (2000)

[87] R. Einhaus, E. V. Kerschaver, F. Duerinckx, A. Ziebakowski, J. Szlufcik, J. Nijs, R. Mertens und E. Vazsonyi, *Optimisation of a Selective Emitter Process for Multicrystalline Silicon Solar Cells to Meet Industrial Requirements*, Proc. 14th European Photovoltaic Solar Energy Conf., Barcelona, Spain (1997) 187-190

[88] R. Preu, J. O. Schumacher, P. Hahne, H. Lautenschlager, I. Reis, S. W. Glunz und W. Warta, *Screen Printed and RT-Processed Emitters for Crystalline Silicon Solar Cells*, Proc. 2nd World Conf. on Photovoltaic Energy Conversion, Vienna, Austria (1998) 1503-1506

[89] R. Singh, *Rapid isothermal processing*, J. Appl. Phys. 63 (1988) R59-R114

[90] F. Roozeboom, *History and Perspectives of Rapid Thermal Processing* in *NATO ASI Series, Advances in Rapid Thermal Processing*; Kluwer Academic Publishers, (1995) 1-34

[91] G. Gentischer, G. Güthenke, R. Möller, R. Preu, G. Schweitzer und W. Wettling, *Vorrichtung zum kontaminationsfreien, kontinuierlichen oder getakteten Transport von scheibenförmigen Gegenständen, insbesondere Substraten oder Wafern, durch eine geschlossene Behandlungsstrecke*, Patent DE 19887142 (1998)

[92] *Technical Notice 10 - Reaction Time Analysis in RTA Processing*; Steag A.S.T Elektronik GmbH (1991)

[93] F. Roozeboom, *Manufacturing Equipment Issues in Rapid Thermal Processing*in *Rapid thermal processing : science and technology*; Academic Press Limited, San Diego, CA (1993) 349-423

[94] C. Schietinger, *Wafer temperature measurement in RTP*in *Advances in Rapid Thermal and Integrated Processing*; Kluwer Academic Publishers, Dordrecht (1995) 103-124

[95] D. Zickermann, *Untersuchung von schnellen Phosphordotierprozessen und selektiven Emitterstrukturen für kristalline Siliziumsolarzellen*, Diplomarbeit, Universität Osnabrück (2000)

[96] P. Hahne, *Innovative Druck- und Metallisierungsverfahren für die Solarzellentechnologie*, Dissertation, FernUniversität Hagen (2000)

[97] G. Heiser, *Design and implementation of a three-dimensional general purpose semiconductor device simulator*, PhD Thesis, ETH-Zürich (1991)

[98] ISE-TCAD, *DESSIS-ISE, MDRAW-ISE, Release 4.1*, Ausgabe, ISE Integrated Systems Engineering AG, Zürich/Schweiz (1997)

[99] P. A. Basore und D. A. Clugston, *PC1D Version 5: 32-BIT sola cell modelling on personal computers*, Proc. 26th IEEE Photovoltaic Specialists Conf., Anaheim, California, USA (1997) 207-210

[100] D. Huljic, Version 1.0, Fraunhofer ISE, Freiburg (1998)

[101] I. E. Reis, D. Huljic, P. Hahne, R. Preu, D. Zickermann, B. Bucher und P. V. Fleischer, *Fine-line Screen Printing for Solar Cells*, Technical

Digest of the 11th International Photovoltaic Science and Engineering Conf., Sapporo, Japan (1999) im Druck

[102] J. Hoornstra, S. Roberts, H. H. C. d. Moor und T. M. Bruton, *First Experiences with Double Layer Stencil Printing for Low Cost Production Solar Cells*, Proc. 2nd World Conf. on Photovoltaic Energy Conversion, Vienna, Austria (1998) 1527-1530

[103] P. Hahne, I. E. Reis, E. Hirth, D. Huljic, R. Preu, H. d. Buhr, K. Schwichtenberg und H. Ipsen, *Pad Printing - A Novel Thick-Film Technique of Fine-Line Printing for Solar Cells*, Proc. 2nd World Conf. on Photovoltaic Energy Conversion, Vienna, Austria (1998) 1646-1649

[104] P. Lölgen, C. Leguit, J. A. Eikelboom, R. A. Steeman, W. C. Sinke, L. A. Verhoef, P. F. A. Alkemade und E. Algra, *Aluminium Back-Surface Field Doping Profiles With SurfaceRecombination Velocities Below 200 cm/s*, Proc. 23rd IEEE Photovoltaic Specialists Conf., Louisville, Kentucky, USA (1993) 236-241

[105] S. W. Glunz, Persönliche Mitteilung (1998)

[106] S. Peters, *Entwicklung und Charakterisierung optisch prozessierter Silizium-Solarzellen*, Diplomarbeit, Universität Bielefeld (1999)

[107] L. Frisson, M. Honore, R. Mertens, R. Govaerts und R. V. Overstraten, *Silicon Solar Cells with Screen Printed Diffusion and Metallization*, Proc. 14th IEEE Photovoltaic Specialists Conf., San Diego, California, USA (1980)

[108] T. D. Koval, *Vapor Deposioin of H3PO4 and Formation of Thin Phosphorous Layer on Silicon Substrates*, US US 4360393 (1980)

[109] R. Kakoschke, *Is there a way to perfect rapid thermal processing systems?*, Materials Research Society Symposium Proceedings, Anaheim, California, USA (1992) 159-170

[110] J. Dicker, *Charakterisierung von hocheffizienten Rückseitenkontakt-zellen*, Diplomarbeit, Albert-Ludwigs-Universität (1998)

[111] K. R. McIntosh und C. B. Honsberg, *The Influence of Edge Recombination on a Solar Cell's I-V curve*, Proc. 16th European Photovoltaic Solar Energy Conf., Glasgow, UK (2000) 1651-1654

[112] P. Doshi, J. Mejia, K. Tate und A. Rohatgi, *Integration of screen-printing and rapid thermal processing technologies for silicon solar cell fabrication*, IEEE Electron. Dev. Lett. 17 (1996) 404-406

[113] G. Masetti, M. Severi und S. Solmi, *Modeling of Carrier Mobility Against Carrier Concentration in Arsenic-, Phosphorous-, and Boron-Doped Silicon*, IEEE Trans. Electron Devices 30 (1983) 764-769

[114] H. Mäckel, *Herstellung und Charakterisierung von Siliziumnitrid-schichten zur Passivierung von Siliziumoberflächen*, Diplomarbeit, Albert-Ludwigs-Universität Freiburg (1999)

[115] H. Morita, *Efficiency Improvement of Solar Cell utilizing Plasma-deposited Silicon Nitride*, Jpn. J. Appl. Phys. 21 Supplement 21-2 (1982) 47-51

[116] J. Robertson, *Defects and hydrogen in amoprhous silicon nitride*, Philosophical Magazine B 69 (1994) 307-326

[117] M. Born und E. Wolf, *Principles of Optics*, Ausgabe, Pergamon Press, (1959)

[118] J. O. Schumacher, *Charakterisierung texturierter Silizium-Solarzellen*, Diplomarbeit, Albert-Ludwigs-Universität (1994)

[119] C. Schetter, H. Lautenschlager und F. Lutz, *Silicon Nitride Layers for Passivation and AR Coating in Multicrystalline Silicon Solar Cell Process*, Proc. 13th European Photovoltaic Solar Energy Conf., Nice, France (1995) 407

[120] A. G. Aberle, *Untersuchungen zur Oberflächenpassivierung von hoch-effizienten Silicium-Solarzellen*, Dissertation, Albert-Ludwigs-Universität Freiburg (1991)

[121] S. W. Glunz, A. B. Sproul, W. Warta und W. Wettling, *Injection-level-dependent recombination velocities at the Si- SiO_2 interface for various dopant concentrations*, J. Appl. Phys. 75 (1994) 1611-15

[122] J. Schmidt und A. G. Aberle, *Easy-to-use Surface Passivation Technique for Bulk Carrier Lifetime Measurements on Silicon Wafers*, Progr. Photovolt. 6 (1998) 259-63

[123] W. D. Eades und R. M. Swanson, *Calculation of surface generation and recombination velocities at the Si-SiO$_2$ interface*, J. Appl. Phys. 58 (1985) 4267-76

[124] S. Narasimha und A. Rohatgi, *Optimized aluminum back surface field techniques for silicon solar cells*, Proc. 26th IEEE Photovoltaic Specialists Conf., Anaheim, CA, USA (1997) 1463-1466

[125] R. Hezel, K. Blumenstock und R. Schörner, *Effects of Cs-Contamination on the Interface State Density of MNOS Capacitors*, J. Electrochem. Soc. 131 (1984) 1619

[126] S. S. He und V. L. Shannon, *Hydrogen bond configuration changes in PECVD silicon nitride films during RTA*, Amorphous Silicon Technology - 1995, San Francisco, USA (1995) 337-342

[127] R. Hezel, K. Blumenstock und R. Schörner, *Fixed insulator charges and interface states in MNOS structures with APCVD and PECVD silicon nitride*, Proc. of the Symposium on silicon nitride Thin Insulation Films, San Francisco (1982) 280

[128] A. A. Korkin, J. V. Cole, D. Sengupta und J. B. Adams, *On the Mechanism of Silicon Nitride Chemical Vapor Deposition from Dichlorsilane and Ammonia*, J. Electrochem. Soc. 146 (1999) 4203-4212

[129] W. J. Soppe, B. G. Duijelaar, S. E. A. Schiermeier, A. W. Weeber, A. Steiner und F. M. Schuurmens, *A High Troughput PECVD Reactor for Deposition of Passivating SiN Layers*, Proc. 16th European Photovoltaic Solar Energy Conf., Glasgow, UK (2000) 1422-1425

[130] F. Schitthelm, P. Völk, H. Dekkers und J. Szlufcik, *Quasi continous a-SiN:H-PECVD system with high throughput rate for solar cell AR-coating*, Proc. 2nd World Conf. on Photovoltaic Energy Conversion, Glasgow (2000) 1609-1612

[131] H. Nagayoshi, M. Ideka, M. Yamaguchi, T. Uematsu, T. Saitoh und K. Kamisako, *SiNx:H/SiO2 Double-Layer Passivation With Hydrogen-Radical Annealing For Solar Cells*, J. Appl. Phys. 36 (1997) 5688-5692

[132] S. Reber, *Electrical Confinement for the crystalline Silcion Thin-Film Solar Cell on Foreign Substrate*, Dissertation, Universität Mainz (2000)

[133] J. A. Thornton, *Physical Vapor Depoition*in *Semiconductor Materials and Process Technology Handbook*; Noyes Publications, Park Ridge, New Jersey, U.S.A. (1988) 329-454

[134] G. Bräuer, W. Dicken, J. Szczyrbowski, G. Teschner und A. Zmelty, *New Developments in High Rate Sputtering of Dielectric Materials*, Proc. 3rd International Symposium on Sputtering and Plasmas, Tokyo, Japan (1995) 63-70

[135] J. Szczyrbowski und G. Teschner, *Reactive Sputtering of SiO2 layers onto Large-Scale Substrate using an AC Twin-Mangetron Cathode*, Proc. 38th Annual Technical Conf. of the Society of Vacuum Coaters, (1995) 389-394

[136] S. M. Sze, *Physics of Semiconductor Devices*, 2. Ausgabe, Wiley & Sons, New York (1981)

[137] R. Latz, M. Schanz, M. Scherer und J. Szczyrbowski, *Verfahren und Vorrichtung zum reaktiven Beschichten eines Substrates.*, Patent DE 4106770 (1992)

[138] J. Krempel-Hesse, R. Preu, H. Lautenschlager und R. Lüdemann, *Sputtering of Silicon Nitride for use in Crystalline Silicon Solar Cell Technology*, Proc. 43rd Annual Technical Conf. of the Society of Vacuum Coaters, Denver, CO, USA (2000) im Druck

[139] N. B. Mason, T. Bruton und R. Russell, *Properties und Performance of Coloured Solar Cells for Building Facades*, Proc. 13th European Photovoltaic Solar Energy Conf., Nice, France (1995) 2218-2221

[140] W. A. Lanford und M. J. Rand, *The Hydrogen Content of Plasma-Deposited Silicon Nitride*, J. Appl. Phys. 49 (1978) 2473

[141] E. Bustarret, M. Bensouda, M. C. Habrard und J. C. Bruyere, Phys. Rev. B 38 (1988) 8171

[142] D. C. Wang und A. Waugh, *Cost impacts of anti-reflection coatings on silicon solar cells*, Materials Research Society Symposium Spring Meeting Proceedings, San Francisco (1996)

[143] A. G. Aberle, T. Lauinger und R. Hezel, *Remote PECVD silicon nitride - a key technology for the crystalline silicon PV industry of the 21st*

century?, Proc. 14th European Photovoltaic Solar Energy Conf., Barcelona, Spain (1997) 684-689

[144] S. Bowden, F. Duerinckx, J. Szlufcik und J. Nijs, *Rear surface passivation of multicrystalline silicon solar cells*, Proc. 16th European Photovoltaic Solar Energy Conf., Glasgow, UK (2000) 1524-1527

[145] S. Schaefer, R. Preu, R. Lüdemann und S. W. Glunz, *Plasma etched PERC and buried base contact solar cells*, Proc. 16th European Photovoltaic Solar Energy Conf., Glasgow, UK (2000) 1443-1446

[146] R. Preu, E. Schneiderlöchner, S. W. Glunz und R. Lüdemann, *Verfahren zur Herstellung eines Halbleiter-Metallkontaktes durch eine dielektrische Schicht*, Deutsche Patentanmeldung DE 10046160 (2000)

[147] K. R. Catchpole und A. W. Blakers, *Modelling of the PERC structure with stripe and dot contacts*, Proc. 16th European Photovoltaic Solar Energy Conf., Glasgow, UK (2000) 1719-1722

[148] P. P. Altermatt, G. Heiser, A. G. Aberle, a. Wang, J. Zhao, A. J. Robinson, S. Bowden und M. A. Green, *Spatially Resolved Analysis and Minimization of Resistive Losses in High-efficiency Si Solar Cells*, Progr. Photovolt. 4 (1996) 399-414

[149] B. Fischer, *Metallisation of Silicon Solar Cells*, Diploma Thesis, Australian National University (1994)

[150] D. K. Schroder und D. L. Meier, *Solar Cell Contact Resistance - A Review*, IEEE Trans. Electron Devices ED-31 (1984) 637-647

[151] C. B. Honsberg, F. Yun, A. Ebong, M. Taouk, S. R. Wenham und M. A. Green, *685 mV Open-circuit voltage laser grooved silicon solar cell*, Sol. Ener. Mater. Sol. Cells 34 (1994) 117-123

[152] C. E. Dube und R. C. Gonsiorawski, *Improved contact metallization for high efficiency EFG polycrystalline silicon solar cells*, Proc. 21st IEEE Photovoltaic Specialists Conf., Kissimmee, Florida, USA (1990) 624-628

[153] C. E. Dube und R. C. Gonsiorawski, *Dotted Contact Solar Cell and Method of Making the same*, US Patent (1991)

[154] J. H. Bultman, A. W. Weeber, M. W. Brieko, J. Hooornstra, A. R. Burgers, J. A. Dijkstra, A. C. Tip und F. M. Schuurmans, *Pin Up*

Module: A design for higher efficiency, easy module manufacturing and attractive appearance, Proc. 16th European Photovoltaic Solar Energy Conf., Glasgow, UK (2000) 1210-1213

[155] S. Narayanan, J. Creager, S. Roncin, A. Rohatgi und Z. Chen, *Process improvements for large area polycrystalline silicon buried contact solar cell sequence*, Proc. 1st World Conf. on Photovoltaic Energy Conversion, Waikoloa, USA (1994) 1319-1322

[156] K. A. Münzer, R. R. King, R. E. Schlosser, H. J. Schmidt, J. Schmalzbauer und S. Sterk, *Manufacturing of Back Surface Field for Industrial Application*, Proc. 13th European Photovoltaic Solar Energy Conf., Nice, France (1995) 1398-1401

[157] S. Dauwe, A. Metz und R. Hezel, *A Novel Mask-Free Low-Temperature Rear Surface Passivation Scheme based on PECVD Silicon Nitride for High-Efficiency Silicon Solar Cells*, Proc. 28th IEEE Photovoltaic Specialists Conf., Anchorage, Alaska (2000) 1747-1750

[158] A. Müller, *Laser: Eine Einführung*, in *Spektrum der Wissenschaft: Sonderheft: Laser*; (1993) 9-21

[159] E. Eichler, *Laser:Grundlagen, Systeme, Anwendungen*, Ausgabe, Springer, Berlin (1991)

[160] D. Bimberg, *Materialbearbeitung mit Lasern*, Ausgabe, Expert Verlag, Böblingen (1991)

[161] S. Dauer, *Nd:YAG-Laserstrukturierung in der Silizium-Mikromechanik*, Dissertation, TU Braunschweig (1999)

[162] E. D. Palik, *Handbook of Optical Constants of Solids*, Academic Press, (1985)

[163] O. Madelung und M. Schultz, *Landolt-Bernstein: Zahlenwerte und Funktionen aus Naturwissenschaft und Technik*, Berlin (1982)

[164] W. Pfleging, A. Ludwig, K. Seemann, R. Preu, H. Mäckel und S. W. Glunz, *Laser Micromaching for Applications in Thin Film Technology*, Applied Surface Sience 1.54-1.55 (2000) 633-639

[165] Lambda Physik, *Product List 2000*, Göttingen (2000) 15

[166] R. Völkel, H. P. Herzig, P. Nussbaum, P. Blattner, R. Dändliker, E. Cullmann und W. B. Hugle, *Microlens Lithography and Smart Masks*, Micorelectronic Engineering 35 (1997) 513-516

[167] S. Steinhübl, *Strukturierung von Dünnschichtsystemen durch Laserstrahlung*, Diplomarbeit, Universität Karlsruhe (TH) (1999)

[168] J. Knobloch, A. Noel, E. Schäffer, U. Schubert, F. J. Kamerewerd, S. Klußmann und W. Wettling, *High effiicency solar cells from FZ, CZ and MC silicon material*, Proc. 23rd IEEE Photovoltaic Specialists Conf., Louisville, Kentucky, USA (1993)

[169] S. Schaefer, *Plasmaätzen für die Photovoltaik*, Dissertation, Universität Konstanz (2000)

[170] R. Preu, S. W. Glunz, S. Schäfer, R. Lüdemann, W. Wettling und W. Pfleging, *Laser Ablation - A New Low-Cost Approach for Passivated Rear Contact Formation in Crystalline Silicon Solar Cell Technology*, Proc. 16th European Photovoltaic Solar Energy Conf., Glasgow, UK (2000) 1181-1184

[171] W. Graf, Persönliche Mitteilung (2000)

[172] D. K. Schroder, *Semiconductor Material and Device Characterisation*, Ausgabe, John Wiley & Sons Inc., (1990)

Veröffentlichungen

R. Preu, P. Koltay, H. Schmidhuber, und K. Bücher, *Optimisation of cell interconnectors for PV module performance enhancement*, Proc. 14th IEEE Photovoltaic Specialists Conf., (1997) 278-281

P. Hahne, I. E. Reis, E. Hirth, D. Huljic, R. Preu, H. d. Buhr, K. Schwichtenberg, und H. Ipsen, *Pad Printing - A Novel Thick-Film Technique of Fine-Line Printing for Solar* Cells, Proc. 2nd World Conf. on Photovoltaic Energy Conversion, (1998) 1646-1649

R. Preu, J. O. Schumacher, P. Hahne, H. Lautenschlager, I. Reis, S. W. Glunz, und W. Warta, *Screen Printed und RT-Processed Emitters for Crystalline Silicon Solar Cells*, Proc. 2nd World Conf. on Photovoltaic Energy Conversion, (1998) 1503-1506

I. E. Reis, D. Huljic, P. Hahne, R. Preu, D. Zickermann, B. Bucher, und P. V. Fleischer, *Fine-line Screen Printing for Solar Cells*, Technical Digest of the 11th International Photovoltaic Science und Engineering Conf., (1999)

R. Preu, G. Güthenke, G. Schweitzer, W. Eversheim, und W. Wettling, *Abschlußbericht:SOLPRO - Innovative Produktionstechnologien für Solarzellen*, Fraunhofer ISE, Freiburg (1999)

R. Preu, J. Krempel-Hesse, D. Biro, D. Huljic, H. Mäckel, und R. Lüdemann, *Sputtering - A Key Technology For Thin Film Deposition In Crystalline Silicon Solar Cell Production?*, Proc. 16th European Photovoltaic Solar Energy Conf., (2000) 1467-1470

R. Preu, S. W. Glunz, S. Schäfer, R. Lüdemann, W. Wettling, und W. Pfleging, *Laser Ablation - A New Low-Cost Approach for Passivated Rear Contact Formation in Crystalline Silicon Solar Cell Technology*, Proc. 16th European Photovoltaic Solar Energy Conf., (2000) 1181-1184

S. Schaefer, R. Preu, R. Lüdemann, und S. W. Glunz, *Plasma etched PERC und buried base contact solar cells*, Proc. 16th European Photovoltaic Solar Energy Conf., (2000) 1443-1446

W. Pfleging, A. Ludwig, K. Seemann, R. Preu, H. Mäckel, und S. W. Glunz, *Laser Micromaching for Applications in Thin Film Technology*, Applied Surface Sience 1.54-1.55 (2000) 633-639

S. W. Glunz, S. Schäfer, R. Preu, E. Schneiderlöchner, R. Lüdemann, und W. Pfleging, *New Simplified Methods for Processing the Rear Contact Pattern of PERC High-Efficiency Solar Cells*, Proc. 28th IEEE Photovoltaic Specialists Conf., (2000) im Druck

J. Krempel-Hesse, R. Preu, H. Lautenschlager und R. Lüdemann, *Sputtering of Silicon Nitride for use in Crystalline Silicon Solar Cell Technology*, Proc. 43rd Annual Techn. Conf. Soc. of Vacuum Coaters, (2000) im Druck

D. M. Huljic, D. Biro, R. Preu, C. C. Castillo und R. Lüdemann, *Rapid Thermal Firing of Screen Printed Contacts for Large Area Crystalline Silicion Solar Cells*, Proc. 28th IEEE Photovoltaic Specialists Conf., (2000) im Druck

R. Preu, R. Lüdemann, G. Emanuel, W. Wettling, W. Eversheim, G. Güthenke, D. Untiedt, G. Schweitzer, *Innovative Production Technologies for Solar Cells - SOLPRO*, Proc. 16th European Photovoltaic Solar Energy Conf., (2000) 1451-1454

Patente

G. Gentischer, G. Güthenke, R. Möller, R. Preu, G. Schweitzer und W. Wettling, *Vorrichtung zum kontaminationsfreien, kontinuierlichen oder getakteten Transport von scheibenförmigen Gegenständen, insbesondere Substraten oder Wafern, durch eine geschlossene Behandlungsstrecke*, DE 19887142 (1998)

R. Preu und S. W. Glunz, *Vorrichtung und Verfahren zur selektiven Kontaktierung von Solarzellen*, Deutsche Patentanmeldung, offengelegt, DE 19915166 (1999)

R. Preu, R. Lüdemann, G. Schweitzer, G. Güthenke, J. Krempel-Hesse und J. Pistner, *Verfahren zum Beschichten von Substraten aus dotiertem Silizium mit einer Antireflexschicht für Solarzellen mittels einer in einer Vakuumkammer betriebenen Zerstäunungskathode mit einem Magnetsystem*, Deutsche Patentanmeldung, offengelegt, DE 19919742 (1999)

R. Preu, E. Schneiderlöchner, S. W. Glunz und R. Lüdemann, *Verfahren zur Herstellung eines Halbleiter-Metallkontaktes durch eine dielektrische Schicht*, Deutsche Patentanmeldung, DE 10046160 (2000)

Danksagung

Meine wissenschaftliche Arbeit ermöglichte mir ein großes Maß an Selbstverwirklichung. Deshalb möchte ich den folgenden Personen für ihren Beitrag danken, ohne den diese Arbeit nicht hätte zustande kommen können:

Herrn Prof. Roland Schindler für die Übernahme der Betreuung und die vielen interessanten und hilfreichen Diskussionen zur Solarzellentechnologie. Insbesondere möchte ich mich für die Anregungen zur Gliederung der Dissertation und die Unterstützung bei deren Fertigstellung bedanken.

Herrn Prof. Wolfgang Fahrner für die wissenschaftliche Begleitung und die freundliche Unterstützung einer nicht ganz einfach gestrickten Promotion am Fachbereich Elektrotechnik der FernUniversität Hagen.

Herrn Dr. J. Gabor für die sehr freundliche und hilfreiche Unterstützung bei der Umsegelung der Klippen, die sich bei einem Promotionsvorhaben auftun.

Herrn Prof. Wolfram Wettling für die Aufnahme in der Abteilung Solarzellen – Werkstoffe und Technologie des Fraunhofer ISE, die Vergabe eines äußerst spannenden Promotionsthemas und die uneingeschränkte Unterstützung bei allen meinen Vorhaben. Die vielen interessanten und inspirierenden Gespräche, sowie die sehr motivierende und vor allem menschliche Betreuung meiner Tätigkeit, waren und sind eine große Bereicherung für mich.

Ein besonderer Dank geht an Herrn Dr. Armin Räuber, der trotz fehlender Projektzusage meine Aufnahme in die Abteilung möglich machte - und ich somit meine *Lehrzeit* bei einem *der* Kenner der nationalen und internationalen PV-Szene absolvieren durfte.

Herrn Dr. Gerhard Willeke, für die Unterstützung und das entgegengebrachte Vertrauen diese Arbeit in absehbarer Zeit fertigzustellen.

Herrn Dr. Joachim Knobloch und Herrn Dr. Wilhelm Warta für die vielen lehrreichen Diskussionen zur Solarzellentechnologie und –charakterisierung.

Herrn Dr. Stefan Glunz, für seine freundschaftliche Unterstützung bei den zahllosen Versuchen zur laserunterstützten Kontaktierung (‚Da lassen wir gleich noch eine Charge loslaufen!‘) und dafür, daß er mir mit seinem exzellenten wissenschaftlichen Wissen geduldig über die eine oder andere Hürde verholfen hat.

Herrn Dr. Ralf Lüdemann für das detaillierte Korrekturlesen und Strukturbilden einer zeitweise fragmentarischen Arbeit. Einen besonderen Dank möchte ich für die freundschaftliche Zusammenarbeit mit einem Gleichgesinnten aussprechen.

Herrn Dr. Peter Hahne für die Einführung in RTP- und Drucktechnologie, die Federführung beim Aufbau des Tech3-Labors und die vielen sehr nützlichen Tips zu den Themen Promotion und Segeln.

Den Herren Mitdoktoranden Daniel Biro, Dominik Huljic Stefan Peters und Sebastian Schäfer. Die hervorragende und vor allem spaßreiche Zusammenarbeit, sowie unzählige Diskussionen über das obskure Objekt Solarzelle werden mir stets in bester Erinnerung an meine Laborzeiten bleiben.

Herrn Dr. Stefan Reber. Mit ihm über Projektmanagement, beliebige physikalische Problemstellungen, insbesondere Pro und Contra dünner und richtig dünner kristalliner Siliciumsolarzellen, sowie Gott und die Welt diskutieren zu können, hat mich stets mit großer Freude das gemeinsame Arbeitsterrain betreten lassen. Diese freundschaftliche Zusammenarbeit auf engstem Raum widerlegen jedes Argument pro *Groß*raumbüros!

Herrn Harald Lautenschlager und Herrn Christian Schetter für die wissenschaftlich technische und freundschaftliche Unterstützung der Arbeit. Mit ihrer Fachkompetenz und der Bereitstellung von Infrastruktur (u.a. auch Kekse, Obst und Schokolade) und Prozessen auf höchstem Niveau haben sie einen wesentlichen Beitrag zum Gelingen dieser Arbeit geleistet.

Herrn Antonio Leimenstoll und Frau Bettina Köster, für die äußerst wohlwollende Durchführung der zahllosen Versuche zur laserunterstützten Kontaktierung unter Berücksichtigung teuflisch komplexer Versuchspläne. Ihre Expertise bei der Herstellung hocheffizienter Solarzellen waren eine fundamentale Voraussetzung für die erzielten Ergebnisse.

Frau Elisabeth Schäffer für die unzähligen Messungen und Analysen an einer nur für sie überschaubaren Vielfalt von Zellformaten und -typen, sowie den tröstenden Worte, wenn diese Zellen trotz guten Zuredens nicht die erwünschten Wirkungsgradergebnisse zeigten.

Meinen Diplomanden Dirk Zickermann und Erik Schneiderlöchner sei ein besonderes Dankeschön für die sehr erfolgreiche und kurzweilige Zusammenarbeit gewidmet. Beide haben viel Geduld mit meinen ambitionierten Vorgaben gezeigt. Ohne ihr bemerkenswertes Engagement wäre diese Arbeit Stückwerk geblieben.

Herrn Gernot Emanuel, Herrn Martin Schnell, Herrn Martin Schughart, Herrn Oliver Schultz, Herrn Helge Schmidhuber und Herrn Helmut Mäckel, sei für die vielen Siliciumnitridabscheidungen, Reflexionsmessungen, FTIR- und REM-Messungen, Diffusionen, Löt- und Einbettungsaktionen gedankt.

Herrn Dr. Frank Faller und Herrn Dr. Jürgen Schumacher. Die gemeinsamen Konferenzreisen waren - auch in einer spanischen Ölkonservendose - echte Höhepunkte meiner Doktorandenzeit.

Allen anderen Mitarbeitern der Abteilung Solarzellen – Technologie und Werkstoffe und des ISE, die hier nicht namentlich erwähnt werden, für deren Unterstützung und Hilfe.

Herrn Dr. Wilhelm Pfleging vom IMF des FZ Karlsruhe für die hervorragende Zusammenarbeit auf dem Gebiet der laserunterstützten Materialbearbeitung (‚Ich hätte da noch ein paar Proben zu lasern‘) und viele lehrreiche Diskussionen über Optik und Lasertechnologie. Herrn Heiner Besser und Herrn Simon Steinhübl für die sorgfältige Durchführung der Excimer-Laserablationsversuche.

Herrn Dr. Gunter Stollwerck und Dr. Montserrat Diaz von der Bayer AG für die Durchführung der Schichtwiderstandstopographien.

Der Charakterisierungsgruppe des ECN, Petten für die Durchführung der SH-Messungen.

Allen Teilnehmern der Projekte SOLPRO II und III für die angenehme und fruchtbare Zusammenarbeit, insbesondere

Herrn Dr. Jörg Krempel-Hesse und Herrn Manfred Ruske von der Firma Balzers Process Systems GmbH für die Organisation und Durchführung der Sputter-Experimente.

Frau Dr. Lilia Heider, Frau Dr. Claudia Zielinski, Herrn Armin Kübelbeck und den Kollegen der Firma Merck für die gute Zusammenarbeit auf dem Gebiet der Phosphordotierstoffe.

Herrn Dr. Elmar Cullmann, Herrn Dr. Reinhard Völkel und Herrn Christian Ossmann von der Firma Süss für die Präparation der Mikrolinsenarrays.

Herrn Gunnar Güthenke, Herrn Dirk Untiedt und den Kollegen vom IPT, insbesondere

Herrn Dr. Günter Schweitzer für die geduldige Einführung in die Themen Produktionstechnologie, O&P und *‚die perfekte Präsentation‘*. Die kollegiale Zusammenarbeit, freundschaftliche Reisebegleitung und Toleranz mit bzw. gegenüber einem *kritisch denkenden Physiker* werden mir immer in sehr positiver Erinnerung bleiben.

Meinen Brüdern und deren Familien, aber vor allem meinen Eltern. Ihre uneingeschränkte Unterstützung meines langen, facettenreichen Bildungsweges waren notwendige Voraussetzung und unverzichtbarer Rückhalt zugleich!

Meiner Silke Julia, dem *steten* Sonnenschein in meinem Leben. Ihre liebevolle Unterstützung und Geduld, sowie unzählige Vitamingummibärchen gaben mir die Kraft diese Dissertation ohne größeren Schaden zu überstehen. Auch deshalb sei Ihr diese Arbeit von ganzem Herzen gewidmet!

Lebenslauf

Name:	Ralf Preu
Geburt:	3. Januar 1967, Stuttgart-Degerloch
Eltern:	Hans-Jörg Preu Anita Preu, geb. Singer
Familienstand:	ledig
Staatsangehörigkeit:	Deutsch

Schulbildung:

Sep. 1973 - Juli 1977	Grundschule Stuttgart-Sillenbuch
Sep. 1977 – Juli 1983	Progymnasium Waldschule Stuttgart-Degerloch
Juli 1983 – Juni 1986	Paracelsus-Gymnasium Stuttgart-Hohenheim, abgeschlossen mit der allgemeinen Hochschulreife

Zivildienst:

Sep. 1986 – Apr. 1988	Caritasverband Stuttgart

Studium / wissenschaftliche Ausbildung:

Okt. 1988 – März 1996	Diplomstudiengang Physik an der Albert-Ludwigs-Universität, Freiburg
Sep. 1992 – Mai 1993	Graduiertenstudium an der University of Toronto, Kanada
Feb. 1994 – Aug. 1995	Diplomarbeit bei Prof. J. Luther am Fraunhofer Institut für Solare Energiesystem, Freiburg
März 1996	Diplom Physik
April 1996 – Sep. 1996	Wissenschaftliche Hilfskraft am Fraunhofer ISE, Freiburg
seit Okt. 1996	Wissenschaftlicher Mitarbeiter in der Abteilung SWT des Fraunhofer ISE, Freiburg
seit Okt. 1996	Aufbaustudiengang Dipl.-Wirt. Physiker an der FernUniversität Hagen
Sept. 1998	Vordiplom zum Dipl.-Wirt. Physiker

Zeitfracht Medien GmbH
Ferdinand-Jühlke-Straße 7
99095 Erfurt, Deutschland
produktsicherheit@kolibri360.de